LE NUCLÉAIRE, AVENIR DE L'ÉCOLOGIE?

Bruno Comby

LE NUCLÉAIRE, AVENIR DE L'ÉCOLOGIE ?

Préfaces du professeur Henri Joyeux
de l'institut Curie
et du professeur Jacques Foos
du CNAM

François-Xavier de Guibert

3, rue Jean-François-Gerbillon, 75006 Paris (France).
[La première édition en langue française de cet ouvrage est parue
en 1994 aux éditions La Compagnie du Livre.]

8, rue de la Croix-Blanche, 78240 Chambourcy (France).

Pour toute correspondance, écrire en français ou en anglais à l'adresse suivante :

Institut Bruno Comby,
8, rue de la Croix-Blanche, 78240 Chambourcy (France).

4e trimestre 1995, ISBN 2-86839-414-0

Pour ma part, je suis convaincu
que l'énergie nucléaire est nécessaire
à l'humanité. Il faut la développer,
mais seulement en garantissant
une sécurité absolue.

Andréi Sakharov*

---

* Dans sa préface au livre *La vérité sur Tchernobyl,* de Grigor Medvedev, aux éditions Albin Michel, 1990.

Le chemin de fer, le métropolitain, l'automobile, l'avion, ont suscité à leurs débuts des craintes, voire de l'hostilité de la part du public et de certains responsables. Aujourd'hui le nucléaire fait encore peur. On le craint d'autant plus qu'on le connaît mal.

« Chaque progrès donne un nouvel espoir, suspendu à la solution d'une nouvelle difficulté. Le dossier n'est jamais clos », nous enseigne le philosophe Claude Lévi-Strauss. Le progrès scientifique est au service de l'humanité et de l'environnement. Ce livre nous informe concrètement sur les différentes applications civiles et médicales de l'énergie nucléaire, dénonce un certain nombre d'idées reçues, mais souligne également les précautions indispensables à prendre. Le nucléaire peut et doit être développé dans une optique écologique.

Docteur Christian Caussé,
diplômé de la faculté de médecine de Paris,
ancien médecin du Premier ministre,
assistant de recherche clinique.

AUTRES PUBLICATIONS DU MÊME AUTEUR

PUBLICATIONS SCIENTIFIQUES :

Modélisation numérique des trajectoires de rentrées atmosphériques d'engins spatiaux pilotables, étude réalisée pour l'Aérospatiale, 1983 (350 pages, dans le cadre de l'École polytechnique).

La lutte antitabac dans l'entreprise, rapport réalisé en collaboration avec le Comité national contre le tabagisme, 1985 (50 pages).

Influence du facteur alimentaire sur l'évolution de l'état de santé de sujets HIV-positifs, étude statistique publiée par le laboratoire IBC, 1989 (25 pages, disponible en français et anglais).

Multi-parameter analysis of tremor at rest, étude statistique publiée par le laboratoire IBC, 1989 (45 pages, en anglais).

New method for the measurement of tremor at rest, communication scientifique publiée dans les « Archives internationales de physiologie, biochimie et biophysique », vol. 100, p. 73-78, 1992 (6 pages, en anglais).

Méthode optimale et contrôlée de production industrielle d'insectes, étude publiée par le laboratoire IBC, 1991 (20 pages, en français).

Processus de validation scientifique d'un instrument de mesure du tremblement nerveux, étude publiée par le laboratoire IBC, 1995 (5 pages, en français).

Note technique concernant la définition d'une échelle de mesure du tremblement nerveux, étude publiée par le laboratoire IBC, 1995 (6 pages, en français).

Label d'alimentation de qualité de l'institut Bruno Comby pour la production et la distribution de fruits, légumes et produits alimentaires de qualité supérieure, note publiée par le laboratoire IBC, 1995 (6 pages, disponible en français et anglais).

OUVRAGES GRAND PUBLIC :

Ces livres, publiés en français, anglais, allemand, italien, espagnol, tchèque et portugais, ont déjà aidé environ un million de personnes à mieux vivre.

Stress-Control, un guide pratique pour se libérer du stress, préfacé par le professeur Henri Joyeux; édition française Éditions Dangles (Orléans, 1988); édition espagnole Ediciones Mensajeros (Bilbao, 1988); édition italienne Musumeci Editore (Aosta, 1990); édition allemande Bettendorf Verlag (1994); édition tchèque

Egem/Pragma (1995); édition-club en tchèque Egem (Prague, 1996).

L'éloge de la sieste, comment récupérer toute son énergie en quelques minutes en faisant la sieste, préfacé par le professeur M. Billiard de la faculté de médecine de Montpellier et par Jacques Chirac, illustré par Mœbius, édition française Éditions F.-X. de Guibert (1992), édition portugaise Livros Do Brasil (Lisbonne, 1993); édition allemande Mosaik Verlag (Munich, 1994).

Mangez mieux, vivez mieux, la méthode Comby : une alimentation naturelle saine et équilibrée pour renforcer sa santé et développer ses performances, ouvrage préfacé par le professeur Cloarec de l'université de médecine de Paris, par le professeur Abrams (U.S.A.), par Brice Lalonde et illustré par Mœbius; édition française Éditions de l'Homme (Paris, 1994); édition allemande de poche Goldmann Verlag (Munich, 1996).

Comment vous libérer du tabac, un guide pratique pour enfin réussir à cesser de fumer, préfacé par le professeur Henri Joyeux; édition française Éditions Dangles (Orléans, 1986), édition de poche Éditions J'ai Lu (« Tabac, libérez-vous! », Paris, 1992); édition espagnole Ediciones Mensajeros (Bilbao, 1988).

Renforcez votre immunité, comment développer sa santé avec une meilleure hygiène de vie et une alimentation naturelle, préfacé par René Olivier, immunologiste de l'Institut Pasteur, éditions de l'Homme (Paris, 1994); première édition parue aux Éditions Vivez Soleil sous le titre « Nature contre sida » (Genève, 1989); édition américaine Marcus Books (« Maximize immunity », Ontario, 1994); édition allemande Waldthausen Verlag (Bremen, 1995).

Délicieux insectes, une nouvelle source de délicieuses protéines pour contribuer à résoudre le problème de la famine dans le monde, préfacé par Albert Jacquard; édition française Éditions Jouvence (Genève, 1990); édition allemande Eichborn Verlag (Frankfurt, 1993); édition italienne Edizioni Piemme (Casale/Monferrato, 1991).

Comment réussir ses examens, en travaillant moins et mieux, une méthode de travail efficace, destinée aux étudiants de 7 à 77 ans, pour leur permettre de réussir plus facilement leurs études et leurs examens; ouvrage écrit en collaboration avec Nicolas Macarez, illustré par Paul Sotta, préfacé par le professeur Henri Joyeux; édition française Éditions Artulen (1994).

Méthode pratique de gestion du stress par la mesure du tremblement nerveux, une méthode entièrement nouvelle pour mieux vivre en maîtrisant le stress psychologique et professionnel de la vie quotidienne; préfacé par le professeur Henri Joyeux et le docteur Christian Caussé; sous presse (1996).

Sommaire

DEUXIÈME PARTIE

Informations sur l'énergie et l'environnement

Ce livre est dédié à tous les médecins,
infirmières et professionnels de santé,
aux chercheurs, à ceux qui travaillent
dans l'industrie, et aux écologistes
qui œuvrent tous, chacun à sa manière,
pour favoriser la santé, le bien-être de l'homme,
le progrès écologique, scientifique et technique,
afin d'améliorer la qualité de la vie sur terre,
tout en préservant la planète pour les générations futures.

POUR :

- Une civilisation heureuse, prospère et en bonne santé.
- Le respect de l'environnement et des générations futures.
- Une planète propre, agréable à regarder, plaisante à habiter.
- L'utilisation de l'énergie nucléaire pour le bien-être de l'homme.
- Le progrès des connaissances scientifiques et techniques.
- Le mariage intelligent de l'écologie et de la technologie.
- L'information réelle et complète du public.

CONTRE :

- La guerre nucléaire.
- Les accidents stupides.
- Le gaspillage d'énergie.
- La pollution de la nature.
- La prolifération des armes nucléaires.
- Le trafic des déchets et les décharges sauvages.
- Les destructions irréversibles de l'environnement.
- La désinformation et la rétention de l'information.

Préface du professeur Henri Joyeux de l'institut Curie

Cet ouvrage traite d'un sujet primordial : la manière dont nous vivons et l'intérêt de l'énergie nucléaire pour notre avenir, notre société, notre médecine et notre environnement.

Après l'euphorie de la découverte des phénomènes nucléaires durant la première moitié du XXe siècle, le désastre humain d'Hiroshima, le 6 août 1945, a jeté le discrédit sur tout ce qui concerne le nucléaire. Depuis cette époque, l'opinion publique traumatisée craint le nucléaire, qui est devenu une « énergie honteuse », une « énergie de mort » et la cible régulière de critiques de la part de nombreux écologistes. Ces critiques, en partie fondées, car il est vrai que l'irradiation à forte dose peut se révéler dangereuse, sont cependant excessives. La radioactivité reste malgré tout un phénomène naturel qui peut aussi avoir des applications utiles pour le développement de l'humanité et pour notre santé. Comme nous le montre Bruno Comby dans cet ouvrage, la médecine nucléaire et l'électricité nucléaire présentent de nombreux avantages pour la santé publique et pour la protection de l'environnement.

Dans le domaine médical, les rayonnements ont de très nombreuses applications aussi bien pour effectuer des diagnostics que pour le traitement des patients. L'irradiation médicale et contrôlée des tumeurs cancéreuses que nous pratiquons quotidiennement dans les centres de traitement des cancers permet aujourd'hui de soigner localement les patients en irradiant les zones tumorales, évitant ainsi des interventions chirurgicales lourdes, responsables d'handi-

cap corporel. Les cancers dits « radio sensibles » sont traités par radiothérapie avec un taux de succès important (cancer du sein, du col de l'utérus, du rectum, ainsi que certaines tumeurs de l'enfant). Dans le domaine des diagnostics, les scintigraphies (injection de marqueurs radioactifs à des doses inoffensives)[2] *sont réalisées sur des patients atteints de troubles thyroïdiens, de certains cancers tels les cancers primaires des os, la maladie de Kahler, les cancers secondaires avec métastases osseuses. Ces scintigraphies permettent d'établir et de confirmer scientifiquement le diagnostic, de suivre l'évolution de la maladie et de mieux cibler les traitements prescrits. L'iode radioactif est ainsi utilisé avec succès pour le traitement de certains cas de maladie de Basedow et les cancers thyroïdiens. La médecine nucléaire est ainsi à l'origine de nombreux progrès dans le domaine de l'imagerie médicale, de la thérapeutique et de la biologie moléculaire. Nombreux sont les malades qui en bénéficient : des milliers de vies humaines peuvent ainsi être sauvées chaque année dans les hôpitaux du monde entier par la médecine nucléaire.*

Bruno Comby est polytechnicien et ingénieur en génie nucléaire, diplômé de l'ENSTA (École nationale supérieure de techniques avancées) de Paris. Scientifique de haut niveau, spécialiste du nucléaire, il est aussi un écologiste convaincu qui œuvre depuis plus de dix ans en faveur de la santé publique. Il a montré à de nombreuses reprises son engagement en faveur de la prévention et d'une amélioration de notre mode de vie : maîtrise du stress, amélioration de notre hygiène alimentaire, lutte contre le taba-

2. Pour un examen de la thyroïde, il est par exemple courant d'injecter à un patient environ 20 microcuries, soit 740 000 becquerels, d'iode 131 radioactif dont la demi-vie est de huit jours. Cette dose représente une quantité de radioactivité près de 100 fois supérieure à la radioactivité naturelle du corps humain (de l'ordre de 8 000 becquerels), mais ne présente cependant aucun danger pour la santé. Un mois après l'examen, 95 % de cette radioactivité injectée a déjà été évacuée et, six mois plus tard, il reste dans l'organisme du sujet moins d'un millionième de la radioactivité initiale.

gisme, lutte contre la famine et les problèmes de carences en protéines dans les pays du tiers-monde (développement de l'utilisation alimentaire des insectes). Lui-même non fumeur, moniteur de planche à voile, partisan d'une alimentation naturelle, tous ceux qui le connaissent savent à quel point son engagement écologique est authentique. Mais n'oublions pas qu'il est aussi un spécialiste du nucléaire et qu'il a travaillé plusieurs années comme ingénieur à l'EDF avant de démissionner de son poste pour se consacrer totalement à la recherche scientifique et à l'enseignement sur la prévention et la santé. Nul donc n'est plus compétent et plus libre que lui pour aborder ce problème délicat des interactions de l'écologie, du nucléaire et de la santé publique.

L'auteur condamne fermement l'utilisation militaire de l'arme atomique ainsi que les essais d'explosions nucléaires militaires qui participent à la pollution de l'atmosphère et des océans[3]*. Il démontre par contre que les centrales électronucléaires civiles qui fabriquent notre électricité contribuent à la protection de l'environnement en évitant les pollutions chimiques importantes qui résultent de l'utilisation de combustibles fossiles comme ressources énergétiques (effet de serre dû au* CO_2*, pluies acides au* SO_2*, etc.). Le nucléaire est même une des industries les plus propres et elle est certainement une des plus surveillées. Le choix de cette énergie pour la fabrication de centrales électriques permet de disposer d'une électricité bon marché, abondante et fort peu polluante, même si l'on tient compte d'une*

3. Plus de 400 explosions nucléaires aériennes, qui sont les plus polluantes pour l'environnement, ont déjà eu lieu. Les États-Unis et l'URSS se sont engagés à cesser ce type d'explosion depuis 1962, suivis par la France quelques années plus tard, mais certains pays (notamment la Chine) ont encore procédé ces dernières années à des essais nucléaires aériens. Mon point de vue est que toutes les explosions nucléaires militaires, qu'elles soient aériennes, marines ou souterraines, sans exception, devraient être totalement et définitivement interdites. Cette interdiction devrait être respectée par l'ensemble de la communauté internationale.

certaine probabilité d'accident, que nous devons cependant éviter à tout prix.

Mais il ne s'agit pas pour autant de faire du tout-nucléaire n'importe comment. L'auteur nous met bien en garde contre les risques du « nucléaire de tous les dangers ». Nous devons en particulier tout faire pour limiter la prolifération nucléaire. La sécurité des installations nucléaires doit être assurée au mieux et pour cela il nous faut y mettre le prix. En toutes circonstances, la sécurité doit passer avant la nécessité de produire. Les centrales des ex-pays soviétiques qui n'ont pas été conçues dans cette optique sont particulièrement dangereuses et tous les réacteurs de type RBMK[4] *(Tchernobyl) devraient être arrêtés ou reconstruits selon les normes de sécurité occidentales les plus strictes. Il n'est pas acceptable que des dégâts durables puissent être causés aux populations ou à l'environnement par l'industrie nucléaire, pas plus que par toute autre industrie. Les centrales doivent être conçues, exploitées et démantelées dans les meilleures conditions de sécurité. Enfin, la question des déchets doit être résolue : les déchets nucléaires doivent être attentivement surveillés, recyclés lorsque c'est possible, et l'enfouissement éventuel de certaines catégories de déchets doit être fait de manière à garantir l'impossibilité totale de fuites de matières radioactives. Le recours au nucléaire, aussi utile qu'il puisse être, ne résout évidemment pas tous les problèmes, et il nous faut rester toujours très prudents. Le progrès ne doit pas nous aveugler. Mais, dans ces conditions, l'énergie nucléaire est une opportunité extraordinaire que nous devons saisir. Elle présente de nombreux avantages technologiques, économiques et écologiques dont il serait dommage de nous priver.*

Les scientifiques se doivent d'informer le public de toutes les applications possibles de leurs découvertes et des avantages et inconvénients que cela peut entraîner. Quand le

---

4. Ainsi que toutes les installations nucléaires dangereuses et archaïques tels que les réacteurs VVER de première génération (VVER 230) qui sont dépourvus d'enceinte de confinement.

progrès technologique nous permet de vivre dans des conditions de confort, de performance et de respect de l'environnement meilleures que dans le passé, c'est la société tout entière qui doit en bénéficier, afin que nous-mêmes, nos enfants et leurs lointains descendants, puissent vivre heureux sur une planète propre. Bruno Comby est un homme de progrès et ce livre, qui nous fait découvrir la dimension écologique de l'énergie nucléaire, nous incite aussi à la prudence et à la sagesse. Nous devons rester ouverts face aux idées et aux technologies nouvelles. Davantage de santé, de bien-être, de progrès et d'écologie, grâce à une utilisation intelligente et parfaitement maîtrisée de l'énergie nucléaire : nous approuvons ce point de vue qui suscitera peut-être l'indignation de certains écologistes rétrogrades, mais qui recevra, j'en suis certain, l'approbation de tous nos confrères scientifiques et de tous les hommes de santé et de bon sens.

Professeur Henri Joyeux,
chirurgien du cancer,
chef de service à l'institut Curie (Paris),
Prix international de Cancérologie.

Préface du professeur Jacques Foos du CNAM

La lecture du livre de Bruno Comby sera une grande satisfaction pour tous les scientifiques (et ils sont nombreux) qui n'ont pour ambition que de servir leurs concitoyens, les aider à mieux vivre au quotidien en leur assurant un niveau de confort minimal, et de protéger au maximum la nature. Les scientifiques savent que le nucléaire est la source d'énergie la moins polluante pour la planète, du moins lorsqu'elle est utilisée comme elle l'est actuellement dans le monde occidental. C'est pourquoi ils ne seront pas surpris par cet ouvrage qui reflète une logique évidente, prudente et pleine de bon sens. Les antiprogrès que sont les antinucléaires s'abritent en fait derrière leur ignorance des phénomènes physiques et de la radioactivité pour essayer de rassembler autour de leurs idées le plus d'adeptes possibles, à grands coups de discours catastrophistes à propos de dangers bien réels, mais systématiquement amplifiés et déformés. Ce faisant ils desservent la cause de l'écologie qu'ils croyaient défendre. D'abord parce qu'ils ne peuvent être pris au sérieux et ensuite parce qu'ils favorisent des industries bien plus polluantes que le nucléaire. De plus, ils desservent les intérêts de l'Europe en l'affaiblissant là où elle se trouve en position de leader mondial sur des questions d'avenir importantes pour l'environnement (le retraitement des combustibles nucléaires et les réacteurs à neutrons rapides par exemple).

J'avoue avoir été très heureux de trouver un écologiste scientifique comme Bruno Comby qui soit le porte-parole des indépendants favorables au nucléaire. Être indépendant signifie, pour un individu ou une entreprise, que sa source de revenus ne dépend pas de la prise de position, positive ou négative, que l'on choisit vis-à-vis du nucléaire. C'est par exemple mon cas, fonctionnaire du ministère de l'Enseignement supérieur et de la recherche. Paradoxalement, de nombreuses associations antinucléaires qui se croient indépendantes ne le sont pas, car elles vivent de leur opposition au nucléaire. Leurs opinions sont ainsi fortement influencées par des nécessités financières qui impliquent un discours partisan pour gagner toujours plus d'adeptes et donc de cotisations et de poids politique. Le manque d'objectivité qu'elles reprochent aux industriels du nucléaire se retourne ainsi contre elles!

Il ne faut toutefois pas dire, et Bruno Comby le souligne à juste titre, que le nucléaire va tout résoudre et qu'il ne présente aucun danger pour l'environnement. Ce qui est vrai actuellement dans le monde occidental ne l'est malheureusement pas dans les pays de l'Est où la situation est au contraire préoccupante : on peut y observer le contre-exemple parfait de ce qu'il ne faut pas faire et cela dépasse même le cadre du nucléaire : la situation dans ces pays est cauchemardesque sur le plan de l'écologie!

J'ai eu beaucoup de plaisir à lire cet ouvrage qui s'inscrit bien dans la lignée des autres œuvres de l'auteur : vivre mieux dans un monde meilleur et faire éclater les fausses idées reçues, et elles sont nombreuses dans le domaine du nucléaire!

Le livre de Bruno Comby est donc un document précieux pour tous les écologistes et défenseurs de la Nature. Nous devons montrer à nos enfants que nous sommes conscients de l'héritage que nous leur laissons. Je suis persuadé que le combat que mènent certains contre le nucléaire tel qu'il est exploité dans le monde occidental aujourd'hui, ressemblera, aux yeux de nos descendants, à celui que conduisaient nos aïeux contre l'électricité, le chemin de fer ou le tout-à-l'égout.

C'est à nous, chercheurs, ingénieurs, médecins, enseignants, techniciens et écologistes dignes de ce nom, de prouver à nos concitoyens notre rigueur et notre honnêteté scientifiques. Nos enfants pourront ainsi se faire une opinion sereine sur ces nouvelles technologies à leur disposition pour leur plus grand bien.

Professeur Jacques Foos,
professeur au Conservatoire national des arts et métiers,
titulaire de la chaire « Rayonnements, isotopes
et applications » du CNAM,
directeur du laboratoire des Sciences nucléaires.

INTRODUCTION

Un écologiste favorable au progrès scientifique

La plupart des gens regardent les choses comme elles sont et se disent : pourquoi ? Moi, je regarde les choses comme elles pourraient être et je me demande : pourquoi pas ?

John Fitzgerald Kennedy.

Le nucléaire ? Il y a ceux qui sont pour et ceux qui sont contre. Depuis qu'elle est domestiquée, l'énergie nucléaire déchaîne les passions, sans doute en raison de son énorme puissance potentielle. Ce livre voudrait réconcilier les uns et les autres, et montrer que l'énergie nucléaire n'est pas seulement une source d'énergie formidable pour la production d'électricité[5], ce que nous savons déjà, mais elle présente aussi, ce qui est beaucoup moins bien connu, un intérêt non seulement sur le plan écono-

---

5. Pour être clair, précisons dès l'introduction que je n'approuve pas l'utilisation du nucléaire à des fins militaires. Cette puissance formidable peut être mise au service de la vie sur terre et de l'humanité, mais elle peut aussi, hélas, être utilisée à mauvais escient par des individus, ou par des nations mal intentionnées. Comme pour l'industrie chimique, ce n'est pas la technique en elle-même qui est dangereuse, mais ce pour quoi on peut s'en servir et les conséquences éventuelles sur l'environnement (qui sont bien moindres avec le nucléaire qu'avec l'industrie pétrolière ou chimique) selon la manière dont on l'utilise.

mique, mais également sur le plan écologique pour la préservation de notre environnement.

Comme toute autre industrie, le nucléaire présente des risques et son utilisation doit être strictement contrôlée et réglementée tant pour protéger la santé du public et des travailleurs du nucléaire que pour préserver l'avenir de la planète.

L'énergie nucléaire est encore bien mal connue du public. Combien de personnes connaissent le principe de fonctionnement d'une centrale nucléaire? Combien savent que la radioactivité existe partout dans la nature depuis la nuit des temps? Combien pensent encore qu'une centrale électronucléaire peut exploser comme une bombe atomique? Sur chacun de ces points, nous donnerons des éclaircissements.

« Tchernobyl » : ce nom tristement célèbre, encore frais dans nos mémoires, est sur toutes les lèvres dès que l'on parle du nucléaire. Je veux être très clair sur ce sujet : un accident tel que celui de Tchernobyl est totalement inacceptable et il aurait facilement pu être évité tant au niveau de la conception de la centrale que de son exploitation, toutes deux dirigées sans le moindre souci de sécurité. Quelques vies humaines ne pesaient sans doute pas grand chose à l'époque dans l'esprit des décisionnaires russes. Il s'agit du parfait exemple de ce qu'il ne faut pas faire. Des populations civiles proches du lieu de l'accident, particulièrement en Biélorussie où des pluies ont concentré des retombées d'iode radioactif immédiatement après l'accident, courent aujourd'hui encore le risque d'un taux accru de cancer de la thyroïde notamment chez les jeunes enfants[6]. Si les conséquences de Tchernobyl existent bel et bien, la psychose qui a entouré cet accident, et qui continue à le faire en partie

6. Ces risques auraient pu être limités en distribuant aux populations immédiatement après l'accident des pastilles d'iode non radioactif pour saturer la thyroïde, ce qui n'a pas été fait.

aujourd'hui, est cependant hors de proportion avec la gravité réelle des faits.

Il y a quelques mois, une amie m'a appelé, angoissée : elle devait se rendre en Pologne pour un championnat de planche à voile et tremblait de peur à l'idée d'y être contaminée par les retombées radioactives de Tchernobyl : des bruits couraient dans les milieux sportifs français selon lesquels la Pologne serait encore dangereusement radioactive depuis l'accident de Tchernobyl en 1986. C'est évidemment absurde. La radioactivité provenant de Tchernobyl s'est diluée dans l'espace avant de toucher ce pays. De plus, le principal élément radioactif émis dans l'atmosphère lors de l'accident de Tchernobyl était de l'iode 131, dont la demi-vie[7] est de huit jours, ce qui signifie que six mois après l'accident, la radioactivité rémanente de cet élément était inférieure au millionième de la radioactivité initiale (qui même à son maximum n'a jamais mis en danger la santé des Polonais). Elle a encore baissé de manière exponentielle depuis. Huit ans après l'accident, la radioactivité aux alentours de Tchernobyl y a grandement diminué, bien qu'il reste, pour des années encore, la radioactivité due au césium 137. Et si les rennes en apparente bonne santé y broutent à nouveau l'herbe des champs, leur viande reste cependant non-comestible par rapport aux normes à cause de la présence d'un taux encore trop élevé de césium 137 aux environs de la centrale. Des centaines de personnes travaillent à nouveau sur le site de Tchernobyl, sans protection particulière (sauf dans la tranche accidentée, noyée sous un sarcophage de béton) dans les trois autres tranches nucléaires ayant été remises en fonctionnement (ce qui, soit dit en passant, est scandaleux et nous le désapprouvons). Ces tranches n'auraient jamais dues être remises en service[8] et l'une

7. Durée nécessaire pour que la radioactivité ait diminué de 50 %.

8. En effet, les réacteurs RBMK installés à Tchernobyl sont d'une conception archaïque et dangereuse, étant en particulier dépourvus

d'entre elles a d'ailleurs déjà due être stoppée, peu après, en raison d'un incendie sur la partie non-nucléaire de la centrale, ce qui montre bien le manque de sécurité de ces installations. Il y a donc encore deux réacteurs RBMK en fonctionnement sur le site de Tchernobyl : les réacteurs n° 1 et 3. Le risque radioactif qu'il y a à se rendre aujourd'hui en Pologne ou à y boire la tasse en mer en faisant de la planche à voile est donc infime pour ne pas dire inexistant. J'ai donc rassuré cette amie véliplanchiste. Son appréhension montre cependant à quel point l'énergie nucléaire est mal connue et inutilement redoutée. Une autre amie, Hollandaise, est fortement antinucléaire. C'est, dit-elle, son expérience qui l'a conduite à le devenir : en effet, depuis l'année de l'accident de Tchernobyl, elle est régulièrement malade, tousse et crache tous les matins. Elle est persuadée d'être une parmi les millions de victimes (qui n'existent que dans sa tête) des retombées radioactives de Tchernobyl sur l'Europe. Or il se trouve qu'elle fume deux paquets de cigarettes par jour et mange des quantités impressionnantes de chocolat. J'ai eu beau lui suggérer un lien de cause à effet entre ses habitudes de vie et sa toux quotidienne, elle n'a rien voulu savoir et reste convaincue, encore aujourd'hui, que la radioactivité de Tchernobyl la rend malade tous les matins. Ses craintes ne sont heureusement pas fondées : les conséquences de l'accident sur la santé des

---

d'enceinte de confinement pour limiter les risques en cas d'accident. Ces réacteurs devraient être arrêtés ou remplacés dès que possible, surtout ceux du site de Tchernobyl, Sosnovy Bor et Ignalina : il ne paraît pas nécessaire de doubler la mise en risquant un deuxième accident similaire sur le même site. Les quelques améliorations apportées par les Soviétiques sur le plan de la sûreté ne suffisent pas. Il est vrai que le site a été en grande partie décontaminé (sauf le bâtiment accidenté) et la radioactivité sur place a beaucoup diminué, mais est-il pour autant raisonnable d'y faire travailler sans protection des centaines de personnes pour l'exploitation des tranches remises en fonction? Outre le risque d'un nouvel accident et le danger de ce type de réacteur, de telles conditions de travail seraient inacceptables en Occident.

Hollandais étaient déjà infimes en cette année-là (1986) et sont quasi nulles aujourd'hui en raison de la durée de vie courte de l'iode 131 qui n'est que de quelques jours. Les pires craintes lorsqu'il s'agit de radioactivité sont facilement déformées, amplifiées et ont la vie longue, plus longue, en l'occurrence, que les substances radioactives elles-mêmes. Ce livre a aussi pour but d'expliquer, de démystifier, d'y voir un peu plus clair. On craint moins ce que l'on connaît mieux, et on se protège mieux aussi, lorsque c'est nécessaire, face à un danger que l'on comprend.

Nous vivons dans un monde formidable, mais divisé, partagé entre les progressistes, qui veulent faire bénéficier l'humanité des bienfaits du progrès scientifique, parfois au mépris de la nature, et les naturalistes-écologistes qui fustigent le progrès technologique au nom de la protection de l'environnement, et veulent protéger la nature contre les excès d'une société industrielle qu'ils considèrent comme destructrice. Ces deux démarches ont du bon et, plutôt que de les opposer :

> Ne serait-il pas possible de marier une vision écologique avec les bienfaits du progrès technologique? Un usage intelligent de la technologie est forcément respectueux de l'environnement. Lorsqu'on y réfléchit, au fond, les démarches scientifiques et écologiques ont exactement le même but : contribuer à une meilleure connaissance de notre univers, au bien-être de l'humanité et à l'amélioration de l'environnement et des conditions de vie sur la planète.

La science ne sert à rien et peut même être néfaste si elle n'est pas au service de la vie. De même, la notion d'écologie n'aurait pas de sens sans les connaissances scientifiques et biologiques dont nous disposons aujourd'hui. Ces deux démarches ne sont donc pas opposées, mais parfaitement complémentaires.

Depuis toujours, je suis un écologiste dans l'âme. Parce que mon père se déplaçait beaucoup pour son travail, une grande partie de mon enfance s'est passée à découvrir la planète, d'abord la jungle et les plages sauvages gabonaises au cœur de la nature africaine, puis la diversité et la richesse des U.S.A., jusqu'aux vastes étendues de forêt des montagnes rocheuses canadiennes, où j'ai habité près de dix ans (à Calgary) avant que toute la tribu que nous formions, mes parents, mes quatre frères et sœurs et moi-même ne revienne vivre en Europe. De toute cette période, il me reste un immense désir de voyager et de pouvoir satisfaire mon amour de la nature, de la vie et des êtres humains. Rien n'est plus beau qu'un coucher de soleil sur la mer, un paysage de montagne, le regard d'un animal, un groupe d'amis riant ensemble, le chant d'un oiseau ou la sensation d'une planche à voile surfant sur une vague énorme entre ciel et mer. Étudiant, j'ai envisagé de devenir vétérinaire, bûcheron, garde forestier, ébéniste... mais la physique, la chimie et les mathématiques me passionnaient aussi. Je suis ainsi devenu polytechnicien puis ingénieur en physique nucléaire. J'ai alors travaillé comme ingénieur à EDF quelques années avant de choisir de me consacrer à la recherche scientifique et à l'enseignement dans le domaine de l'écologie et de la santé. J'ai écrit quelques livres pour aider ceux qui le souhaitent à cesser de fumer, maîtriser leur stress et promouvoir une vie plus écologique. Je me suis remis à voyager pour étudier la nature, le mode de vie et l'alimentation de différentes populations humaines. J'ai à nouveau parcouru la planète, cette fois pour tester le goût de plusieurs centaines d'espèces d'insectes comestibles provenant des quatre coins du monde, et j'ai en même temps créé en Europe (près de Paris) un laboratoire de recherche, notamment pour y étudier les bienfaits d'une alimentation plus naturelle. Simultanément, je donnais des conférences sur la prévention, la nutrition, l'arrêt du tabac... J'ai publié en 1990 *Délicieux insectes*, livre présentant le fruit de mes réflexions, études scientifiques et expériences gastronomiques sur la comestibilité et le goût, étonnamment délicieux, d'un certain nombre d'espèces d'insectes. Ceux-ci constituent 80 % de la masse biologique animale sur terre, particulièrement dans les pays pauvres, sont riches en protéines d'une très bonne qualité nutritionnelle, et pourraient donc contribuer à résoudre le problème des carences en protéines de certains pays du tiers-monde.

En résumé, après une formation scientifique de haut niveau et une première expérience professionnelle en entreprise, j'ai eu la chance de côtoyer beaucoup d'écologistes fort sympathiques et d'aller assez loin dans l'expérimentation pratique et scientifique de différents modes de vie écologistes. J'ai alors été souvent confronté à l'incompréhension et à l'ignorance presque totale qu'ont les écologistes de la nature réelle de l'énergie nucléaire, qui me paraît être une formidable évolution sur le plan à la fois technologique, humain, écologique et politique, par rapport aux centrales classiques au fuel ou au charbon. Mais la plupart des écologistes que je rencontrais alors, sans vraiment savoir comment fonctionne une centrale, se montraient farouchement hostiles, crispés sur des positions antinucléaires primaires parce que cette énergie qu'ils ne comprenaient pas leur faisait peur. En discutant calmement, on retrouve toujours derrière cette attitude craintive, non pas des fondements scientifiques, mais plutôt des motivations irrationnelles : la peur face à la nouveauté, d'autant plus que cette nouveauté est plus puissante. La contestation, antinucléaire en l'occurrence, est aussi une manière d'exprimer une certaine forme d'insatisfaction politique.

> Les arguments des opposants au nucléaire sont généralement plus idéologiques que scientifiques : tout ce qui est puissant est perçu comme dangereux (ce qui est en partie vrai) et l'homme ne serait pas assez raisonnable pour faire bon usage d'une telle énergie. Tout dépend évidemment de la manière dont on l'utilise et du but poursuivi. Comment peut-on être pour ou contre quelque chose qu'on ne connaît pas?

Il me semble qu'il est urgent de mieux informer le public pour qu'il puisse choisir en connaissance de cause. L'acceptation ou le refus du nucléaire, la manière de l'exploiter et dans quel but, sont de véritables choix de société. S'il est vrai qu'il faut être prudent face à toute nouvelle technologie, il me semble que les oppositions écologistes au nucléaire sont dénuées de fondement scientifique et reposent principalement sur la peur de l'inconnu. Il est paradoxal que les oppositions au nucléaire soient les plus fortes en Occident où des moyens considérables sont mis en œuvre pour assurer au mieux la sécurité des installations et des personnes, alors que dans le même temps des installations archaïques, dangereuses, mal entretenues continuent à fonctionner sans que personne ne s'en émeuve dans d'autres pays (ex-URSS notamment).

En manifestant contre le nucléaire en Occident, les écologistes ont raison d'exprimer leur méfiance par rapport à une technologie qui peut être dangereuse si elle est mal utilisée, mais ils se trompent de territoire géographique.

La logique serait que les associations anti-nucléaires se renforcent là où le nucléaire est dangereux (dans les pays de l'Est) et que l'on trouve davantage d'associations écologistes pro-nucléaires là où le nucléaire est mieux maîtrisé et plus sûr (en Occident).

C'est face au nucléaire de l'absurde destiné à tuer (usages militaires), au nucléaire sans sécurité ou presque des pays de l'Est et au nucléaire « poubelle » qu'il faut rester vigilant, et contre lequel il me paraît tout à fait juste de manifester publiquement son désaccord.

C'est pourquoi ce livre veut avant tout expliquer et aider à comprendre.

Après la découverte de la radioactivité au tout début du XXe siècle par Pierre et Marie Curie, celle-ci a d'abord été auréolée de nombreuses vertus (guérison de rhumatismes, dépressions nerveuses, insomnies, douleurs, etc.) et l'on ne s'en méfiait guère. Des marques d'eaux minérales se vantaient même, dans leurs campagnes publicitaires, d'être les plus radioactives, tandis que différentes régions de France et stations thermales cherchaient à attirer les touristes en quête de santé en se vantant d'avoir le taux de radioactivité naturelle le plus élevé! Puis vinrent les deux explosions nucléaires tragiques d'Hiroshima et de Nagasaki, deux désastres humains qui mirent fin à la Seconde Guerre mondiale et qui traumatisèrent fortement, et à juste titre, l'opinion publique internationale. L'humanité prenait à la fois soudainement et violemment conscience du potentiel destructeur de l'arme atomique. Depuis cette époque – et comment pourrait-il en être autrement? – l'atome est devenu synonyme de danger et de destruction dans l'esprit du public. Les centrales électronucléaires produisant de l'électricité utile aux populations n'existaient pas encore et le nucléaire, relativement peu connu auparavant, a brutalement cristallisé autour de lui une image de guerre, d'angoisse, de violence et de barbarie. Encore aujourd'hui, le public ne fait pas bien la différence entre une bombe atomique et une centrale nucléaire produisant de l'électricité qui n'ont pourtant rien à voir entre elles sur le plan technologique : comme nous le verrons plus loin, une centrale ne peut pas exploser comme une bombe, laquelle ne produit évidemment aucune électricité utile aux populations.

> Il y a à peu près le même degré de parenté entre une centrale nucléaire et une bombe nucléaire qu'entre un moteur de voiture automobile à essence et un explosif militaire au TNT.

Dans les deux cas (voiture à essence et TNT), il s'agit d'une énergie chimique transformée en énergie mécanique en respectant les mêmes principes de la thermodynamique, mais le parallèle s'arrête là.

On peut très bien être favorable à l'automobile à essence qui nous permet de nous déplacer, ce qui est fort utile malgré la pollution qu'elle engendre, tout en étant opposé à l'utilisation d'explosifs militaires qui ne font que tuer et détruire. Il aurait été dommage d'interdire toute construction automobile sous prétexte qu'il se produit une mini-explosion dans les cylindres d'un moteur à essence qui ressemble à l'explosion d'une grenade militaire! Si nous n'avions pas, aujourd'hui, de véhicules motorisés pour nous déplacer, la face du monde serait très différente. Je pense personnellement que l'homme est, quoi qu'on en dise, assez sage pour refuser la barbarie et accepter la composante utile du progrès. Il en va de même pour les applications positives de l'énergie nucléaire. Le nucléaire civil n'existait pas encore en 1945.

Dans l'esprit du public, « nucléaire » équivaut aujourd'hui à « destruction » à cause de la confusion entre le nucléaire civil et militaire. Cela a fait beaucoup de tort aux applications civiles et utiles de l'énergie nucléaire qui n'ont été développées que dans un deuxième temps. L'industrie nucléaire doit aujourd'hui agir dans l'intérêt des populations civiles et non plus pour la guerre. Les erreurs commises doivent être réparées, les informations tenues cachées jusqu'à présent doivent être communiquées, et ainsi, petit à petit, l'industrie nucléaire redeviendra digne de la confiance que le public saura alors lui témoigner. L'atome n'est pas seulement destructif, il peut aussi être exploité pour le bien de l'espèce humaine et dans le respect de l'environnement. La « voie de la transparence » prise par la France et la plupart des pays occidentaux depuis 1986 va dans le bon sens, mais il reste encore beaucoup à faire dans bien des pays pour redonner confiance à des populations déçues par des décennies de mystère et de parties de cache-cache au nom du « secret défense ».

Choisissons d'être plus ouverts d'esprit aussi bien du côté des industriels et des gouvernements que des écologistes et nous verrons que l'atome peut être pacifique et bienfaisant et qu'il est possible de travailler tous ensemble pour le bien commun.

Il me paraît indispensable aujourd'hui d'écrire ce livre pour expliquer que, contrairement aux idées reçues, qui sont encore profondément ancrées dans l'inconscient collectif, l'électricité nucléaire possède de formidables avantages sur le plan écologique, par rapport à d'autres formes d'énergies couramment utilisées. L'électricité nucléaire est en effet, comme nous le verrons, moins polluante, plus respectueuse de l'environnement, plus sûre et généralement plus économique que l'électricité fabriquée à partir du gaz, du pétrole ou du charbon. Les énergies solaire et éolienne qui sont également intéressantes comme source d'énergies alternatives et doivent être développées là où cela est possible, sont malheureusement coûteuses, très limitées dans leurs applications et plus polluantes que nous ne le croyons[9].

---

9. L'industrie du silicium, qui est l'élément de base des cellules photo-électriques utilisées dans les capteurs solaires, deviendrait polluante si l'on développait massivement ces capteurs, qui coûtent cher jusqu'à présent et dont la durée de vie est malgré tout limitée. Peut-être parviendra-t-on à en réduire le prix de revient (cela favoriserait leur utilisation) mais ceux-ci reviendront toujours relativement cher à cause de la surface nécessaire pour capter une quantité de lumière donnée (le sol ne reçoit qu'une quantité déterminée de puissance lumineuse par mètre carré). Les énergies solaire et éolienne sont cependant utiles et économiquement avantageuses dans certaines applications particulières telles que l'alimentation électrique loin des réseaux électriques, l'éclairage de bouées en mer, le chauffage de piscines dans les régions ensoleillées, l'alimentation électrique de pompes à eau dans les pays en voie de développement, etc. Ces applications sont cependant marginales pour l'instant par rapport à la consommation énergétique mondiale globale. Une bonne idée serait d'inventer et d'utiliser des « tuiles solaires » : revêtues d'un matériau adéquat, ces tuiles remplaceraient nos tuiles actuelles tout en leur ressemblant et mettraient ainsi à profit les toitures des maisons pour produire une part non négligeable de l'énergie domestique.

L'industrie nucléaire est la seule qui ne rejette pratiquement aucun déchet chimique toxique dans l'environnement, à la différence de l'industrie du pétrole, du gaz, du charbon, de l'agriculture, de la chimie et des industries de production et de transformation de biens de consommation.

De plus l'industrie nucléaire est un des domaines de l'industrie où les règles de sécurité et de protection de l'environnement sont les plus strictes [10] et les mieux respectées. Bien sûr, le nucléaire doit être aussi parfaitement maîtrisé et contrôlé que possible. Les risques de dérapages et d'accidents de l'industrie nucléaire civile peuvent et doivent être réduits le plus possible. Il faut que les pays occidentaux aident les pays de l'Est à améliorer la sûreté des centrales récentes et à arrêter rapidement les plus anciennes qui ne peuvent raisonnablement pas être améliorées. L'idéal serait de remplacer l'électricité provenant de ces centrales nucléaires archaïques des pays de l'Est par un programme d'économies d'énergies [11] et/ou de remplacer les centrales vétustes par des réacteurs de conception occidentale, mieux conçus et plus sûrs. L'existence du risque d'un éventuel accident nucléaire ne doit pas être sous-évalué, mais ne doit pas

10. Un exemple à ce sujet : les doses considérées comme admissibles (niveau des normes de protection) sont de l'ordre du millième de la dose hautement toxique pour la santé (4 Sv) lorsqu'il s'agit de rayonnements nucléaires, alors qu'elles sont de l'ordre du dixième de la dose hautement toxique pour la pollution chimique par le dioxyde de soufre (5 parties par million pour la concentration de l'atmosphère en dioxyde de soufre, niveau que dépasse l'atmosphère de certaines grandes villes en hiver). Les normes de protection pour la santé sont-elles 10 à 100 fois plus strictes pour le nucléaire que pour le SO_2, ou au contraire 10 à 100 fois moins sévères pour le SO_2 que pour le nucléaire?

11. Le gaspillage de pétrole dans l'ex-URSS et la quantité énorme de gaz s'échappant dans l'atmosphère en raison du non-entretien des tuyauteries de transport du gaz, percées en maints endroits, représentent bien plus d'énergie que toute la production d'électricité nucléaire de l'ex-URSS.

non plus masquer le fait qu'un usage raisonné et intelligent du nucléaire possède des avantages indéniables pour la santé publique et la protection de l'environnement. Nous devons abandonner le « nucléaire-poubelle » et le « nucléaire de la mort » pour développer l'utilisation du « nucléaire intelligent ».

L'atome fascine en raison de l'énorme puissance contenue dans un volume infime de matière. D'après l'équation d'Einstein donnant l'équivalence masse-énergie $E = mc^2$, un seul kilogramme de matière représente une énergie de 90 000 000 000 000 000 joules, soit l'équivalent de la consommation électrique d'un réfrigérateur ou d'une ampoule électrique de 100 W pendant 285 000 siècles, ou encore une quantité de chaleur suffisante pour faire cuire l'équivalent de 270 milliards de repas[12].

> Pour produire autant d'énergie qu'un gramme d'uranium (morceau d'uranium de la taille d'une tête d'épingle), il faut environ une tonne de charbon.

Cela donne une idée du potentiel énergétique de l'énergie nucléaire. N'est-il pas formidable d'avoir réussi à maîtriser une telle puissance?

La radioactivité est un phénomène naturel : il y en a partout dans la nature et beaucoup plus qu'on ne le pense. Nous évoluons à longueur d'année dans un véritable bain de radioactivité naturelle. La brillance naturelle des étoiles et du soleil, la lumière qu'ils irradient (notamment l'énergie solaire chérie des écologistes), sont le fruit de réactions nucléaires. La radioactivité existait déjà lors de la naissance de l'univers. Le développement des étoiles, des planètes et l'apparition de la vie sur terre se sont déroulés dans un bain permanent de radiations et de lumière. Sans les réactions nucléaires qui permettent

---

12. Calcul effectué en considérant qu'un repas est constitué d'environ un kilo d'aliments portés de 20 à 100 °C, la quantité d'énergie nécessaire à la préparation d'un repas étant alors de 80 000 calories, soit 334 400 joules.

au soleil de nous éclairer, la vie sur terre n'aurait jamais pu se développer. Et la radioactivité n'existe pas seulement dans le feu des étoiles, mais aussi sur notre planète, dans des proportions très variables selon les régions : les zones granitiques sont ainsi particulièrement radioactives. On reçoit aussi davantage de rayonnements en altitude, par exemple lors de vacances à la montagne et, plus encore, lors d'un voyage aérien. Les doses de rayonnements reçues par les pilotes d'avion ou hôtesses de l'air ayant beaucoup d'heures de vol en altitude peuvent même dans certains cas être supérieures à celles autorisées pour le personnel travaillant dans une centrale nucléaire, sans d'ailleurs que cela présente de danger pour leur santé. Notre organisme est parfaitement capable de vivre au contact d'une certaine quantité de radioactivité. Il est vrai cependant que trop de radioactivité peut tuer ou induire des leucémies ou d'autres cancers, de même que trop de DDT, de substances chimiques artificielles ou même de médicaments peut endommager des organismes vivants. Si elle est invisible à l'œil nu (ce qui est d'autant plus angoissant), la radioactivité est cependant facile à mesurer avec une grande précision, à l'aide d'un simple compteur Geiger, et il est donc possible d'en contrôler scientifiquement la quantité.

Après l'accident de Tchernobyl, une augmentation notable de la radioactivité a ainsi pu être mesurée dans toute l'Europe dans les jours qui ont suivi, mais la contamination radioactive consécutive à l'accident, dont l'ordre de grandeur décroît très vite à mesure que l'on s'éloigne du lieu de la centrale (en fonction du carré de la distance)[13], a été de l'ordre de 0,1 millisieverts par personne en France, ce qui est relativement faible, de l'ordre de quel-

13. Ce qui signifie qu'un individu habitant à mille kilomètres de Tchernobyl aura reçu une dose moyenne de radioactivité de l'ordre de un million de fois plus faible que ceux qui habitaient à un kilomètre de la centrale.

ques pour 100 de la dose annuelle due à la radioactivité naturelle. Tout est une question de quantité : une certaine dose de radioactivité est parfaitement normale et naturelle. Seule une trop forte dose pourrait devenir nuisible et c'est pourquoi nous devons veiller à rester dans des niveaux de doses qui ne dépassent guère celles de la radioactivité naturelle. Nous ne courons ainsi pas plus de risques qu'en vivant dans une nature totalement vierge.

J'espère que ce livre vous passionnera et saura vous convaincre de l'importance de l'écologie et qu'il vous fera prendre conscience aussi des bienfaits du progrès scientifique et de l'intérêt que peut présenter en l'occurrence une utilisation raisonnée de l'énergie nucléaire : nous devons protéger la planète et la préserver pour les générations futures.

L'ORIGINE DE LA RADIOACTIVITÉ À LAQUELLE NOUS SOMMES EXPOSÉS

Radioactivité naturelle

Environ 67 à 68 % de la radioactivité que nous recevons (en moyenne) est d'origine naturelle et provient : de l'espace (rayonnement cosmique et solaire au niveau de la mer : 0,5 mSv par an), de la radioactivité du sol, dite « tellurique » (de 0,5 à 400 mSv selon la nature du sol, en moyenne 1 mSv dans la plupart des régions) et du corps humain lui-même (en moyenne 1,5 mSv, en fonction de l'alimentation et de la quantité de radon naturel dans l'air que nous respirons).

Radioactivité médicale

Environ 32 % de la radioactivité que nous recevons (en moyenne) dans les pays développés résulte de l'utilisation de techniques d'imagerie médicale (radiologie médicale : radios des poumons, radios dentaires, rayons X, scanners, etc.) et de l'injection de produits radioactifs à des fins médicales (par exemple : scintigraphies ou radiothérapies).

Radioactivité artificielle

Moins de 1 % de la radioactivité totale à laquelle nous sommes exposés est artificielle, non-médicale et provient de l'industrie nucléaire militaire et civile. Il s'agit notamment des retombées des essais nucléaires militaires aériens effectués principalement dans les années 1960 (0,5 %) et, dans une moindre mesure, des effluents de l'industrie électronucléaire (seulement 0,003 % du total de la radio-activité à laquelle nous sommes exposés). Il s'y ajoute, selon les individus, une quantité de rayonnements parfois non négligeable provenant d'appareils domestiques (tubes cathodiques d'écrans de télévision et d'ordinateurs, fours à micro-ondes, etc.).

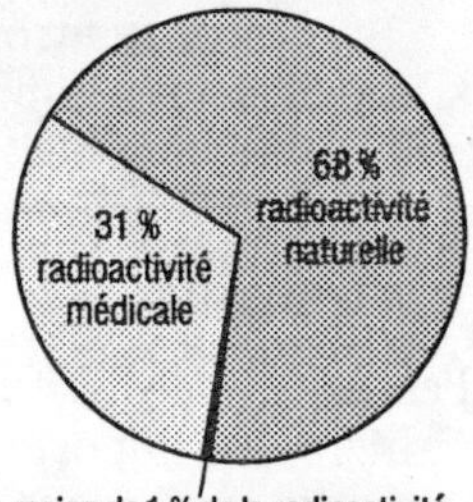

moins de 1 % de la radioactivité est artificielle non médicale

Les écologistes se trompent d'ennemi en attaquant l'industrie nucléaire : si la radioactivité aux doses habituellement reçues était nocive à notre santé, ce qui n'est heureusement pas le cas, ils devraient d'abord lutter contre la radioactivité naturelle du sol (évidemment impossible à éliminer) et s'abstenir de dormir à côté de leur petit(e) ami(e), car le corps humain est naturellement radioactif. Ensuite, ils devraient fuir la Bretagne (région granitique naturellement très radioactive) et éviter de prendre l'avion, de passer leurs vacances à la montagne (car les rayonnements reçus en provenance de l'espace augmentent nettement en altitude) et de s'exposer au soleil (ce sont les rayonnements émis par les réactions nucléaires du soleil qui font bronzer). Enfin, ils devraient s'opposer à la radiologie médicale avant de critiquer les essais nucléaires militaires et, en dernier lieu seulement, l'industrie nucléaire civile dont la part dans le bilan de la radioactivité reçue par les populations est très faible.

PREMIÈRE PARTIE

Le paradoxe atomique

Ce livre vous présente le paradoxe atomique et propose une nouvelle approche écologique au débat sur le nucléaire.

Le paradoxe réside dans le fait que l'électricité nucléaire est la source d'énergie la plus contestée par les écologistes, alors qu'il s'agit en réalité, et de loin, de l'énergie la plus propre, la plus rigoureusement surveillée et la plus respectueuse de l'environnement parmi les énergies massivement disponibles.

C'est pour des raisons écologiques (protéger l'atmosphère de la planète) que l'énergie nucléaire deviendra, au début du XXIe siècle, la principale source d'électricité dans tous les pays développés.

CHAPITRE PREMIER

Le nucléaire, une énergie plus propre qu'il n'y paraît

Comment brûler du pétrole ou du charbon sans émettre du gaz carbonique? Pour réduire nos rejets bruts nous n'avons pas d'autre solution que d'utiliser des techniques alternatives de production d'énergie, le nucléaire ou le solaire par exemple, et surtout d'économiser l'énergie en l'utilisant mieux.

Brice Lalonde,
alors ministre de l'Environnement[14].

De nombreuses personnes ont de l'énergie nucléaire une image stéréotypée : celle d'une industrie produisant des déchets hautement radioactifs (ce qui est vrai) en grandes quantités (ce qui est faux) et qui seraient rejetés dans la nature (ce qui est faux en Occident mais a longtemps été vrai dans les pays de l'Est). L'image d'une centrale nucléaire avec ses nuages blancs s'échappant d'immenses cheminées en béton appelées « aéroréfrigérants » suscite une sourde angoisse à l'idée de l'énorme puissance qu'elle contient (et si tout cela explosait?)[15].

---

14. Brice Lalonde, « Plan national pour l'environnement », supplément à *Environnement Actualité*, n° 122, septembre 1990.

15. Nous vivons dans une société encore très manichéenne où les choses sont systématiquement classées « bonnes » ou « mauvaises » dans l'esprit humain. Assez curieusement, comme aux informations télévisées, on ne retient souvent que le côté négatif. Nous gagnerions à

Le public s'imagine souvent que ce nuage inquiétant contient des substances chimiques toxiques ou même radioactives. Or il n'en est rien. Ce nuage est constitué... d'air humide tout simplement, comme tous les autres nuages du ciel. Les aéroréfrigérants ont pour but d'évacuer une partie de la chaleur produite par la centrale qui ne peut être transformée en électricité[16] : il circule ainsi dans les aéroréfrigérants de l'eau tiède (non radioactive car l'eau de ce circuit n'est aucunement en contact avec le combustible nucléaire ni avec l'eau du circuit primaire) qui se refroidit au contact de l'air atmosphérique, provoquant un courant d'air chaud et humide qui s'élève lentement vers le haut de la cheminée d'où il s'échappe. En se refroidissant au contact de l'air extérieur plus froid à la sortie de la cheminée, la vapeur d'eau se condense, produisant ce grand nuage blanc caractéristique. Lorsque la centrale est située à l'intérieur des terres et que le débit des rivières est insuffisant, l'air atmosphérique se substitue ainsi au refroidissement par l'eau de la rivière, afin d'éviter de trop réchauffer celle-ci. C'est ainsi que ces fameux « aéroréfrigérants » n'émettent leur panache d'air humide que lorsqu'une centrale fonctionne à pleine puissance et que le débit de la rivière est trop faible. C'est donc pour respecter l'équilibre biologique de la rivière (faune et flore) que l'on réchauffe un peu l'atmosphère[17].

être, comme les Asiatiques, moins manichéens et plus pondérés en toutes choses, en étudiant méticuleusement les avantages et les inconvénients de chacun de nos actes. Vu de cette manière, le nucléaire bien conçu a d'énormes avantages et ne présente que des inconvénients minimes.

16. En effet, conformément aux lois de la thermodynamique, il n'est pas possible de transformer intégralement de la chaleur en électricité (rendement de Carnot). Il reste donc toujours une part de chaleur résiduelle non convertible en électricité qui est rendue à la nature environnante en réchauffant un peu la rivière ou l'atmosphère autour de la centrale.

17. La température de l'eau en amont et en aval des centrales nucléaires est soigneusement contrôlée de manière à ce que l'eau en aval de la centrale soit d'une température inférieure à 30 °C, afin que

On peut sans problème respirer ce nuage propre et « écologique » émis par les centrales nuléaires, ce qui n'est évidemment pas le cas des épaisses fumées noires émises par une centrale au charbon ou au fuel. Lors des visites organisées pour le public dans les centrales nucléaires, il arrive d'ailleurs souvent que l'on fasse visiter l'intérieur de ces réfrigérants atmosphériques. Les centrales situées en bord de mer ont naturellement un débit d'eau plus important à leur disposition et n'ont donc pas besoin d'aéroréfrigérants. Remarquons par ailleurs que les aéroréfrigérants ne sont pas typiques des centrales nucléaires : on en trouve aussi sur certaines centrales au charbon ou au fuel. En fait, ceux-ci sont le propre de toute centrale de grande puissance pour lesquels la rivière ne suffit pas comme source froide.

La composition des fumées émises par les automobiles, les industries et les centrales électriques classiques fonctionnant avec des combustibles fossiles (fuel, charbon, pétrole, gaz, essence, gasoil...) est d'une toute autre nature et envoie dans l'atmosphère des quantités énormes de produits bien peu écologiques : dioxyde de carbone (responsable de l'effet de serre), monoxyde de carbone (gaz mortel), dioxyde de soufre et oxydes d'azote (gaz toxiques responsables des pluies acides), dont nous allons préciser les effets dans les paragraphes suivants.

Le dioxyde de carbone ou gaz carbonique CO_2 est un gaz naturel (il existe dans la nature) qui n'est pas toxique pour l'homme. C'est par exemple du CO_2 que nous expirons à chaque respiration et dont les plantes ont besoin. Cependant, un excès de gaz carbo-

---

poissons et algues puissent se développer harmonieusement. L'eau des rivières n'est ainsi, après brassage de celle-ci, que légèrement réchauffée de quelques degrés par la centrale. L'eau rejetée n'est évidemment pas radioactive et sert simplement de source froide permettant à la centrale de fonctionner. L'eau en aval d'une centrale nucléaire est exactement la même qu'en amont, pratiquement rien n'y a été prélevé ni ajouté, mais elle est simplement un peu plus chaude. Peu d'usines chimiques ou de raffineries de pétrole pourraient en dire autant!

nique peut avoir des effets indésirables. Une centrale fonctionnant au fuel ou au charbon produit de grandes quantités de CO_2 tout en consommant une quantité énorme d'oxygène atmosphérique, car la réaction de base de combustion est $C + O_2 \rightarrow CO_2$, où le carbone (C) provient du combustible, et l'oxygène (O_2) de l'atmosphère. Dans les régions très industrialisées, le taux de CO_2 atmosphérique augmente de manière non négligeable, tandis que le taux d'oxygène atmosphérique diminue légèrement, ce qui, si ce phénomène s'accentuait, pourrait être préjudiciable aux animaux et à l'homme qui ont besoin d'oxygène pour respirer. Une centrale au fuel de 1 000 MW fonctionnant en permanence consomme 2,4 milliards de mètres cubes d'oxygène chaque année, et libère dans l'atmosphère 2,4 milliards de mètres cubes de CO_2 par an [18]. La consommation d'oxygène et la production de gaz carbonique des pays industrialisés, pour se chauffer, se déplacer, fabriquer de l'électricité et des biens de consommation, est des centaines de fois plus importante que la consommation naturelle d'oxygène due à la respiration des habitants et animaux de ces pays.

L'augmentation du taux de CO_2 émis dans l'atmosphère par notre société industrielle contribue d'après de nombreux travaux à ce que l'on appelle l'effet de serre qui produit un réchauffement de la planète [19]. Actuellement, le taux de CO_2 atmosphérique est plus élevé qu'il n'a jamais été depuis plus de 100 000 ans et il continue à s'accroître.

D'après C. Fréjacques, membre de l'Académie des sciences, si le taux de gaz carbonique venait à doubler

18. Source S.F.E.N.

19. Les scientifiques ne sont pas tous d'accord sur ce point. Cependant, l'enjeu pour l'humanité et la vie sur terre est tel que nous devons éviter toute situation irréversible. Dans le doute, il est nécessaire de prendre des mesures de précaution, notamment en utilisant l'énergie nucléaire à la place des combustibles organiques.

(il a déjà augmenté de plus de 20 % depuis le début du siècle), il faudrait s'attendre à une augmentation de la température superficielle moyenne sur la planète de 3 à 4,5 °C. Ce réchauffement de la planète risquerait d'aggraver le problème de la désertification des pays équatoriaux, d'augmenter la fréquence des incendies de forêt et de provoquer la fonte d'une partie des glaces polaires, ce qui entraînerait alors une montée du niveau des océans de plusieurs mètres et la submersion de certaines régions côtières (notamment une bonne partie des Pays-Bas) dans la deuxième moitié du XXIe siècle. Les centrales au fuel, au gaz et au charbon contribuent toutes à l'émission de CO_2 et à l'effet de serre, alors que les centrales nucléaires n'y participent aucunement[20].

– La fabrication de 1 kWh d'électricité avec du charbon, du gaz ou du pétrole libère environ un mètre cube de CO_2, rejeté dans l'atmosphère, qui participe à l'effet de serre.
– La fabrication de 1 TWh d'électricité avec du charbon, du gaz ou du pétrole libère environ un million de tonnes de CO_2, rejeté dans l'atmosphère, qui participe à l'effet de serre.
– La fabrication de 1 kWh d'électricité nucléaire ne fabrique aucun CO_2, et, après retraitement et recyclage à 97 % du combustible irradié, il ne reste que 0,1 milligramme de déchets de haute activité, qui ne sont pas rejetés dans l'environnement, mais sont soigneusement confinés, retraités, entreposés et surveillés. Leur radioactivité diminue avec le temps jusqu'à ce qu'ils redeviennent inertes.

Le monoxyde de carbone CO est un autre gaz, non naturel (il n'existe pratiquement pas dans la nature). Le CO apparaît principalement sous l'effet de réactions de combustion incomplètes lors de réactions chi-

---

20. Ducrocq Albert, « Le nucléaire va redevenir à la mode », *Le Revenu Français*, n° 265, p. 76, novembre 1992.

miques du type C + O → CO. On trouve du CO dans les fumées émanant des centrales au charbon, des chaudières au fuel, des gaz d'échappement des automobiles, dans la fumée de cigarette, etc.[21]. Le CO est toxique pour l'homme, car il prend la place de l'oxygène dans le sang et l'on peut mourir d'hypoxie (manque d'oxygène) si l'on respire trop de CO. La pollution par le CO est d'autant plus dangereuse que, comme la radioactivité, le CO est invisible, inodore et impossible à détecter avec nos sens. C'est pour contrôler l'émission du CO que l'on effectue régulièrement un « contrôle antipollution » des automobiles : en effet le taux de CO dans les gaz d'échappement des automobiles est de 1,5 % en moyenne et ne doit pas être supérieur à 3 %. La fumée de cigarette contient en moyenne 3,2 % de ce gaz hautement toxique, soit davantage que si vous respiriez directement les gaz d'échappement des automobiles à la sortie du pot d'échappement[22], c'est l'une des raisons pour lesquelles il est fortement déconseillé de fumer.

Toutes les installations, centrales, usines, cuisinières, chaudières et moteurs fonctionnant au charbon, au fuel, au pétrole, au gaz ou au bois émettent dans l'atmosphère des quantités variables, parfois assez importantes, de monoxyde de carbone CO, gaz toxique et même mortel à forte dose. Les quantités de CO émises dans l'atmosphère par les pays industrialisés se chiffrent en centaines de millions de tonnes par an. La production d'électricité nucléaire n'entraîne

21. Le CO peut aussi, mais c'est beaucoup plus rare, être d'origine naturelle à l'occasion, par exemple, d'un incendie de forêt ou d'une éruption volcanique. Cependant, ces deux types d'événement sont excessivement rares dans une nature non colonisée par la civilisation humaine : la très grande majorité des incendies actuels ne sont pas causés par la foudre, mais sont volontaires (agriculteurs pour déboiser), criminels ou causés par des mégots de cigarettes, ou encore par des feux de bois de campeurs imprudents.

22. Ce qui n'est évidemment pas recommandé!

traîne ni fabrication, ni émission de monoxyde de carbone dans l'atmosphère.

Le dioxyde de soufre SO_2 est lui aussi émis en quantités assez importantes dans l'atmosphère par la combustion des combustibles fossiles. En effet, le carbo-ne des combustibles n'est jamais pur car tous les organismes vivants contiennent un peu de soufre en plus du carbone. C'est le cas du bois, du charbon, du gaz et du pétrole qui proviennent à l'origine d'organismes vivants, et la réaction $C + O_2 \rightarrow CO_2$ de nos moteurs automobiles et cheminées industrielles est presque toujours accompagnée, dans une moindre mesure, de la réaction similaire $S + O_2 \rightarrow SO_2$. Le dioxyde de soufre, qui se transforme au contact de l'eau et de l'oxygène de l'air en acide sulfurique $H_2 SO_4$, est ainsi à l'origine du phénomène des pluies acides : il acidifie l'eau de pluie, qui, se précipitant ensuite au sol dans des régions placées sous le vent des zones industrielles, fragilise les plantes et les arbres, contribuant ainsi à faire mourir une grande partie de la végétation.

Contrairement aux installations, centrales, usines, cuisinières et chaudières fonctionnant au charbon, au fuel, au pétrole ou au bois ainsi que les moteurs des automobiles à essence (même « l'essence verte ») qui émettent toutes dans l'atmosphère du dioxyde de soufre SO_2, responsable des pluies acides, la production d'électricité au moyen de centrales nucléaires ne produit aucune émission de SO_2.

Les oxydes d'azote NO_x sont eux aussi des gaz toxiques pour l'environnement et pour les organismes vivants, chez lesquels ils provoquent des troubles respiratoires. Ces substances chimiques existent dans la nature mais à des doses infimes. Toutes les centrales, chaudières et cheminées au fuel, au pétrole, au bois et surtout au charbon émettent dans l'atmosphère des oxydes d'azote NO_x qui sont des gaz polluants, nocifs pour l'environnement. Les quantités de NO_x émises dans l'atmosphère par les pays industrialisés se chiffrent en centaines de millions de tonnes par an.

Les centrales nucléaires ne produisent absolument aucune émission de NO_x.

Certaines industries pétrolières et chimiques ont depuis quelques années commencé (en Occident seulement, tout reste à faire dans d'autres pays...) à étudier les conséquences environnementales de leurs activités et à prendre des mesures pour limiter les rejets polluants : filtrage des fumées et des effluents et optimisation de certaines opérations. Cependant, les transports routiers et urbains encore assurés par des véhicules à combustible fossile[23] continuent à polluer et cette pollution augmente dangereusement en raison de l'augmentation démographique de la planète et du phénomène d'industrialisation des pays pauvres qui entraîne inévitablement un accroissement du transport routier, de la consommation et donc de la pollution. Des millions de tonnes par an de déchets toxiques sont ainsi rejetés dans les océans, les rivières et l'atmosphère. Ceci pose aujourd'hui de graves problèmes d'environnement car, en trop grandes quantités, ces rejets chimiques viennent contrarier des équilibres biologiques vitaux de notre planète. La production d'énergie nucléaire ne libère dans l'environnement aucune de ces substances chimiques aux effets indésirables[24].

---

23. Il en va de même, dans une moindre mesure, des transports aériens avec le kérosène. Comme nous le verrons, la pollution est quasi inexistante avec des véhicules électriques qui, heureusement, commencent à se développer. La palme des transports écologiques revient ainsi au transport ferroviaire électrifié (le train) ainsi qu'aux bus, tramways et autres véhicules électriques particulièrement peu polluants, surtout si l'électricité qui les alimente est d'origine nucléaire.

24. Contrairement aux rejets industriels de SO_2, NO_x et CO qui multiplient considérablement le taux normal de ces substances dans la nature, la quantité de radioactivité rejetée par les centrales nucléai-

Un seul centre de production nucléaire, tel que la centrale de Nogent-sur-Seine comportant deux tranches de 1 300 MW, a fourni dans ses quatre premières années de fonctionnement (1987-1992) cinquante milliards de kWh, soit en moyenne environ 12 milliards de kWh par an, c'est-à-dire le quart de la consommation totale annuelle de l'Île-de-France, ou 5 % de la consommation totale annuelle du pays. Pour bien se représenter l'importance de cette production, il suffit d'imaginer 60 millions d'ampoules de 100 watts restant allumées en permanence pendant un an. Pour produire la même quantité d'énergie, il aurait fallu brûler 11 millions de tonnes de fuel, soit l'équivalent d'un train long de 5 500 km constitué de wagons-citernes remplis de 30 tonnes de fuel chacun, ou 17 millions de tonnes de charbon, soit l'équivalent de 4 600 kilomètres de wagons contenant chacun 55 tonnes de charbon (la distance Paris-Moscou)!

Pour une centrale produisant 1000 MW de puissance pendant une année en 6 600 heures de fonctionnement, soit 6,6 milliards de kWh en un an, nous avons le choix entre[25] :

— Une centrale au charbon qui consomme 350 grammes de charbon par kWh produit, soit 2,3 millions de tonnes de charbon par an (l'équivalent de 66 minéraliers de 35 000 tonnes ou 23 000 wagons de 100 tonnes) et qui rejette : 3 milliards de mètres cubes de gaz carbonique dans l'atmosphère (soit environ 4 millions de tonnes de CO_2 qui participe à l'effet de serre), 41 000 tonnes de SO_2 responsable des pluies acides, 9,6 millions de mètres cubes de NO_2 (soit environ 12 400 tonnes), 1 200 tonnes de poussières, 250 000 tonnes de déchets solides et

---

res, même à proximité de celles-ci, n'augmente que très peu la radioactivité naturelle à laquelle nous sommes soumis par ailleurs (en moyenne, moins de 0,001 millisievert par an de supplément de radioactivité provenant des centrales, soit de l'ordre du millième de la radioactivité d'origine naturelle).

25. Source S.F.E.N.

377 000 tonnes de cendres volantes. Remarquons que, le charbon étant naturellement radioactif (notamment par le carbone 14), une telle centrale au charbon émet aussi de la radioactivité à hauteur de 700 000 000 Bq/an (soit 0,01 Curie/an). Cette radioactivité n'a toutefois pas été fabriquée dans la centrale : elle était présente dans le charbon, a seulement transité par la centrale et se trouve rejetée dans l'atmosphère.

— Une centrale au fuel qui consomme 230 g de fuel par kWh produit, soit 1,52 million de tonnes de fuel par an (le contenu de trois énormes super-pétroliers de 500 000 tonnes ou 15 200 wagons de 100 tonnes) et qui rejette : 2,4 milliards de mètres cubes de gaz carbonique (soit 3,1 millions de tonnes de CO_2 qui participe à l'effet de serre), 91 000 tonnes de SO_2 responsable des pluies acides, 6 400 tonnes de NO_x dont 4 000 tonnes de NO_2 (3,1 millions de mètres cubes de NO_2), 1 650 tonnes de poussières et pratiquement pas de cendres. Remarquons que, le fuel étant naturellement radioactif (notamment par le carbone 14), une telle centrale au fuel émet aussi de la radioactivité à hauteur de 40 000 000 Bq/an (soit 0,01 Curie/an). Cette radioactivité n'a toutefois pas été fabriquée dans la centrale : elle était présente dans le fuel à l'origine et se trouve rejetée dans l'atmosphère.

— Une centrale nucléaire qui consomme seulement 4 milligrammes d'uranium enrichi par kWh produit[26], soit 27 tonnes d'uranium enrichi à 3 % par an et par réacteur de 1 000 MW (le contenu d'une benne de camion de 14 mètres cubes) et rejette : absolument aucun CO_2 (ne participe pas à l'effet de serre), aucun SO_2 (ne participe pas aux pluies acides), aucun NO_x, aucune poussière, aucune cendre, et seulement 14 mètres cubes de déchets haute activité (combustible irradié dont 97 % est recyclable par retraitement), 493 mètres cubes de

26. Cette consommation peut encore être diminuée de 20 % environ en recyclant une partie du combustible usagé (MOX) et pourait être divisée par 50 en développant les réacteurs à neutrons rapides.

déchets de moyenne et basse activité (qui sont confinés et non rejetés dans la nature), et 11 100 curies environ de radioactivité rejetée dans l'environnement par année[27] (ce qui représente, en multipliant par le nombre de centrales nucléaires en fonctionnement sur la planète, une quantité de radioactivité artificielle rejetée dans la nature par ces centrales de l'ordre de 0,000 ... (13 zéros au total) ... 001 fois la quantité de radioactivité naturellement présente dans l'écorce terrestre).

La quantité quasi nulle de substances chimiques et les très faibles doses de radioactivité rejetées dans l'environnement par les centrales nucléaires, à comparer aux millions de tonnes de déchets chimiques toxiques et aux milliards de mètres cubes de gaz toxiques des centrales au gaz, au pétrole ou au charbon, montre sans équivoque que le nucléaire est un procédé bien plus écologique que le charbon, le gaz ou le pétrole pour la production de la même quantité d'énergie.

Si le fuel et le gaz sont un peu moins polluants que le charbon, le nucléaire est en comparaison infiniment plus sobre et plus propre : une centrale au charbon consom-

---

27. Source S.F.E.N., dont 10 000 sous forme de rejets gazeux et 1 100 de rejets liquides, ce qui est très faible par rapport à la quantité d'énergie produite, et par rapport à la radioactivité naturelle émise par le radon durant la même année dans la même région. De plus, ces chiffres, qui datent de quelques années, ont diminué depuis, du fait de l'amélioration des matériels et des procédures. Les rejets actuels sont de l'ordre de 1 % des doses annuelles autorisées, dont les seuils ont eux-mêmes été fixés très bas avec d'importants coefficients de sécurité. Ceci est à comparer avec, par exemple, la toxicité des pesticides, insecticides et produits chimiques utilisés dans l'agriculture, dont les seuils de sécurité sont loin d'être aussi draconiens, qui sont contrôlés de manière très aléatoire (lorsqu'ils le sont) et, en pratique, sont plus ou moins respectés, car les agriculteurs n'hésitent guère entre le besoin de produire au maximum et l'absence quasi totale de contrôle sur l'application des réglementations (laxistes) qui seraient censées protéger la santé des consommateurs.

me 100 000 fois plus de carburant (en masse) qu'une centrale nucléaire, et produit environ 100 000 fois plus de déchets (toujours en masse), mais ces déchets sont d'une nature différente puisque chimiques dans un cas (environ cinq millions de tonnes de cendres et de gaz rejetés dans la nature) et radioactifs dans l'autre cas (14 mètres cubes de combustible irradié qui n'est pas rejeté dans la nature mais stocké et/ou retraité).

Autre question intéressante : avons-nous vraiment besoin de consommer autant d'énergie et d'électricité? Le meilleur moyen, le plus sûr et le plus efficace pour polluer moins consiste en effet à économiser l'énergie (nous reviendrons sur ce point un peu plus loin).

Datation au carbone 14

Le carbone 14 est un « frère jumeau » (« isotope » pour les scientifiques) du carbone 12 qui est un des atomes de base de la matière vivante. On trouve une certaine quantité de cet isotope radioactif dans l'atmosphère, dans les plantes et dans tous les organismes vivants, depuis la nuit des temps. C'est en mesurant la quantité de radioactivité naturelle émise par le carbone 14 des squelettes préhistoriques que l'on évalue leur ancienneté. En effet, cette radioactivité naturelle s'est accumulée dans leur organisme de leur vivant, il y a des milliers d'années, et diminue progressivement avec le temps en diminuant de moitié tous les 5 730 ans. La quantité de radioactivité émise par unité de masse permet ainsi de dater avec une bonne précision l'ancienneté d'un squelette humain ou d'un fossile.

HAUSSE DE LA TENEUR EN CO_2 DE L'ATMOSPHÈRE

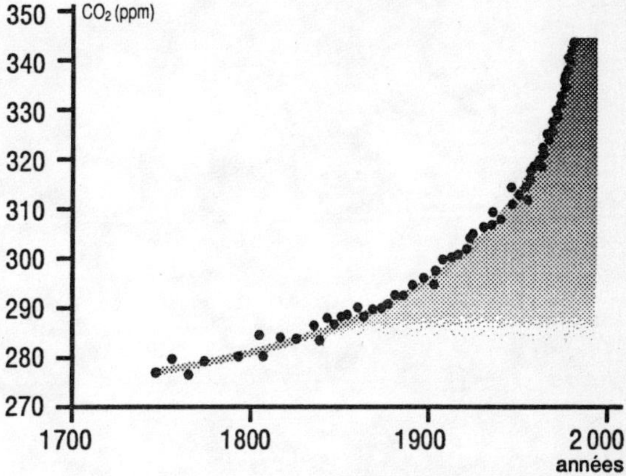

La majorité des scientifiques pensent que l'élévation régulière du taux de CO_2 dans l'atmosphère est responsable, au moins en partie, de l'effet de serre qui provoque un réchauffement de la planète. Le taux de CO_2 dans l'atmosphère a beaucoup augmenté (d'environ 30 %) depuis que les pays industrialisés détruisent les forêts, polluent les océans et utilisent massivement le charbon et les combustibles fossiles (émetteurs de CO_2) comme source d'énergie. Une centrale nucléaire produit de l'énergie, beaucoup d'énergie, sans aucune émission de CO_2, contrairement aux centrales au charbon, gaz ou pétrole (combustibles fossiles). Même l'essence « sans plomb » et les carburants organiques appelés « carburants verts » (essence fabriquée à partir de colza par exemple) produisent du CO_2 lors de leur combustion. Si le taux de CO_2 venait à doubler, la température moyenne à la surface de la planète pourrait augmenter de 3 à 4 °C, ce qui risquerait de provoquer des changements climatiques importants et une variation de plusieurs mètres du niveau des océans.

CHAPITRE 2

L'implantation d'une centrale nucléaire bien conçue ne perturbe que très peu l'environnement

Les paradoxes d'aujourd'hui
sont les préjugés de demain.

Marcel Proust.

Une centrale nucléaire composée de quatre tranches de 1300 MW occupe seulement une superficie d'environ 1 km^2 (à peu près la même surface qu'un complexe sportif avec ses pelouses et son parking) et produit assez d'énergie pour alimenter en électricité une mégapole telle que Paris, Londres ou Tokyo. Pour produire la même quantité d'électricité avec des capteurs solaires, il faudrait couvrir des régions entières de capteurs inesthétiques et polluants à fabriquer (utilisation de milliers de tonnes de matériaux de synthèse et de peintures antirouille au plomb pour les supports métalliques des capteurs, et renouvellement de ces capteurs tous les 30 ans environ). Comme nous l'avons vu, les substances chimiques rejetées dans la nature par une centrale nucléaire sont insignifiantes et les rejets radioactifs n'élèvent que très peu le taux de la radioactivité naturelle sur le site. Les alentours d'une centrale nucléaire en Allemagne, au Japon ou aux États-Unis sont ainsi moins radioactifs que les plages bretonnes dont les roches granitiques émettent une radioactivité naturelle nettement plus intense que celle des plaines sédimentaires. Les seuls impacts non négligeables d'une centrale nucléaire sur l'environnement sont l'impact sur le paysage et un léger réchauffement (de l'ordre de quelques degrés) de l'eau de la mer ou de la rivière faisant office de source froide, ce qui favorise la croissance des algues et des poissons[28].

L'impact d'une centrale nucléaire sur le paysage est bien moindre, pour la même production d'électricité, que celui des énergies solaire ou éolienne, et à peu près équivalent à celui de centrales au fuel ou au charbon (bien plus polluantes sur le plan chimique).

Tant que le réchauffement de l'eau d'une rivière est de l'ordre de quelques degrés, il ne perturbe vraisemblablement pas beaucoup les écosystèmes sachant, qu'en un même endroit, la température de l'eau varie naturellement de dix ou vingt degrés Celsius entre l'été et l'hiver. On remarquera au passage que toutes les centrales thermiques qui fabriquent de l'énergie, y compris les chaudières domestiques et les centrales électriques au charbon et au fuel, réchauffent soit l'atmosphère, soit l'eau du fleuve qui sert de source froide. Le réchauffement de l'environnement n'est donc pas une spécificité du

28. À priori, cette élévation de température ne devrait pas être trop gênante pour l'équilibre thermique planétaire tant que la quantité de chaleur supplémentaire réchauffant ainsi la planète reste très faible devant la quantité de chaleur reçue par la terre en provenance du soleil. Pour l'instant, l'effet d'élévation directe de la température par la chaleur dégagée par l'industrie et les activités humaines semble négligeable par rapport aux effets qui résultent d'un accroissement de l'effet de serre ou de la pollution chimique de l'environnement, mais il nous faut prendre garde de ne pas trop réchauffer l'atmosphère. Ce problème pourrait se poser dans l'avenir si 10 ou 20 milliards d'habitants se mettaient à consommer autant d'énergie par habitant que le font aujourd'hui les Américains ou les Européens. La question ne serait alors plus de savoir comment produire l'énergie, mais comment ne pas trop augmenter la production d'énergie.

nucléaire mais le propre de toute consommation d'énergie, ce qui n'est pas sans soulever quelques questions et nous y reviendrons plus loin. Des relevés de températures sont effectués régulièrement en amont et en aval des centrales nucléaires et un inventaire détaillé de l'état des écosystèmes terrestres ou marins est établi avant la construction des centrales (en Occident).

À la centrale nucléaire de Paluel en Normandie, un phoque femelle surnommée Brigitte ayant trouvé l'eau de la Manche meilleure près de la centrale a élu domicile dans le canal de pompage de celle-ci, ce qui ne l'empêche pas de couler des jours heureux et de fort bien se porter dans ces eaux sans doute plus poissonneuses que la moyenne (car les poissons aussi apprécient l'eau chaude)[29].

J'ai habité pendant plusieurs années à quelques kilomètres de la centrale nucléaire de Nogent-sur-Seine et cela n'a aucunement affecté ma santé, pas plus que celle des autres habitants de la région. En aurait-il été de même si la centrale avait été au charbon, émettant des milliers de tonnes de gaz de combustion en partie toxiques? Si je devais choisir entre habiter à quelques kilomètres sous le vent d'une centrale nucléaire ou d'une centrale thermique ou d'une grosse usine chimique, je choisirais sans hésiter la centrale nucléaire, car les normes qui y sont respectées sont bien plus strictes et le risque encouru bien moindre. Une centrale nucléaire n'émet rien ou presque, même en période de fonctionnement, à la différence des gros panaches de substances toxiques des usines chimiques ou thermiques et, même en cas d'accident (bien moins probable dans une centrale nucléaire occidentale que dans une usine chimique)[30],

29. Hulot N., « Brigitte aime le nucléaire », VSD Nature, n° 3, p. 7, juillet 93.

30. Un accident dans une centrale thermique au fuel ou au charbon ne serait pas dangereux pour le public, mais seulement pour le personnel travaillant dans la centrale, sauf éventuellement en cas

le risque est de nature différente mais pas forcément plus important pour le nucléaire. L'accident chimique de Bhopal en Inde a fait un nombre de victimes officiellement recensées (3 000 morts) cent fois supérieur à celui de Tchernobyl (31 victimes)[31]. Pendant ce temps, le tabagisme, la malnutrition et la malaria font chacun des millions de victimes chaque année.

La plupart d'entre nous n'ont cependant pas le choix et habitent sans doute plus près d'usines chimiques que d'une centrale nucléaire. Pour deux raisons : d'abord, parce qu'il y a moins de centrales nucléaires dans un pays, même très nucléarisé comme la France, que de raffineries de pétrole et de grosses usines chimiques. Ensuite, parce qu'en Occident les centrales nucléaires sont construites assez loin des villes, dans des régions faiblement urbanisées, ce qui n'est pas le cas des usines chimiques et pétrolières souvent installées près des ports et des grosses villes. On ne peut que se féliciter d'habiter loin d'une centrale nucléaire et il faut en effet veiller à minimiser les effets d'un accident qui pourrait s'y produire en les construisant autant que possible loin des villes. Mais pourquoi ne fait-on pas de même avec d'autres industries bien plus polluantes?

---

d'explosion de citernes de gaz ou d'incendie non maîtrisé de cuves de pétrole.

31. Ce bilan ne tient pas compte des décès à long terme, par exemple du cancer de la thyroïde, dont une augmentation du nombre de cas a été signalée (dont les décès se comptent pour l'instant par unités ou dizaines et non par milliers ou millions comme certains le prétendent), ni des « liquidateurs » intervenus sur le site après l'accident pour nettoyer la centrale. On ne connaîtra jamais le nombre exact de victimes parmi ceux-ci, car tous n'ont pas été recensés et la plupart d'entre eux sont aujourd'hui dispersés sans qu'on puisse retrouver leur trace. Toutefois, il semble qu'en plus de ces 31 victimes à court terme, il faille ajouter, pour l'instant, trois cas de cancers de la thyroïde chez des enfants (chiffre qui risque d'augmenter à l'avenir), un pilote d'hélicoptère décédé trois ans après l'accident, et sept des « liquidateurs » qui ont pu être suivis, ce qui porterait le bilan total à un minimum de 42, le nombre exact de victimes étant inconnu (AIEA, décembre 1993).

Il existe une très grande démesure entre la place (importante et justifiée) accordée à l'écologie et à la santé publique lorsqu'il s'agit d'énergie nucléaire et le laxisme des normes, voire l'absence totale de règlements ou leur violation continuelle dans d'autres domaines : industrie pétrolière (dégazage en mer des pétroliers), chimie (rejet de substances polluantes dans l'environnement), agriculture et secteur agro-alimentaire (utilisation de traitements multiples et substances chimiques douteuses sur les aliments, dépassement des dates limites de conservation, non affichage de la nature des traitements auxquels ont été soumis les aliments, etc).

Les normes imposées au nucléaire sont très strictes en Occident et nous ne pouvons qu'en être fiers, mais, pour protéger la planète, nous devons veiller à l'application de normes similaires dans les autres pays (notamment les pays de l'Est, dont les 19 réacteurs RBMK et 10 VVER 230 encore en fonctionnement sont beaucoup plus dangereux que les nôtres)[32] et dans tous les autres domaines de l'industrie.

32. Le réacteur nucléaire de Kozloduy, de type VVER 230, a été redémarré après un arrêt prolongé par les Bulgares le 3 octobre 1995. Ce réacteur est dangereux et n'aurait jamais dû être remis en marche : c'est un nouveau Tchernobyl en puissance.

CHAPITRE 3

Prévenir autant que possible les risques d'accidents grâce à des normes de sécurité très strictes : le nucléaire zéro défaut

On a consacré plus d'études aux problèmes de sécurité nucléaire qu'on ne l'a fait dans toute autre technologie.

H. Alfuen, *Prix Nobel de physique*[33].

Toute installation industrielle, par définition, consiste à intervenir sur la nature pour modifier l'évolution de phénomènes naturels et présente donc, par définition, des risques importants de modification de l'environnement. Si nous voulons que la planète reste habitable, ceux qui transforment la nature (c'est-à-dire chacun d'entre nous, les industriels, les agriculteurs, les architectes, les ingénieurs, etc.), doivent veiller à ce que ces transformations ne soient pas trop importantes, soient réversibles et qu'elles ne compromettent pas la qualité ou même la possibilité de la vie sur terre. Mais comment savoir si telle ou telle industrie compromet la qualité de la vie? Je propose une notion simple pour rendre compatible

33. Cité par le Dr Yves Daniel dans son ouvrage *Nucléaire, nous sommes tous en danger de mort*, aux éditions Le Rocher, Paris, 1987.

une utilisation raisonnable des forces de la nature (dont la radioactivité fait partie, mais aussi l'énergie solaire, les réactions chimiques), avec un développement industriel sans danger pour l'environnement. Le critère serait le suivant :

> Un développement industriel est admissible tant que l'on respecte les équilibres naturels aussi bien au niveau local que planétaire, en exploitant les ressources naturelles, mais sans jamais provoquer de modifications notables des différents paramètres d'environnement, les seules modifications admises devant être limitées, dans l'espace et dans le temps. Un changement provoqué par la main de l'homme dans les valeurs d'un paramètre d'environnement est, par définition, considéré comme « notable » s'il excède les variations naturelles de ce même paramètre en fonction du lieu ou en fonction du temps dans un même lieu.

Dans certains domaines, une variation de quelques pour cent d'un paramètre sera notable et donc inadmissible. Par exemple, la pression atmosphérique varie habituellement et naturellement entre 990 et 1 030 millibars, soit ± 2 % d'écart autour de la valeur moyenne de 1 013 millibars. Tout développement industriel, qui modifierait la pression atmosphérique de l'ordre de 1 % ou plus, serait donc inacceptable selon cette règle. Heureusement, aucune industrie, à l'heure actuelle, ne modifie notablement la pression atmosphérique dans l'environnement.

Dans d'autres domaines, les variations de certains paramètres naturels sont telles que même si ces paramètres venaient à doubler ou à être multipliés par dix, il ne s'agirait pas d'un changement notable et cette modification serait acceptable sans grandes conséquences sur les phénomènes vivants, naturellement adaptés à faire face à de telles variations. C'est le cas de la radioactivité, qui varie d'un facteur mille dans la nature, en fonction des régions et de la météo. Une augmentation de l'ordre d'un facteur deux du taux de la radioactivité naturelle (ou même dix) semble alors parfaitement admissible (sauf peut-être dans les régions naturellement les plus radioactives), surtout si cette augmentation n'est que locale et réversible (perturbation qui s'efface avec le temps, ce qui est le cas de la radioactivité qui diminue spontanément avec le temps et se dilue dans l'espace). Nous sommes toutefois loin de telles variations puisque les centrales nucléaires n'augmentent que très faiblement la radioactivité ambiante (de l'ordre de 0,1 % à proximité des installations) alors que les variations sur le même site en fonction de la météo sont plus importantes.

Autre exemple de variation importante de paramètres naturels : le taux d'humidité de l'atmosphère varie facilement de 0 à 100 % dans une même région selon la saison et la météo. Une industrie qui augmenterait ou diminuerait localement l'humidité atmosphérique de 20 % ou 30 % ou même davantage ne serait donc pas une menace pour la vie et paraît acceptable[34].

Selon ce critère de « notabilité » que nous venons de définir, l'industrie nucléaire civile semble admissible, car elle ne modifie aucun paramètre d'environnement de manière « notable » : les modifications du taux de radioactivité autour d'une centrale nucléaire sont très faibles. Le type de rayonnements issus des centrales est exactement le même que ceux que l'on trouve partout dans la nature, dans le sol, dans l'eau, dans l'atmosphère et partout, mais en bien moindre quantité.

> La radioactivité totale contenue dans les centrales nucléaires en service aujourd'hui représente seulement environ le millionième de millionième de 1 % de la radioactivité naturelle totale de la planète.

---

34. C'est d'ailleurs le cas des aéroréfrigérants dont sont dotées certaines centrales. Ceux-ci rajoutent une certaine quantité d'eau (non radioactive) dans le ciel, ce qui ne pose pas de gros problèmes sur le plan écologique, la présence de nuages dans le ciel étant normale et variant énormément d'un jour à l'autre.

Il n'y a pas de quoi s'affoler, d'autant que l'uranium placé dans les réacteurs n'est rien d'autre que de l'uranium naturel ramassé dans des mines et concentré. Les produits issus de la réaction nucléaire, les fameux « déchets » dont nous reparlerons, ne sont pas dispersés dans l'environnement mais soigneusement confinés. Les centrales nucléaires n'introduisent ainsi aucune radioactivité ni substance chimique nouvelle dans les écosystèmes à des doses notables (il y a quelques rejets de substances chimiques, mais à des doses infimes par rapport à d'autres secteurs de l'industrie). Il est donc raisonnable de penser que tant que les doses de radiations émises restent du même ordre de grandeur que les variations de la radioactivité naturelle, ces substances n'ont aucune influence sur les écosystèmes[35].

Quant aux risques d'accident de l'industrie nucléaire (civile), ils doivent être réduits au minimum, mais ils sont, à mon avis, acceptables à condition que les règles de sûreté soient respectées au niveau de la conception et de l'exploitation (pour le nucléaire civil)[36], en raison de la rareté de la pollution qu'ils engendrent et de leurs conséquences limitées. Contrairement aux usines chimiques qui polluent en permanence dès qu'elles fonctionnent, il n'y a, heureusement, pas un accident nucléaire tous les jours. Un accident nucléaire majeur (dont la pro-

---

35. On constate d'ailleurs que les poissons dans les rivières, ainsi que les biches, taupes, rats des champs, lapins et autres mammifères terrestres vivent et se multiplient très bien à proximité immédiate des centrales nucléaires, où le taux de radioactivité n'est qu'à peine supérieur à la radioactivité du même lieu avant implantation de la centrale. Ils peuvent même y prospérer plus tranquillement qu'ailleurs (comme c'est le cas de certains oiseaux et lapins au bord des pistes d'aéroports), car le lieu est mieux gardé : il y a moins de prédateurs humains (chasseurs et pêcheurs) à proximité des centrales...

36. Il en va autrement des risques relatifs au nucléaire militaire car une explosion nucléaire militaire est volontairement provoquée. Il n'est pas acceptable de tuer volontairement des populations ou de détruire violemment et volontairement des villes, des régions ou des installations.

babilité est très faible) sur une centrale correctement conçue au départ (avec notamment un dôme en béton suffisamment solide autour du bâtiment réacteur pour retenir les substances radioactives en cas de problème si le réacteur se met à fuir ou à fondre), fût-il aussi grave que celui de Three Mile Island, ne perturbe pas notablement les paramètres environnementaux car la radioactivité n'y a augmenté que de manière locale (principalement à l'intérieur du bâtiment réacteur)[36] et de manière limitée dans le temps (la décontamination est possible si la surface contaminée n'est pas trop étendue).

L'accident de Tchernobyl, en revanche, est tout à fait inacceptable car il a contaminé pour plusieurs dizaines d'années une région entière : on trouve encore aujourd'hui des quantités notables de césium 137 radioactif aux alentours de Tchernobyl, même si la radioactivité y a beaucoup diminué depuis l'accident.

Les pays occidentaux doivent tout faire pour éviter qu'un tel drame ne se reproduise et c'est la raison pour laquelle les pays développés demandent l'arrêt des réacteurs de type RBMK. Nous ne devrions pas accepter de laisser fonctionner de tels réacteurs, obsolètes, mal conçus et dépourvus d'enceinte de confinement en béton dont on sait qu'elle joue un rôle majeur pour limiter les conséquences d'un éventuel accident.

Il en va tout autrement de l'industrie chimique ou de l'agriculture industrielle qui fabriquent et répandent à tour de bras dans la nature des substances chimiques nouvelles, telles que le DDT, des engrais de synthèse utilisés en agriculture, fabriqués à partir de résidus de l'industrie pétrolière, et des milliers d'autres molécules de synthèse, substances chimiques nouvelles qui n'exis-

36. Des paramètres environnementaux ont été modifiés à distance à des milliers de kilomètres suite à l'accident de Tchernobyl (augmentation de la radioactivité en iode 131 et césium 137), mais cette augmentation n'est pas notable au sens où nous l'avons définie.

taient pas auparavant dans la nature et qui sont synthétisées et utilisées en grandes quantités et sur de vastes surfaces, ce qui est hautement susceptible de perturber certains écosystèmes[38]. De tels usages sont artificiels (ils ont nécessité l'intervention de l'intelligence humaine) et produisent une modification notable de paramètres d'environnement. Pendant des décennies, les dentistes ont utilisé des amalgames dentaires à base de mercure, qui polluent lentement et insidieusement leur hôte. C'est tout à l'honneur du monde médical et de la dentisterie d'avoir reconnu une telle iatrogénie et d'y remédier en préférant maintenant des amalgames à base de résines et matériaux moins toxiques. Autre exemple :

> Les nitrates utilisés en agriculture provoquent une élévation très importante, et donc inacceptable à grande échelle, du taux de nitrates dans les nappes phréatiques[39], qui dépasse, dans plusieurs régions d'Europe, le taux maximum autorisé pour l'eau potable. De même, l'utilisation des combustibles fossiles (charbon, pétrole, gaz) entraîne une élévation du taux de CO dans l'atmosphère qui peut atteindre quelques centaines de ppm[40] dans les villes alors que ce

38. On le voit bien, par exemple, avec les pluies acides qui déciment les forêts et la végétation superficielle, alors même que le SO_2 qui en est la cause existe dans la nature : il est émis par exemple lors de certaines éruptions volcaniques. Mais la quantité de SO_2 émis par l'industrie est tellement importante, bien plus élevée que le taux « naturel », que cet abus est nocif pour l'environnement et détruit la vie.

39. Les nitrates sont des substances chimiques qui existent dans la nature, mais à des doses bien plus faibles que celles utilisées en agriculture. Il est aberrant de protester sur le plan écologique contre le nucléaire qui ne produit pas de modifications notables de l'environnement et de continuer à employer des méthodes agricoles dont nous savons qu'elles sont nocives (d'autant que les dégâts causés par les excès de l'agriculture artificielle sont doubles : pour l'environnement et pour la santé du consommateur qui mange ensuite les aliments ainsi fabriqués).

40. Ppm : parties par million.

gaz n'existe pas dans la nature. Le fait que l'usage du charbon, du pétrole et de l'agriculture chimique soit quotidien et se soit généralisé, à une époque où l'on accordait moins d'importance qu'aujourd'hui aux questions écologiques, n'en rend la remise en cause que plus vitale et urgente.

Pour la sécurité des populations, ainsi que pour la santé publique et le respect de l'environnement, nous devons veiller à polluer aussi peu que possible et viser systématiquement ce qu'on appelle dans l'industrie la « qualité zéro défaut ».

Même s'il s'agit là d'un idéal difficile à atteindre, car on ne fait rien sans un minimum de risque, la perfection et le concept « zéro défaut » doivent en permanence imprégner notre esprit et diriger nos actions, dans l'industrie en général et dans le nucléaire en particulier, mais aussi dans tous les domaines de la vie.

La capacité à rechercher la perfection, le respect d'autrui et de l'environnement, sont des qualités qui permettent de différencier l'homme civilisé, instruit, compétent et respectueux de son prochain, de l'homme inculte et barbare. Conduire un car scolaire démuni de freins, à grande vitesse, sur des routes sinueuses en montagne serait un acte de barbarie. Tout chauffeur de car scolaire, conscient de l'importance de sa fonction, conduira à vitesse raisonnable en pensant à la vie des passagers dont il est responsable, et aura ainsi un maximum de chances d'éviter tout accident.

À Tchernobyl, on était loin, très loin du concept de « zéro défaut », et on peut même considérer, sans trop exagérer, que les concepteurs de la centrale, les scientifiques qui l'exploitaient et les autorités politiques qui commandaient à l'ensemble, étaient tous inconscients, à la limite de l'incompétence, car les règles de sécurité les plus élémentaires n'y étaient pas respectées :

— Erreur de conception du réacteur : il n'y avait pas

d'enceinte de confinement autour du réacteur pour contenir les produits radioactifs en cas de fuite (il est vrai, mais ce n'est pas une excuse, qu'au pays du goulag on n'accordait pas la même valeur qu'en Occident à une vie humaine et à la protection de l'environnement).

— Série de carences et erreurs graves dans la conception et l'exploitation des systèmes de sûreté de la centrale. Nombre d'entre eux n'existaient pas tandis que d'autres étaient simplement hors fonction (débranchés) le jour de l'accident alors que la centrale effectuait des opérations délicates qui méritaient une attention particulière. La disposition du combustible dans le réacteur lui conférait un « coefficient de vide positif » ce qui signifie que le moindre incident risquait à chaque instant de se transformer en accident grave.

— Erreurs au niveau des interventions sur le site après l'accident : certains personnels, en particulier militaires (y compris des centaines de civils effectuant leur service militaire), intervenus sur le site après l'accident ne disposaient d'aucune formation et d'aucune protection même élémentaire. Une simple tenue étanche et un masque à gaz auraient pu éviter leur contamination, et des compteurs dosimétriques auraient permis de contrôler les doses auxquelles le personnel d'intervention était exposé. À Tchernobyl, il n'y avait rien ou presque rien de tout cela...[41].

— Erreur de stratégie et de communication de la part des autorités soviétiques en voulant dissimuler l'accident et sa gravité à l'opinion publique internationale

41. En France, il existe 23 C.M.I.R., Cellules Mobiles d'Intervention Radiologique, prêtes à intervenir en cas d'accident n'importe où sur le territoire. Ces C.M.I.R. sont composées de pompiers ayant reçu une formation spécifique dans le domaine du nucléaire et équipés de matériel de protection et d'intervention adéquat. Rien de tel n'avait été prévu par les autorités soviétiques avant l'accident de Tchernobyl, c'est pourquoi il a fallu faire appel à des soldats du contingent dont certains sont décédés, victimes de l'inconscience de leurs supérieurs hiérarchiques, des industriels soviétiques et des autorités politiques.

et en tardant à demander du renfort aux Occidentaux mieux équipés pour faire face à un accident de ce type. Un temps précieux a été perdu avant que le nécessaire soit entrepris. Des civils et notamment des enfants ont ainsi été inutilement contaminés par la radioactivité, alors que des consignes simples ou une évacuation dans les heures suivantes aurait permis d'éviter leur contamination. L'administration de pastilles d'iode aux sujets contaminés pour saturer la thyroïde en iode non radioactif en aurait limité les conséquences, en évitant la fixation de l'iode radioactif. Rien de tout cela n'a été entrepris à Tchernobyl.

Aujourd'hui, la radioactivité sur le site de Tchernobyl a déjà beaucoup diminué depuis l'accident, mais le sarcophage dont la construction est envisagée pour permettre le démontage de la centrale endommagée est évalué à environ 4 milliards de dollars US, ce qui démontre, s'il en était besoin, que ce n'est pas en économisant sur la sécurité qu'on gagne de l'argent. La stratégie de sécurité (ou plutôt l'absence de stratégie de sécurité) des autorités soviétiques et des exploitants était un très mauvais calcul. Malgré les quelques améliorations apportées depuis l'accident, le fait de continuer à exploiter aujourd'hui deux des réacteurs de Tchernobyl et les réacteurs RBMK du même type en fonction dans les pays de l'Est est aussi un très mauvais calcul. Ces réacteurs sont vieux et mal conçus, même si ceux qui les exploitent sont probablement plus prudents et un peu plus conscients de leurs responsabilités.

Les pays occidentaux doivent se mobiliser pour obtenir, dans les délais les plus brefs, l'arrêt des centrales de Russie et des pays de l'Est les moins sûres, dans lesquelles un accident grave aux conséquences catastrophiques pourrait à nouveau se produire : il s'agit des réacteurs RBMK et des centrales à eau sous pression VVER 230 qui ne peuvent pas être améliorés à des coûts raisonnables.

Miser sur la sécurité et viser le zéro défaut coûte de l'argent, mais il s'agit d'un placement rentable. Il vaut toujours mieux prévenir que guérir, et ce dans tous les domaines.

Le nucléaire doit être strictement contrôlé par des organismes et structures indépendants de l'exploitant. Aucun accident grave n'est pardonnable et il n'y a dans ce domaine qu'une seule philosophie à appliquer : la qualité de service et de fonctionnement avec zéro défaut. Retenons les leçons de l'histoire : Three Mile Island, Tchernobyl, et faisons en sorte de ne plus jamais commettre les mêmes erreurs. Un risque faible, aux conséquences limitées, malgré toutes les précautions prises, peut alors être acceptable, tandis que la négligence, l'inconscience, la barbarie et la prise de risques inconsidérés ne le seront jamais.

Chaque fois qu'un incident ou un accident, même minime, se produit, il convient d'en analyser les causes et d'en tirer la leçon. C'est ce qu'on appelle le retour d'expérience. De nombreux organismes occidentaux nationaux et internationaux ont, parmi leurs objectifs, de faciliter le retour d'expérience dans le domaine nucléaire : l'AIEA, le WANO, l'IPSN, etc.

CHAPITRE 4

La gestion des déchets

On ne subit pas l'avenir, on le fait.

Georges Bernanos.

Que faire des déchets radioactifs issus des centrales nucléaires ? La question est importante et la réponse a pendant des années été remise à plus tard, les déchets étant pour l'instant stockés provisoirement. Il convient tout d'abord de prendre conscience du faible volume des déchets radioactifs, par rapport aux déchets dans d'autres domaines de l'industrie, ce qui rend possible leur stockage, provisoire ou à plus long terme, dans de bonnes conditions [41].

Les déchets ménagers, agricoles et industriels autres que nucléaires se mesurent en tonnes par an et par habitant [42]. Environ 10 % de ces déchets classiques

41. Le volume cumulé des déchets de haute activité vitrifiés issus de toutes les centrales nucléaires françaises depuis que celles-ci existent atteindra 3 000 mètres cubes en l'an 2 000 (le volume d'un petit immeuble), ce qui est relativement faible à côté de l'énorme quantité d'électricité produite (les 3/4 de la consommation électrique du pays pendant une vingtaine d'années).

42. Déchets ménagers : 1 kg/jour par habitant; déchets industriels : 10 kg/jour par habitant; déchets agricoles : 20 kg/jour par habitant; déchets nucléaires : 3 g/jour par habitant, dont seulement 0,1 %, soit 3 milligrammes, pose un réel problème et reste notablement radioactif pendant quelques milliers d'années.

ne sont pas biodégradables, subsistent même après retraitement et peuvent être toxiques pour l'environnement, pendant des millions d'années pour certains d'entre eux (déchets stables). Les déchets radioactifs, eux, ne dépassent pas le kilogramme par an et par habitant[43], dont seulement 3 % consistent en produits de fission hautement radioactifs. Après traitement adéquat de ces déchets, seulement un gramme par an et par habitant pose véritablement un problème pendant quelques milliers d'années[44].

Comme ces déchets radioactifs sont peu nombreux et qu'un mètre de terre ou de roche suffit à se protéger des rayons qu'ils émettent, il suffit de les isoler sous terre pendant cette durée pour que le problème soit résolu. Cela est relativement facile à faire et à surveiller dans de bonnes conditions compte tenu des faibles volumes dont il est question.

Durée nécessaire pour que les déchets hautement radioactifs (combustible usagé des centrales) reviennent à un niveau de radioactivité du même ordre de grandeur que celui de l'uranium naturel qui a servi initialement à fabriquer ce combustible :
— sans retraitement du combustible usagé : environ 100 000 ans;
— avec retraitement et récupération du plutonium : environ 10 000 ans;
— avec retraitement et récupération du plutonium, de l'américium et du neptunium : environ 1000 ans.

Pour mieux comprendre la question des déchets radioactifs, il faut en effet savoir qu'on distingue parmi ceux-ci les déchets à haute activité (très radioactifs) de ceux à durée de vie courte (inférieure à 30 ans) de faible

43. Dans un pays tel que la France à haut niveau de vie et dont la quasi-totalité de l'électricité est d'origine nucléaire.

44. Robert Dautray, « Quelle problématique pour les déchets nucléaires? », communication du 20 juin 1995.

ou moyenne activité (plus volumineux, mais beaucoup moins dangereux). Les déchets les plus gênants sont ceux dont la durée de vie est longue tout en étant assez fortement radioactifs : il s'agit d'une fraction seulement, après retraitement, du combustible irradié ayant séjourné dans le cœur du réacteur.

Un avantage important de la radioactivité, du point de vue de l'environnement, c'est qu'elle diminue spontanément avec le temps (loi de décroissance exponentielle), alors que la durée de vie de la toxicité des déchets chimiques toxiques stables (exemple : le DDT) est presque infinie.

Il suffit donc d'attendre pour que la radioactivité diminue d'elle-même.

Le volume de déchets nucléaires radioactifs de haute activité vitrifiés, correspondant à une vie entière de consommation électrique d'une famille, tient dans la main : il s'agit d'un cylindre d'environ trois centimètres de diamètre sur huit centimètres de longueur.

Les déchets radioactifs de faible et moyenne activité à durée de vie courte (inférieure à 30 ans) qui représentent 90 % du volume total sont actuellement comprimés, enfermés dans des fûts en béton puis stockés dans des centres spécialement prévus à cet effet et soigneusement surveillés[45].

Les déchets de haute activité (combustible usagé) sont d'abord stockés à proximité des lieux de production pendant quelques années, avant d'être retraités ou transférés sur un autre site de stockage, par exemple à La Hague, en France[46]. De nombreux scénarios ont été

45. En France, il s'agit du centre du département de la Manche et, depuis 1992, du centre de l'Aube.

46. Il en va autrement dans l'ex-URSS par exemple, où les barres de combustible irradié, quand elles n'étaient pas immergées en mer, ont parfois été simplement entreposées à l'air libre dans des décharges

envisagés et/ou expérimentés pour résoudre la question fort controversée de la gestion de ces déchets nucléaires à longue durée de vie. Parmi les hypothèses envisagées, citons : l'idée d'envoyer les déchets dans l'espace ou vers le soleil à l'aide de fusées[47], jusqu'au simple stockage sans retraitement des substances radioactives (solution la moins coûteuse, choisie par les U.S.A.), en passant par le retraitement des déchets avec recyclage d'une grande partie de ceux-ci (choix de l'Europe et du Japon)[48], sans oublier l'enfouissement éventuel des déchets dans le sous-sol terrestre à plusieurs centaines de mètres de profondeur dans des régions adéquates ou dans des mines de sel[49]. Ces deux dernières hypothèses, (retraitement à 97 % puis enfouissement des déchets résiduels) peuvent être compatibles : retraiter d'abord pour diminuer

---

où des personnes, parfois des enfants, inconscientes du danger encouru, les manipulaient à mains nues sans même mettre des gants... On croirait rêver, mais il y a encore de très grandes différences entre les méthodes employées dans les ex-pays soviétiques et pays en voie de développement, et les méthodes des pays occidentaux, plus respectueux de l'environnement et des individus.

47. Ce serait très coûteux, mais possible techniquement en raison du volume relativement faible de déchets de haute activité et à longue durée de vie, mais cette idée a été abandonnée à cause du risque d'accident majeur si la fusée venait à rater son décollage et à retomber sur terre en petits morceaux...

48. Environ 97 % des déchets sont alors recyclés, ce qui est une solution onéreuse mais particulièrement écologique, car il ne reste alors que 3 % du volume initial des déchets (volume très faible), qui pourront être stockés sous terre dans des sites spécialement choisis et aménagés à cet effet de manière à garantir la protection de l'environnement. Actuellement, quatre sites ont été présélectionnés à cet effet en France : dans la Meuse, la Haute-Marne, l'Aube et le sud de la Vienne. Dans un premier temps, il sera implanté sur deux de ces sites des laboratoires souterrains pour y étudier pendant dix ans la stabilité des sols et la sûreté d'un stockage éventuel.

49. L'intérêt des mines de sel est double : leur stabilité géologique, l'absence totale d'eau et le phénomène appelé « fluage » qui fait que la moindre fissure est immédiatement comblée par la plasticité du terrain. D'autres solutions, telles que des terrains granitiques ou argileux, étanches à l'eau, sont aussi envisagées.

le volume, la durée de vie et la nocivité des déchets, puis les enfouir. Il s'agit des deux scénarios les plus vraisemblables pour l'avenir, en raison des avantages qu'ils présentent.

Une centrale nucléaire de 1000 MW produit chaque année environ 20 tonnes d'uranium appauvri (en partie recyclable), 750 kilos de produits de fission (notamment du césium, en partie recyclable pour des utilisations médicales), 250 kilos de plutonium (recyclable pour la fabrication de combustible MOX dès aujourd'hui et dans des réacteurs à neutrons rapides ultérieurement) et 21 kilos d'actinides (produits dérivés tels que le neptunium, l'americium et le curium). Au total, un pays comme la France produit environ 1000 tonnes par an de combustible irradié, dont 960 tonnes d'uranium, 10 tonnes de plutonium et 30 tonnes d'actinides et déchets divers, dont seulement une tonne reste notablement radioactive pendant plusieurs milliers d'années. Ces déchets nucléaires sont totalement confinés (pas répandus dans la nature) et très peu volumineux à l'échelle d'une nation, à côté des centaines de millions de tonnes de fumées envoyées dans l'atmosphère par nos moteurs de voiture et par l'industrie chimique et pétrolière. Ces déchets radioactifs sont stockés dans une piscine à proximité de la centrale ellemême pendant quelques années afin que leur température et leur radioactivité diminue. Ensuite, ils sont retraités pour en séparer les différents constituants. Seule une partie des déchets solides, ceux de haute activité, sera finalement vitrifiée pour éviter sa dispersion (les autres sont simplement entreposés dans des fûts en béton pour quelques dizaines d'années après quoi leur radioactivité a tellement diminué qu'il sont inoffensifs). En l'an 2000, le volume total cumulé des déchets nucléaires français vitrifiés sera de 3000 m^3 environ, soit le volume de trois cubes de 10 mètres de côté (le volume d'un petit immeuble ou d'une piscine olympique), ce qui peut paraître beaucoup, mais est quand même relativement faible par rapport à la quantité énorme d'énergie délivrée et aux centaines de millions de mètres cubes de déchets chimiques toxiques qu'il aurait fallu rejeter pour fabriquer la même quantité d'électricité avec du charbon.

Il existe plusieurs manières de traiter les déchets radioactifs : l'une consiste à ne pas les traiter, mais simplement à les stocker en attendant.. de voir plus tard ce que l'on en fera (les retraiter, les enfouir ou en faire autre chose). C'est la politique de l'autruche qui a été pratiquée jusqu'à présent, et que poursuivent encore les Américains. La France et le Japon se sont engagés à fond dans une autre voie : le retraitement des déchets, qui permet d'en séparer l'uranium, le plutonium et les autres constituants, et d'en recycler 97 % du volume total. L'uranium, qui constitue l'essentiel du combustible usé, repasse alors en usine d'enrichissement (Eurodif) pour l'enrichir en uranium 235 qui est réutilisé dans les centrales REP. Restent alors le plutonium et les actinides, certes bien moins volumineux, mais aussi bien plus radioactifs, dont on ne sait trop que faire pour l'instant.

Pendant des années, le plutonium a servi à fabriquer des armes nucléaires en nombre de plus en plus important... dont nous commençons aujourd'hui à entrevoir l'inutilité et l'absurdité. À l'heure où les principaux pays nucléarisés s'efforcent de réduire leur arsenal nucléaire, le plutonium doit trouver d'autres débouchés.

Une partie de celui-ci, en le mélangeant avec l'uranium, peut entrer dans le cycle de fabrication de combustible MOX utilisable dans les centrales à eau sous pression (REP). Le plutonium pourra éventuellement être recyclé plus tard dans les réacteurs à neutrons rapides tels que Superphénix lorsque ceux-ci seront un jour (peut-être?) suffisamment au point pour être construits en série. Ces réacteurs ont été conçus à l'origine pour produire plus de plutonium qu'ils n'en consomment. Mais, maintenant que nous ne savons plus que faire du plutonium, ces réacteurs à neutrons rapides (RNR) peuvent fort heureusement être modifiés pour consommer du plutonium au lieu d'en générer. Pour fonctionner, un réacteur à neutrons rapides a besoin au départ d'une forte quantité de plutonium, avec un appoint en uranium 235, cinquante fois plus faible que la consommation en uranium 235 d'un réacteur classique (à puissance électrique fournie égale). C'est pourquoi les réacteurs à neutrons rapides (RNR) peuvent éventuellement constituer une solution à long terme pour prendre le relais des centrales REP[50] au XXIe siècle, lorsque les stocks d'uranium commenceront à diminuer, tandis que les stocks de plutonium auront augmenté. Avec des réacteurs à neutrons rapides, les réserves d'uranium suffiraient à fournir de l'électricité nucléaire, au même rythme de consommation qu'aujourd'hui, pendant plus de 500 ans[51]. Mais, dans l'état actuel de la technologie, les réacteurs à neutrons rapides n'en sont encore qu'au stade de prototype. Un réacteur tel que Superphénix[52] pourrait consommer environ 1 % du plutonium produit par les centrales françaises. Pour écouler complètement la production de plutonium des REP avec des réacteurs à neutrons rapides (RNR) de type Superphénix, il faudra donc concevoir des réacteurs qui consomment plus efficacement le plutonium. Les RNR constituent ainsi une option pour éventuellement remplacer les réacteurs actuels dans une trentaine d'années, en prolongeant les réserves d'ura-

50. REP : réacteur à eau sous pression, ou PWR en anglais pour « pressurized water reactor ».

51. Alors que les réserves estimées de pétrole exploitable (135 milliards de TEP) seront épuisées dans 44 ans au rythme actuel de consommation, celles de gaz (127 milliards de TEP) dans 77 ans et celles de charbon (877 milliards de TEP) dans 400 ans.

52. Qui a été arrêté pendant plusieurs années par les autorités de sûreté, suite à des incidents techniques sur un barillet qui n'était pas encore au point. Ce barillet est un organe de manipulation des combustibles usés extérieur au réacteur. Ce genre d'ajustement technique, normal sur un prototype, n'a aucunement affecté la sécurité du réacteur et a été réparé depuis. Superphénix fonctionne à nouveau à titre de réacteur expérimental.

nium et en consommant le plutonium accumulé jusque-là. On remarquera toutefois que les enjeux éventuels du réacteur à neutrons rapides ne sont pas à court terme. Le retraitement et les RNR, dont le coût est relativement élevé, ne font pas encore l'unanimité aujourd'hui : les États-Unis préfèrent pour l'instant stocker leur combustible usagé plutôt que de le retraiter[53], ce qui est une vue à court terme et une bonne opération économique dans l'immédiat car le retraitement est nettement plus coûteux (et plus écologique) que le simple stockage[54]. La décision de développer ou non de manière massive la filière des RNR n'est pas vraiment urgente, nous avons donc du temps d'ici trente ou cinquante ans pour continuer à mettre au point les RNR, ou pour trouver d'autres solutions plus efficaces.

Les années passant vite, il importe cependant de continuer les recherches sur les RNR qui pourraient éventuellement prendre la relève de la filière REP actuellement la plus développée si, bien sûr, les questions de sécurité et de non prolifération (le plutonium peut servir à fabriquer des bombes) sont correctement résolues.

Une grande partie de la radioactivité des déchets nucléaires correspond à des éléments à demi-vie courte. C'est pourquoi il suffit de laisser reposer ceux-ci pendant quelques années pour voir la radioactivité tomber à un faible pourcentage de sa valeur initiale. Quant à la partie des déchets dont la durée de vie est plus longue, elle est moins intensément radioactive et ne pose aucun problème si elle est simplement entreposée dans un lieu

53. Dans la plupart des pays, le combustible nucléaire usagé est stocké dans l'enceinte même des centrales à proximité immédiate de celles-ci afin de limiter le transport des matières radioactives, de comprimer les coûts, et de faciliter la surveillance.

54. Encore que, avec la solution américaine, les coûts de stockage sont plus importants qu'avec la solution française, et l'on ne connaît pas exactement pour l'instant le coût réel du stockage alors que le prix du retraitement, lui, est bien connu (le retraitement est cher, mais plus écologique, car 97 % des matériaux sont recyclés).

protégé et spécialement aménagé à cet effet. Les déchets résiduels après retraitement tels que les actinides, qui n'existent pas dans la nature et sont toxiques à la fois sur le plan chimique et en raison de leur radioactivité assez élevée, doivent être stockés dans des conditionnements parfaitement étanches, de manière à éviter leur dispersion dans la nature. Cela est parfaitement possible dans de bonnes conditions en raison de la quantité relativement faible de déchets à traiter et à stocker, il suffirait de le vouloir et d'y mettre le prix.

Le sous-sol, à plusieurs centaines de mètres sous terre, se prête particulièrement bien au stockage de ces déchets car on n'y trouve pas de vie, donc rien qui soit susceptible d'être affecté par les rayonnements. Les rayons alpha, bêta et gamma sont tous arrêtés par quelques dizaines de mètres de terre. Les déchets de haute activité sont généralement vitrifiés car, ainsi solidifiés, ils sont plus faciles à surveiller que des liquides ou des gaz qui diffuseraient trop facilement dans le sous-sol. Il suffit donc de disposer ces déchets vitrifiés au bon endroit et de s'assurer que la stabilité géologique de la zone d'enfouissement est suffisante pour assurer le confinement des déchets pendant leur durée de vie. Ce stockage doit cependant être réversible et surveillé. Compte tenu des volumes relativement faibles de déchets concernés, il n'y a pas besoin d'un site de stockage par centrale nucléaire : un site de stockage par pays suffit largement (puisque chaque pays est pour l'instant responsable de ses propres déchets), et même un site convenablement aménagé pour l'Europe entière ou par continent suffirait. Plusieurs installations expérimentales d'enfouissement des déchets sont en cours, notamment dans des mines de sel en Allemagne et dans du granite en Suède[55].

---

55. En France, plusieurs sites sont actuellement en cours d'implantation pour l'étude, pendant 10 ans, de la nature exacte des sols et de la sûreté d'un stockage éventuel. Le site de stockage actuellement installé dans l'Aube n'est pas un site d'enfouisssement de déchets à

La décision de développer ou non l'enfouissement des déchets radioactifs, ainsi que le choix du lieu et de la méthode d'enfouissement, ne sont pas urgents car, pour l'instant, en raison de leur faible volume, ces déchets peuvent très bien être conservés dans les centrales ou dans des sites de stockage tels que la Hague pendant encore quelques dizaines d'années avant que soient prises des décisions à plus long terme.

Il est à remarquer que l'on parle beaucoup plus des déchets nucléaires que des déchets du charbon ou du pétrole. Ces derniers sont pourtant bien plus lourds (en masse), bien plus volumineux et chimiquement bien plus toxiques pour l'environnement. Et il y a surtout une différence de taille : si les déchets et résidus de l'industrie nucléaire (notamment le combustible usagé) sont confinés et non rejetés dans la nature, il n'en va pas de même des gaz et résidus toxiques provenant des échappements de véhicules automobiles ou de l'industrie pétrolière ou charbonnière : on voit mal comment l'on pourrait récupérer les gaz nocifs émis dans l'atmosphère pour les stocker en lieu sûr, d'abord parce qu'il est presque impossible de rassembler ce qui a déjà été dispersé dans la nature[56], ensuite parce qu'il y en aurait une quantité bien trop importante (en centaines de millions de tonnes) pour qu'on puisse les manipuler et les stocker facilement. Imposer le confinement des déchets toxiques aux industries chimiques, pétrolières et charbonnières comme on le fait dans le domaine nucléaire, reviendrait à interdire l'utilisation du charbon et du pétrole.

Aucun produit dangereux ne doit être dispersé dans la nature de manière inconsidérée et irréversible, comme

---

longue durée de vie, mais un site de stockage en superficie (au niveau du sol) de déchets de faible et moyenne activité à demi-vie courte (inférieure à 30 ans).

56. En vertu du principe d'entropie croissante, les déchets non confinés ont spontanément tendance à se diluer de plus en plus et à se répartir partout à mesure que le temps passe.

ont pu le faire les Soviétiques jusqu'à ces dernières années, en immergeant dans la mer Baltique et la mer de Barentz des milliers de tonnes de liquides chimiques toxiques et de déchets radioactifs liquides et solides, voire dans certains cas des réacteurs entiers de sous-marins nucléaires. Mais ils ne sont pas les seuls : les Américains et les Européens ont aussi, dans les années cinquante, procédé à des rejets en mer de certaines catégories de déchets nucléaires. Les Occidentaux n'ont cessé leurs rejets de substances radioactives en mer que dans les années soixante. De tels agissements sont irresponsables et doivent être condamnés et rendus impossibles à l'avenir. Parmi les missions de l'AIEA se trouvent le développement de la recherche scientifique sur l'énergie atomique et le contrôle de la radioactivité des milieux marins afin d'éviter que de tels agissements ne se reproduisent. L'AIEA peut aussi proposer de meilleures solutions aux gouvernements qui pratiqueraient encore de tels rejets en mer.

Récemment, il a été émis l'hypothèse que les déchets nucléaires faiblement radioactifs, par exemple des pièces en acier légèrement radioactives provenant du démantèlement des centrales, pourraient être recyclés dans des fonderies en les fondant dans des aciers neufs, en les diluant beaucoup de manière à ce que l'acier ainsi obtenu ne dépasse pas un certain seuil de radioactivité admissible. L'acier très faiblement radioactif des centrales démontées pourrait ainsi être recyclé après dilution dans les rails de chemin de fer, les fers à béton, les carrosseries automobiles. Les radioactivités alpha et bêta dans l'acier ne posent pas de problème, car les rayons émis sont immédiatement arrêtés avant même de sortir de l'acier. En revanche, les rayons gamma traversent facilement quelques centimètres d'acier et il faut donc se prémunir contre d'éventuels risques liés à cette radioactivité. Une telle formule de recyclage n'est acceptable que si le seuil admissible de radioactivité gamma est très faible et ne dépasse pas l'ordre de grandeur de la radioactivité naturelle, soit une valeur limite que l'on peut estimer à environ 500 becquerels/kilo[57]. La radioactivité reçue par un conducteur assis dans une voiture fabriquée avec cet acier serait ainsi du même ordre de grandeur que la radioactivité naturelle de l'environnement (exemple : la radioactivité normale d'un corps humain est de l'ordre de 8 000 becquerels). Ces seuils d'exemption permettant le recyclage de ferrailles faiblement radioactives nécessitent des autorisations spécifiques qui n'ont pas encore été votées, car une vive polémique a été soulevée à ce sujet, certaines personnes s'étant émues à l'idée de pouvoir trouver bientôt des fers à béton servant à la construction d'immeubles et des appareils domestiques fabriqués en acier « radioactif ». L'acier et tout ce qui sort du sol est de toute manière naturellement radioactif, mais il est certain qu'il ne faudrait pas que cette radioactivité soit trop élevée. Le « seuil d'exemption » est à mon avis une bonne notion et celui-ci doit être fixé aussi bas que possible, de façon à ce que la radioactivité totale subie par les populations (somme de la radioactivité naturelle et de toutes les sources de radioactivité artificielles) reste toujours du même ordre de grandeur que la radioactivité naturelle à laquelle nous sommes adaptés. Si les ferrailles de la poussette en acier d'un bébé sont très légèrement radioactives, mais pas plus que le corps de sa mère, le bébé ne court pas plus de risques (sur le plan de la radioactivité) en étant dans son landau que lorsque sa maman le tient dans ses bras. À priori, une minidose de l'ordre de quelques centaines de becquerels par kilo d'acier paraît donc acceptable, mais il serait préférable de fixer un seuil encore plus bas. La réutilisation de l'acier faiblement radioactif présente des avantages économiques indénia-

---

57. La radioactivité naturelle du corps humain, des végétaux, des animaux et de la plupart des organismes vivants dans la nature est de 100 Bq/kilo en moyenne, mais peut facilement atteindre ou dépasser 500 Bq/kilo dans certaines régions.

bles, c'est pourquoi nous devons rester très vigilants sur la manière dont seront déterminés et éventuellement appliqués les seuils d'exemption. Le souci de protéger la santé publique doit toujours l'emporter sur les bénéfices immédiats.

Choisir l'énergie nucléaire à la place des combustibles fossiles permet à un pays comme la France d'éviter chaque année le rejet dans l'atmosphère de :

— 280 millions de tonnes de gaz carbonique qui participent à l'effet de serre;

— 2,5 millions de tonnes de dioxyde de soufre à l'origine des pluies acides;

— 700 000 tonnes de dioxyde d'azote;

— 50 000 tonnes de poussières (résidus de fumées).

Par contre, nous héritons de quelques tonnes par an de déchets radioactifs. Mais ne vaut-il pas mieux quelques tonnes de déchets radioactifs surveillés, confinés et non rejetés dans l'environnement, plutôt que des millions de tonnes de substances chimiques toxiques rejetées sans vergogne dans la nature? L'idéal serait bien sûr de consommer moins d'énergie et de revenir à un mode de vie plus proche de la nature, et nous y reviendrons probablement un jour (j'en suis convaincu), mais d'ici là, nous avons le devoir de ne pas trop abîmer la planète.

En résumé, les déchets nucléaires sont moins volumineux (déchets de haute activité) et moins dangereux qu'on ne le pense habituellement. Les rayonnements qu'ils émettent sont naturels (on en trouve partout dans la nature) et ces déchets ne posent pas de problème insurmontable : ils peuvent notamment être confinés (plutôt que rejetés), en grande partie recyclés, le reste pouvant être stocké dans des lieux adéquats tels que le sous-sol terrestre qui est déjà naturellement radioactif, à de grandes profondeurs sous terre, où ces déchets, relativement peu volumineux, ne gêneront aucune forme de vie.

Les décisions définitives concernant le stockage des déchets de haute activité devront être prises dans les prochaines décennies, et nous avons donc le temps d'ici là de mettre au point une méthode de stockage sûre garantissant, pour des millénaires, que les produits soient bien confinés et n'augmentent pas de manière significative le niveau de la radioactivité naturelle[58].

Par rapport au choix des lieux pour le stockage des déchets, la stratégie actuelle consiste à ce que chaque pays soit responsable de ses propres déchets et les entrepose comme il le souhaite sur son propre territoire. Ainsi, la France, dont l'usine de la Hague retraite des déchets allemands, anglais, japonais ou italiens, n'est pas une « poubelle nucléaire du monde », mais ne fait que traiter les déchets envoyés à la Hague par chaque pays, les déchets étant ensuite renvoyés en totalité, après retraitement, à leur pays d'origine. Il paraît logique que chaque pays soit responsable des déchets qu'il produit et que l'on ne revende pas, pour s'en débarrasser, nos déchets à des pays plus pauvres comme cela se pratique couramment dans l'industrie chimique. Que chacun soit responsable de ses choix et les assume jusqu'au bout. À l'intérieur d'un pays, il est évident qu'à l'avenir le stockage souterrain des déchets devra se faire dans une ou plusieurs zones géologiquement très stables, éloignées des villes et de manière à préserver toute forme de vie et d'agriculture en surface.

> Si des déchets, quel que soit leur degré de radioactivité, sont entreposés à plus de 100 mètres de profondeur sous terre, absolument aucun rayonnement ne peut remonter à la surface du sol.

58. Et pourtant, même si ces déchets nucléaires étaient uniformément répartis sur l'ensemble de la planète, dans la terre, dans les océans et dans l'atmosphère, ils ne suffiraient pas, et de loin, à élever notablement le taux moyen de radioactivité à la surface du globe.

Il faut et il suffit donc de s'assurer que le terrain est bien stable, sans infiltration d'eau et les déchets enfermés dans des caissons parfaitement étanches.

Au lieu d'envisager le stockage des déchets dans le sous-sol de pays européens particulièrement peuplés, très urbanisés et agricoles, à climat humide et à végétation luxuriante, une autre stratégie pourrait consister à stocker les déchets radioactifs dans une région de la planète moins habitée, dépourvue de végétation et au climat sec, tel que, par exemple, le désert de Gobi ou le Sahara. Il faudrait alors prendre de multiples précautions au niveau international pour éviter la dissémination de ces déchets au cas où, plus tard, ces régions redeviendraient fertiles et agricoles (ce qu'elles étaient autrefois et pourraient très bien redevenir). Il ne s'agit là que d'une suggestion : dans la mesure où, à l'intérieur d'un pays donné, on s'efforce évidemment d'entreposer les déchets dans des zones peu habitées, on peut légitimement tenir le même raisonnement au niveau international et planétaire. Cela permettrait de fournir un peu de travail et de devises à des régions qui en ont bien besoin, mais cela soulèverait aussi plusieurs difficultés : cela fait entrer en jeu des relations internationales et il ne faudrait pas que nous considérions ces pays comme notre poubelle et pour cela les précautions qui y seraient prises devraient être les mêmes que si nous entreposions ces déchets chez nous. D'où la nécessité d'entreposer de toute manière une partie au moins des déchets dans les pays développés pour montrer que la technique de stockage est au point et n'est pas dangereuse. Autant dès lors que chaque pays stocke ses propres déchets. « Ne faisons pas chez les autres ce que nous ne voudrions pas qu'ils fassent chez nous » doit être notre ligne de conduite. Dans les prochaines décennies, il est donc vraisemblable que chaque pays continuera à entreposer, stocker et surveiller ses propres déchets.

Le volume des déchets radioactifs accumulés jusqu'à présent n'étant pas encore énorme, nous avons quelques années devant nous pour y réfléchir et pour trouver la meilleure solution, sachant qu'on connaît aujourd'hui au moins une solution envisageable dans des conditions économiques et de sécurité raisonnables : le stockage pendant quelques années du combustible usagé en piscine, puis son retraitement pour en récupérer les 97 % recyclables, tandis que les 3 % restants de déchets fortement radioactifs résiduels sont ensuite vitrifiés (pour éviter leur dispersion) et enfouis par chaque pays dans son propre sous-sol, dans des mines de sel ou terrains étanches et très stables géologiquement (terrains argileux). Ces fameux déchets, qui font couler tant d'encre, se déchargeront ainsi lentement de leur radioactivité au fil du temps, sans gêner aucune forme de vie et sans augmenter notablement la radioactivité de la planète.

À mon avis, la peur que les écologistes ont des déchets radioactifs a été démesurément amplifiée par rapport à la toxicité de produits chimiques utilisés quotidiennement et massivement dans l'industrie et l'agriculture. En effet, les déchets radioactifs présentent des avantages écologiques considérables par rapport aux déchets chimiques (tels que le DDT, par exemple) :

1° Les déchets radioactifs sont en quasi-totalité confinés tandis que les déchets chimiques sont disséminés dans la nature.

2° La radioactivité des déchets radioactifs diminue spontanément avec le temps (plus ou moins vite selon les éléments radioactifs) tandis qu'une substance chimique toxique stable conserve son pouvoir de toxicité et de nuisance pour l'environnement pendant un temps infini.

3° Les volumes actuels de substances chimiques toxiques rejetés chaque année par l'industrie et l'agriculture dans l'environnement sont des milliers de fois plus importants que le volume des déchets radioactifs qui sont stockés et surveillés.

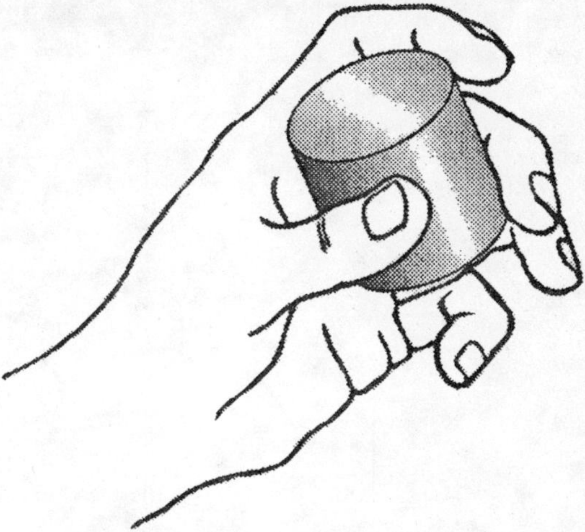

Ce cylindre représente la quantité de déchets vitrifiés de haute activité provenant du combustible nucléaire ayant servi à produire l'électricité d'une famille moderne typique équipée au tout-électrique (chauffage, cuisinière et équipements domestiques électriques) pendant une trentaine d'années. Ces déchets ne sont pas rejetés dans l'environnement mais sont soigneusement confinés. Ils sont sans danger pour l'homme et pour l'environnement si on les place en profondeur dans le sous-sol, sous une épaisseur suffisante de terre. Il convient d'y ajouter un volume plus important de déchets moins radioactifs à durée de vie plus courte (quelques dizaines d'années).
Combien de milliers de tonnes de gaz carbonique, d'oxyde de carbone, de dioxyde de soufre, de cendres et d'oxydes d'azote aurait-il fallu rejeter dans l'environnement pour produire la même quantité d'électricité?

CHAPITRE 5

Une centrale nucléaire n'est pas une bombe atomique

Le sage recherche avec beaucoup d'avidité
les richesses naturelles.

Sénèque.

Après une période d'euphorie pronucléaire un peu exagérée au début du XXe siècle[59], les désastres d'Hiroshima et de Nagasaki ont profondément ancré dans les mémoires l'idée que l'atome est synonyme de mort et de cataclysme. Un feu du ciel capable de réduire à néant une cité entière sur une centaine de kilomètres carrés en une fraction de seconde : il y avait en effet matière à s'inquiéter. Mais il convient de bien faire la distinction entre le nucléaire civil, le nucléaire médical et le nucléaire militaire. Avant Hiroshima (1945), les applications médicales des rayonnements (rayons X et ampoules d'eau minérale dont les laboratoires vantaient les vertus radioactives) étaient les seules connues du public. Non

59. L'enthousiasme pour les applications médicales bénéfiques des rayonnements et des rayons X était alors si grand que les précautions élémentaires de protection contre les radiations chez les médecins et les personnes manipulant des matières radioactives étaient nettement insuffisantes. Contrairement à aujourd'hui, la radioactivité bénéficiait alors d'un à priori positif. Un peu de radiations peut être utile et naturel. Mais il n'en faut pas trop! Tout est une question de mesure.

seulement le nucléaire ne faisait pas peur, mais il suscitait même l'attraction et la curiosité. Nous l'avons vu, les stations thermales se vantaient d'être plus radioactives les unes que les autres. Les deux explosions survenues au Japon ont ensuite cristallisé dans les esprits la peur de l'atome. Par la suite, les applications médicales, déjà connues positivement auparavant, n'ont jamais été contestées sérieusement ni par les écologistes, ni par l'opinion publique, mais ont été l'objet de précautions accrues[60]. L'apparition, quelques années plus tard, dans les années soixante, de centrales nucléaires destinées à produire de l'électricité, a en revanche immédiatement suscité une vive opposition de la part d'une partie de l'opinion publique, psychologiquement traumatisée par Hiroshima.

> Une centrale nucléaire civile fabriquant de l'électricité n'explosera jamais comme un champignon atomique, parce que cela est scientifiquement et techniquement impossible.

Même si le personnel qui pilote une centrale nucléaire voulait la faire exploser comme une bombe, il ne le pourrait pas, car les conditions physiques d'une véritable explosion nucléaire ne sont pas et ne peuvent pas y être réunies. Le pire des accidents qui puisse se produire est la fonte du cœur du réacteur et des fuites de substances radioactives dans l'environnement, comme ce fut le cas à Tchernobyl, mais un tel accident est d'une part peu probable dans les centrales occidentales modernes correctement construites et exploitées[61], et d'autre

---

60. L'une des conséquences positives d'Hiroshima (comme quoi ce triste événement n'aura pas eu que des conséquences négatives) est que le regain de méfiance du public et du corps médical vis-à-vis des rayonnements dans la deuxième moitié du siècle a conduit à mieux protéger les chercheurs, les membres du corps médical ou le public exposés aux rayons X ou manipulant des sources radioactives.

61. Cette probabilité est estimée par les spécialistes à environ 1 % de probabilité que se produise, sur une durée de 20 ans, un accident de niveau V (beaucoup moins grave que Tchernobyl) sur la cinquantaine

part, aurait beaucoup moins de conséquences sur l'environnement qu'à Tchernobyl, si la centrale possède un dôme de confinement, ce qui est le cas de toutes les centrales modernes et qui était le cas à Three Mile Island où il n'y a pratiquement pas eu de rejet de radioactivité dans l'environnement[62].

À Tchernobyl, la réaction nucléaire s'est emballée et a provoqué un échauffement anormal du cœur, la fonte de certains éléments de celui-ci[63] et un incendie qu'on n'a pu maîtriser qu'au bout de plusieurs jours, mais il n'y a pas eu de champignon atomique dans le ciel de Tchernobyl.

Il ne pouvait d'ailleurs pas y en avoir car, comme dans toutes les centrales civiles, le combustible nucléaire qui y est utilisé peut, dans le pire des cas, chauffer très fort au point de fondre (ce qui s'est produit), mais ne peut produire d'explosion atomique. À Tchernobyl, il y a eu une augmentation de la puissance en quelques secondes, qui a conduit à une vaporisation de l'eau de refroidissement du circuit primaire : il ne s'agissait pas d'une explosion nucléaire, mais d'une explosion de vapeur.

---

de réacteurs français en fonctionnement. Ce chiffre semble plausible puisqu'aucun accident de ce type n'a eu lieu en France jusqu'à présent, malgré plus de 20 années de fonctionnement des centrales.

62. Le dôme d'une centrale nucléaire est une énorme toiture de protection en béton armé, facilement reconnaissable de l'extérieur par sa forme souvent sphérique ou hémisphérique. Il s'agit d'une sorte de chapeau en béton évitant la dispersion dans l'atmosphère des substances radioactives en cas d'accident.

63. Le réacteur de Tchernobyl étant, de par sa conception, instable, il s'y est produit une augmentation très importante de la puissance en quelques secondes, ce qui a vaporisé presque instantanément l'eau du réacteur, dans lequel la pression est alors montée très rapidement, faisant sauter les structures supérieures du réacteur. Il y a bien eu une explosion à Tchernobyl, mais pas nucléaire : une explosion de vapeur, qui a déclenché la perte de contrôle du réacteur, un incendie difficile à maîtriser (le cœur contenait des centaines de tonnes de graphite inflammable) et des fuites de substances radioactives dans l'environnement.

L'explosion d'une bombe atomique nécessite une très grande concentration de matériaux fissiles pratiquement purs (plutonium 239 ou uranium 235) enrichis à 80 % environ et confinés pendant un temps suffisant dans un tout petit volume, afin qu'une réaction nucléaire très explosive puisse s'amorcer avant que les matériaux fissiles contenus dans la bombe ne soient dispersés par l'explosion. Or ces conditions ne sont pas réunies dans une centrale civile : on y trouve bien un peu de plutonium 239 et une certaine quantité d'uranium 235, mais ceux-ci ne sont pas suffisamment concentrés pour produire une réaction très explosive. La concentration des éléments combustibles d'une centrale électronucléaire en uranium 235 n'est environ que de 3 % seulement, alors qu'il faudrait un uranium enrichi à 80 % pour envisager la fabrication d'une bombe. L'uranium à usage militaire (enrichi à 80 %) ne peut pas être obtenu dans une centrale civile : 97 % du combustible d'une centrale civile est constitué d'uranium 238 qui ne participe pas aux réactions en chaîne car il ne réagit pas à un bombardement de neutrons (il se contente de les absorber), et le pourcentage d'uranium 235 est encore plus faible dans le combustible usagé (dans lequel il apparaît cependant un peu de plutonium). La fabrication de bombes atomiques nécessite des usines spécialement destinées à produire de l'uranium 235 ou du plutonium 239 très enrichis, dont la construction nécessite beaucoup d'argent, de temps et des infrastructures industrielles spécifiquement prévues à cet effet. Le plutonium 239, qui apparaît en petites quantités dans les réacteurs civils sous l'effet des réactions nucléaires, s'y trouve sous une forme beaucoup trop diluée pour qu'il puisse exploser tel quel.

Contrairement à ce que pensent souvent le public et les écologistes, il n'y a pas le moindre risque de voir un réacteur nucléaire civil se transformer en bombe atomique.

Ce n'est qu'après des opérations complexes de séparation et de concentration qu'on peut obtenir du plutonium ou de l'uranium militaire. Cela ne se fait pas et n'est pas possible (même si nous le voulions) dans une centrale civile. J'en profite pour rappeler ici que je ne suis pas favorable à l'usage militaire de l'atome. Il ne me semble pas que l'accumulation d'un stock d'armes massives tel que celui dont nous disposons soit de nature à favoriser la paix, l'épanouissement de la vie, du bien-être humain et de relations harmonieuses sur notre planète. Le prolongement du moratoire sur les essais nucléaires, la non prolifération, ainsi que la réduction des stocks d'armes nucléaires et la recherche de nouveaux moyens pour limiter les risques de conflits nucléaires (et de conflits en général) doivent donc, à mon avis, rester des objectifs prioritaires.

La bombe d'Hiroshima consistait en deux masses d'uranium 235 presque pur que l'on tirait l'une contre l'autre à l'intérieur d'un tube de canon antiaérien fermé à ses deux extrémités, pour former une masse critique. Simultanément, un système spécial injectait une bouffée de neutrons à partir d'une source de polonium et de béryllium (corps radioactifs émettant des neutrons) inopérante jusque-là. Dans une centrale nucléaire civile, on ne trouve aucun de ces éléments ayant conduit à l'explosion d'Hiroshima : l'uranium 235 n'est pas assez concentré, il n'y a pas de canon antiaérien, ni de moyen permettant de regrouper subitement l'uranium 235 en un même lieu, ni de masse critique, ni de polonium, ni de béryllium émettant juste au bon moment un important flot de neutrons pour amorcer la réaction : on y trouve au contraire beaucoup d'uranium 238, d'eau, de carbone et d'autres substances qui absorbent les neutrons et étoufferaient immédiatement un début d'explosion nucléaire.

L'explosion nucléaire d'un réacteur civil est une impossibilité physique. On peut faire exploser une bombe atomique, mais pas un réacteur nucléaire civil, car ces deux objets ne fonctionnent pas de la même manière. Il y a des désintégrations radioactives et présence de neutrons dans les deux cas, mais leur structures physiques sont radicalement différentes : une bombe est conçue pour exploser, un réacteur ne peut pas le faire (il est conçu pour chauffer sans exploser, et, dans le pire des cas, le cœur peut s'échauffer un peu trop, à tel point que le combustible qu'il contient en arrive à fondre, mais en aucun cas à exploser). Il est donc important, et nous devons le faire, de bien distinguer le nucléaire civil du nucléaire militaire. L'amalgame psychologique qui a conduit à des oppositions au nucléaire civil après Hiroshima n'a pas de fondement scientifique. Einstein, s'il était encore vivant aujourd'hui, serait favorable à l'électricité nucléaire et opposé à l'utilisation de l'arme nucléaire[64]. Il s'agit là, à mon avis, d'une simple question de bon sens : les centrales rendent un service appréciable en fournissant de l'électricité et en ne polluant pratiquement pas, avec des risques d'accidents relativement faibles et aux conséquences limitées, tandis que l'arme nucléaire est 100 % destructrice, inutile, inhumaine et apocalyptique par définition.

64. Einstein disait : « Peace cannot be kept by force. It can only be acheived by mutual understanding. » (La paix ne peut pas être maintenue par la force. Elle ne peut être obtenue que par la compréhension mutuelle.)

CHAPITRE 6

Gérer au mieux l'énergie de la planète

L'homme absurde est celui
qui ne se change pas lui-même.

Georges Clemenceau.

L'énergie est partout dans la nature. Elle est, comme l'a montré Einstein ($E = mc^2$), synonyme de matière. Par conséquent, tout, dans l'univers, est énergie. Il n'y a donc pas lieu d'avoir peur à priori de la notion d'énergie ou de puissance, ni des rayonnements (ou de la radioactivité, c'est la même chose) qui en sont l'une des formes d'expression, car ces notions sont naturelles et découlent de la structure de l'univers depuis son origine. Nous avons su domestiquer certaines formes d'énergie, parmi lesquelles l'énergie chimique (carburants tels que l'essence, batteries ou piles électriques transformant de l'énergie chimique en électricité), l'énergie lumineuse (capteurs ou émetteurs de lumière tels que : cellules photovoltaïques au silicium, ampoules à filament, etc.), l'énergie thermique (fabrication ou récupération de chaleur), l'énergie électrique (usines fabriquant ou utilisant de l'électricité), l'énergie cinétique ou gravitationnelle (exemples : l'énergie hydroélectrique des barrages, l'envoi de fusées dans l'espace et tous les transports terrestres dont nous contrôlons la trajectoire et la vitesse) et, plus récemment, l'énergie nucléaire (qui alimente le feu des étoiles et participe à l'évolution naturelle de l'univers). Toutes ces formes d'énergie sont naturelles. L'homme n'a rien créé, il ne fait que domestiquer, canaliser ou détourner à son profit des forces qui existent spontanément dans la nature. Toutes ces différentes formes d'énergie président à l'évolution de l'univers tout entier et on les rencontre donc aussi sur notre planète, mais chacune d'entre elles est plus ou moins facile à domestiquer et produit des déchets, naturels ou plus ou moins artificiels et en plus ou moins grande quantité, lorsque nous les utilisons. Comment savoir jusqu'à quel point nous pouvons nous permettre de transformer la nature sans en subir les conséquences[65]? Je pense que cette question délicate, et dont la réponse est lourde de conséquences pour notre avenir, passe par la notion de « transformation notable » de l'environnement que nous avons définie plus haut.

> Nous pouvons raisonnablement modifier notre environnement pour ce que nous croyons à un moment donné être « bon » ou « bien » (ce qui est très relatif) pour la vie, pour notre espèce, pour nous nourrir, pour notre bien-être ou pour toute autre raison économique, idéologique ou autre, à condition de respecter certaines limites. Mais si nous risquons de modifier

---

65. En poussant la question jusqu'au bout, on pourrait même se demander dans quelle mesure nous ne commettons pas une erreur en intervenant artificiellement sur les processus naturels. Ne vaudrait-il pas mieux laisser faire la nature en toutes circonstances? Mais alors l'homme et la planète ne seraient pas ce qu'ils sont et l'homme, et ses actes, font aussi partie de la nature. Avons-nous raison de vouloir tout modifier et contrôler à notre guise ou s'agit-il d'une erreur et d'un acte d'orgueil nocifs à l'évolution globale de l'univers et de la vie sur terre? Quels sont les critères qui doivent guider notre action lorsque nous modifions la nature (notre bien-être individuel ou celui de notre espèce, le respect de toute forme de vie ou de tous les équilibres naturels ou d'autres critères)? Ces questions philosophiques et, à la limite, spirituelles, dont les réponses ne sont d'ailleurs pas évidentes, sont sous-jacentes à notre débat.

« notablement » des paramètres naturels, nous franchissons les limites du raisonnable et du non-réversible, en transformant le milieu auquel la vie sur terre et notre espèce sont adaptés, ce qui peut avoir de graves conséquences dont certaines sont imprévisibles.

Tout le développement de notre industrie, de notre civilisation et de notre mode de vie actuel ne sont qu'un épisode dans l'histoire de l'évolution et nous devons veiller à ce que cet épisode et nos « expériences » actuelles puissent se poursuivre, plus tard, à travers d'autres formes de vie et d'autres manières de vivre dont nous n'avons pas la moindre idée aujourd'hui. Pour cela nous devons éviter toutes les transformations « notables » et irréversibles de l'environnement, comme : le fait d'épuiser le stock limité de certaines substances naturellement présentes dans la croûte terrestre, ou de produire trop de substances chimiques et déchets artificiels que la nature n'est plus capable de « digérer » et de recycler. C'est pourquoi, à mesure que nous consommons toujours davantage d'énergie, nous devons faire de plus en plus attention à gérer correctement les ressources de la planète et les conséquences de leur exploitation.

La première question à se poser avant de savoir quelle est la meilleure source d'énergie à domestiquer consiste à se demander : FAUT-IL produire de l'énergie? Ensuite, si oui, COMBIEN en faut-il? Avons-nous raison de produire autant d'énergie? Et, en dernier lieu seulement, COMMENT fabriquer cette énergie. L'ordre logique de ces questions est évident, mais pourtant souvent inversé.

Il faudrait d'abord se demander si l'on doit fabriquer et consommer de l'énergie industriellement. Si l'on pense que oui, il faut, ensuite seulement, se demander de combien d'énergie nous avons besoin ou combien nous pensons raisonnable d'en consommer, puis comment la fabriquer. Jusqu'à présent, on se pose surtout la troisième question (comment fabriquer l'énergie) en occultant les deux premières dont la réponse n'est pourtant pas évidente. Je suis persuadé que nous reposerons un jour les questions essentielles : « le faut-il? » et « dans quelle mesure? », quand le moment sera venu. L'ensemble de ce livre a été rédigé essentiellement pour répondre à la troisième question (quelle est la meilleure source d'énergie?), alors que la vraie question, qui n'est pas encore vraiment soulevée dans notre société, que bien peu de nos contemporains seraient prêts à affronter pour l'instant (le confort douillet de nos habitudes modernes ne facilite pas une éventuelle remise en cause de nos comportements), serait de savoir si nous devons ou non bétonner partout, tout exploiter à notre profit et domestiquer les énergies naturelles, ou plutôt en bénéficier telles quelles. Pour aborder prudemment la deuxième question d'une manière qui ne remette pas trop en cause notre « standing » nous devrions au moins nous demander si nous avons raison de consommer AUTANTd'énergie que nous le faisons. Le meilleur moyen de limiter les conséquences nocives de l'industrie, qu'elle soit nucléaire, chimique ou autre, est tout simplement de consommer moins. C'est évident, mais :

> La plupart des écologistes qui protestent contre le nucléaire manquent de logique car ils roulent en voiture, chauffent leurs appartements, utilisent l'électricité (nucléaire), fument des cigarettes, achètent des produits alimentaires frelatés en supermarché et ne prêtent guère plus attention à leur mode de vie et d'alimentation que tout un chacun (ce qui est infiniment plus nocif à leur santé). La véritable écologie se pratique au quotidien, chacun dans sa propre vie.

Il est possible d'agir à deux niveaux pour économiser l'énergie : limiter les usages de l'énergie (moins chauffer les appartements, prendre les transports en commun plutôt que sa voiture, etc.). Ceci diminue directement la consommation et résulte d'une démarche et de choix individuels sur lesquels il est difficile d'agir au niveau collectif. Ce type de démarche ne s'adresse en fait qu'à des individus très motivés, ce qui est relativement rare. Une autre approche consiste à optimiser les utilisations actuelles de l'énergie, c'est-à-dire à fournir le même service à l'utilisateur avec moins d'énergie, par exemple en isolant mieux les habitations, en fabriquant des réfrigérateurs qui consomment moins, des filaments d'ampoules électriques à basse consommation. Cette deuxième démarche présente l'avantage d'être applicable à tous et de ne priver personne.

Des moyens très simples permettent de diminuer considérablement la consommation énergétique : mieux isoler les habitations (gain possible de 10 % à 50 % environ selon les cas), moins les chauffer (quelques degrés de plus ou de moins peuvent représenter 30 % de la consommation d'énergie), moins cuisiner les aliments (voire ne plus cuisiner du tout comme je le fais moi-même, et consommer des produits frais, de bonne qualité et riches en vitamines, ce qui est meilleur pour l'environnement, mais aussi pour la santé), s'éclairer avec des lampes halogènes plutôt qu'avec des ampoules classiques (meilleur rendement), prendre des douches moins longues et moins chaudes (très bon pour la forme), travailler le jour et dormir la nuit (plutôt que l'inverse), utiliser et développer les transports en commun plus que les transports individuels (surtout sur les trajets longues distances), favoriser l'usage de la bicyclette à celui de l'automobile (surtout sur les trajets courtes distances), etc. Un tel changement dans les mentalités pourrait facilement diminuer la consommation d'énergie d'un pays par un facteur trois ou quatre, tout en renforçant la santé de ses habitants.

N'oublions pas que le meilleur moyen, le plus simple et le plus efficace, de limiter les nuisances industrielles et énergétiques, consiste tout simplement à consommer moins.

L'énergie de base ayant permis le développement de la vie sur terre est celle du soleil, une énergie douce. De nombreuses recherches ont été faites pour développer la domestication de cette énergie. Des capteurs solaires thermiques (transformant la lumière en chaleur) par circulation d'eau dans des tuyauteries exposées au soleil ou des capteurs solaires électriques (transformant la lumière en électricité) utilisant des matériaux de haute technologie (cellules photovoltaïques au silicium) ont été développés avec un assez bon rendement. De tels capteurs sont très utiles dans certaines circonstances, par exemple pour chauffer l'eau des piscines dans des régions très ensoleillées (capteurs solaires thermiques), pour faire tourner des pompes à eau dans le désert (capteurs au silicium) ou pour alimenter des appareils de signalisation loin de toute source électrique (éclairages et émetteurs radio situés sur des bouées en pleine mer). Mais, hélas, malgré les millions de dollars consacrés à la recherche et des milliers d'installations expérimentales, l'énergie solaire n'a pas pu s'imposer massivement comme une énergie populaire, utilisable facilement à un moindre coût. Même en investissant encore des milliards de dollars supplémentaires dans cette recherche, l'énergie solaire resterait, pour la production d'électricité[66], dans l'état actuel des connaissances et de la technologie, plus chère que l'énergie nucléaire (de l'ordre de dix fois plus, c'est pourquoi l'énergie solaire est pour l'instant cantonnée à des applications très spécifiques lorsque des conditions locales la rendent particulièrement avantageuse :

66. En effet l'énergie solaire est parfois intéressante pour couvrir une partie des besoins en énergie domestique (chauffage des habitations, pompage de l'eau d'un puits...). Ce créneau du solaire domestique va donc vraisemblablement se développer ces prochaines années. En revanche, l'énergie solaire convertie en électricité destinée à une diffusion sur un réseau national ne pourra pas, même à moyen terme, devenir compétitive sauf pour certaines applications très ponctuelles car son prix de revient au kWh est beaucoup plus élevé que celui du nucléaire et ne diminuera pas suffisamment.

régions très ensoleillées éloignées des réseaux électriques, ou applications spécifiques de faible consommation). Le principal problème vient du fait que cette énergie est très diluée : elle est justement trop « douce » pour pouvoir être exploitée facilement.

Pour produire autant d'électricité avec des capteurs solaires[67] qu'avec une centrale nucléaire comportant quatre tranches de 1 300 MW (tenant sur une surface comparable à celle d'un terrain de football), il faudrait totalement recouvrir de capteurs au silicium une surface égale à celle de toutes les plages d'un pays comme la France (une bande de plus de 1 000 kilomètres de long sur 100 mètres de large).

La simple installation d'une telle surface de capteurs serait à la fois un désastre écologique pour les paysages, une pollution chimique pour fabriquer le silicium et les supports (les capteurs ne sont pas éternels et doivent être remplacés après un certain nombre d'années) et l'opération serait particulièrement coûteuse (le silicium ou les miroirs utilisés pour capter la lumière sont chers et leur durée de vie est limitée). L'industrie du silicium est une industrie polluante comme toutes les autres et on imagine l'impact sur l'environnement de ces immenses surfaces de capteurs et de l'usine qui les fabriquerait. L'énergie solaire, très intéressante et compétitive dans certains cas particuliers, ne peut donc, pour l'instant, rester que marginale dans la production électrique globale des pays développés. L'un des grands avantages de l'énergie solaire est sa répartition assez uniforme dans toutes les régions ensoleillées. Il s'agit donc d'une énergie décentralisée qui, si son usage était plus développé, rendrait les populations plus autonomes et plus indépendantes du pouvoir politique et des aléas économiques. Il est vraisem-

67. Nous prenons le cas d'un capteur absorbant 100 watts de puissance lumineuse par mètre carré de surface au sol pendant 50 % du temps (le jour seulement).

blable et souhaitable qu'à l'avenir, la part de l'énergie solaire domestique produite par les particuliers pour leur propre usage augmentera, en particulier pour faire face à une partie des besoins domestiques en chauffage et eau chaude. Une piste qui semble encourageante à ce sujet est la « tuile solaire », une tuile de toit ordinaire, recouverte d'un matériau spécial au silicium. Deux petits fils électriques, branchés en série d'une tuile à l'autre, collectent un courant électrique faible pour chaque tuile, mais non négligeable sur l'ensemble d'une toiture. On utiliserait ainsi le toit des maisons pour faire de l'électricité, sans polluer et sans dépareiller le paysage plus que ne le font nos toitures actuelles. Toutefois, pour des utilisations thermiques de l'énergie (chauffage des maisons et eau chaude), il est vraisemblable que le vieux système de l'eau circulant dans des tuyauteries exposées au soleil restera préférable à ces « tuiles solaires », dont le rendement est de l'ordre de 30 % et n'atteindra jamais 100 %. Celles-ci pourraient en revanche fabriquer de l'électricité le jour qui rechargerait des batteries[68] servant à couvrir des besoins de faible consommation, par exemple le fonctionnement des réfrigérateurs, congélateurs, ordinateurs, télévision, radio, lampes électriques.

L'énergie éolienne consiste à récupérer l'énergie du vent au moyen d'hélices spécialement conçues et optimisées à cet effet. La rotation des hélices peut pomper l'eau d'un puits ou entraîner une dynamo qui fabrique de l'électricité. Le prix de revient de l'énergie éolienne est actuellement environ trois fois plus faible que celle de l'énergie solaire, mais les limites à son extension sont les mêmes : énergie trop chère (de l'ordre de deux fois plus que l'électricité nucléaire par kWh fourni), trop

---

68. À condition que la technologie des batteries progresse, car les batteries au plomb ou au nickel/cadmium utilisées actuellement sont onéreuses, polluantes pour l'environnement et ne supportent qu'un nombre limité de décharges/recharges.

diluée dans l'espace et surtout trop irrégulière dans le temps (selon les caprices de la météo). De plus, de telles infrastructures seraient, à grande échelle, encombrantes (impact sur les paysages) et très onéreuses à construire. Des usines électriques à éoliennes produisant des quantités d'électricité se chiffrant en milliers de mégawatts (comme c'est le cas des centrales nucléaires) nous obligeraient à recouvrir des régions entières d'éoliennes inesthétiques ne produisant que selon les caprices de la météo. Les énergies éolienne et solaire sont donc très intéressantes en théorie mais, pour l'instant, réservées à des installations ponctuelles de petites dimensions n'ayant pas besoin d'une régularité d'approvisionnement et ne pesant pas lourd dans un bilan énergétique national. Il faudrait couvrir de capteurs une surface de l'ordre de la Belgique tout entière pour satisfaire à la demande européenne d'électricité! Avec de tels systèmes, la variabilité de l'ensoleillement et des vents en fonction de la météo ne permet pas de garantir une production régulière par le seul moyen de capteurs ou d'éoliennes (alors que la puissance délivrée par une centrale nucléaire est constante, sauf lors des arrêts pour rechargement en combustible, une fois par an[69]).

La production d'énergie nucléaire ne peut être que centralisée et distribuée au niveau national et même international tandis que le solaire et l'éolien sont des productions typiquement décentralisées, irrégulières et destinées à être consommées sur place. Les centrales nucléaires et les autres énergies alternatives ne sont donc pas opposées mais parfaitement complémentaires, le nucléaire étant la meilleure des énergies, à la fois sur le plan du respect de l'environnement et sur le plan économique, pour fournir l'essen-

69. Chaque année, la centrale est arrêtée, le réacteur est ouvert et un tiers du combustible y est renouvelé. Chaque tige de combustible séjourne ainsi trois ans dans le réacteur, puis un certain temps en piscine, avant d'être recyclée en usine de retraitement.

tiel de la consommation électrique au niveau national, ce qui n'exclut pas les développements locaux d'autres systèmes de production d'énergie, en fonction des particularités et des besoins en énergie de chaque site (ensoleillement, vents, sites hydro-électriques, etc.). Aujourd'hui, la société de consommation dans laquelle nous vivons appelle des besoins en énergie importants, incite à consommer toujours plus et tend à négliger les petites installations autonomes. Le développement probable à l'avenir, notamment en zone rurale et dans les pays les plus pauvres, de modes de vie plus écologiques, plus décentralisés, plus simples, moins gourmands en énergie et moins dépendants du système économique et politique, impliquera très probablement un accroissement de la part des énergies renouvelables (solaire, éolienne, hydraulique). L'énergie nucléaire continuera pendant ce temps à fournir l'essentiel de l'électricité destinée aux villes et à l'industrie.

Je suis par exemple tout à fait favorable à l'énergie solaire pour la production d'eau chaude, en particulier pour les usages domestiques durant l'été et en demi-saison. Des installations très simples (circulation d'eau dans des tuyauteries exposées au soleil) fonctionnent de manière satisfaisante depuis plusieurs dizaines d'années et permettent dans certains cas de réduire la consommation d'énergie d'habitations situées dans des zones propices à ce type d'installation (ensoleillement suffisant). Toutefois, ces installations ne concernent, pour l'instant en tout cas, qu'un nombre relativement faible d'habitations dont elles ne couvrent qu'une partie des besoins en énergie, pas toujours au bon moment (c'est l'hiver, lorsqu'il y a le moins de soleil, qu'on a le plus besoin d'eau chaude). Il est indispensable de poursuivre les recherches et le développement des énergies alternatives, en particulier dans les créneaux qui s'y prêtent le mieux : zones ensoleillées, pays du tiers-monde, zones isolées des réseaux électriques, mais se pose alors bien sûr le problème du financement de ces installations dont la construction est coûteuse : l'installation de capteurs solaires pour le chauffage d'une maison ou d'une piscine représente un surcoût à la construction d'environ 20 % à 30 % du prix de construction d'une petite maison, pour un système de chauffage domestique qui ne fonctionne correctement que lorsqu'il fait chaud, ce qui n'est pas vraiment l'idéal.

Nous pouvons mieux gérer les ressources énergétiques de la planète, en particulier en incitant aux économies d'énergie. La vraie question n'est pas : devons-nous consommer de l'énergie électrique d'origine nucléaire ou solaire ou fossile? Dans certains cas très précis le solaire est préférable, tandis que le nucléaire est globalement la solution la moins mauvaise, mais aucune de ces sources d'énergie n'est parfaite car toute industrie comporte par définition une intervention de l'homme sur l'ordre naturel des choses. La seule manière de ne pas polluer est de ne pas consommer d'énergie du tout, ou d'en consommer moins. Quels que soient nos convictions et nos besoins actuels, aucune de nos actions ne doit causer de dommages importants ou irréversibles à la planète. Une bonne gestion de l'énergie est indispensable, au niveau national, au moyen d'une politique vigoureuse d'incitation aux économies d'énergie (par le biais de la fiscalité et des taxes, ce qui est déjà le cas en France et dans de nombreux pays). Les industriels peuvent participer eux aussi aux économies d'énergie en gérant mieux leurs outils de production, et les particuliers peuvent contribuer à cet effort collectif en consommant moins d'énergie, c'est-à-dire seulement à bon escient.

VOLUME DES DÉCHETS

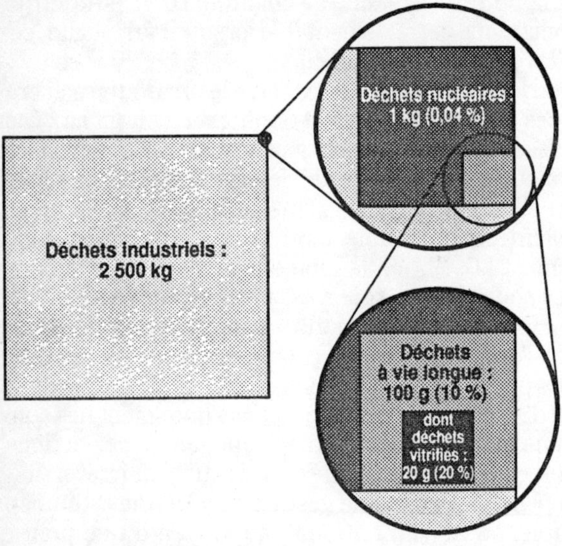

Source : ministère de l'Industrie et de l'aménagement du territoire.

CHAPITRE 7

Les avantages économiques et stratégiques du nucléaire

Le nombre de connaissances qui suffisent
à entretenir la sagesse est très petit
et ce sont des connaissances très simples.

Louis Lavelle.

La consommation d'une centrale nucléaire en combustible n'est que de quelques tonnes d'uranium par an alors que la consommation d'une centrale au fuel se chiffre en millions de tonnes par an. Il est donc facile pour un pays de se constituer des stocks de combustible mettant à l'abri de tout blocus économique, militaire ou autre pendant des dizaines d'années, tandis que le stockage de seulement trois mois de consommation de pétrole représente déjà des volumes énormes : la continuité de la fourniture en électricité est ainsi garantie et le « chantage à l'énergie » que nous avons connu entre pays producteurs et consommateurs de pétrole est impossible avec le nucléaire. Les ressources minières en uranium étant plus uniformément réparties sur la surface du globe que les gisements de pétrole concentrés dans quelques régions privilégiées, la stabilité des prix de la matière première est garantie sur de longues périodes et tous les pays se trouvent à peu près sur un pied d'égalité par rapport aux ressources minières en uranium.

L'électricité nucléaire permet de donner à chaque pays son indépendance énergétique. Cette motivation stratégique a fortement contribué au développement de l'industrie électronucléaire en Europe au moment du choc pétrolier de 1973. La « guerre du pétrole » et le blocus du détroit d'Ormuz auraient pu non seulement priver l'Europe et l'Occident d'énergie, mais on a craint un temps qu'elle dégénère en troisième guerre mondiale en provoquant un affrontement entre l'U.R.S.S. et les U.S.A. La dépendance de la plupart des nations par rapport au pétrole a diminué depuis les années soixante-dix grâce au développement de l'industrie électronucléaire. Un nouveau choc pétrolier se produira en effet inéluctablement vers le début du XXIe siècle, quand les ressources en pétrole commenceront à se raréfier. Ce nouveau choc à la hausse recevra alors le soutien de deux puissants groupes d'États : les USA et l'URSS dont les ressources en pétrole sont très importantes. Ce nouveau choc pourrait avoir des conséquences stratégiques et économiques importantes et déstabilisantes pour une grosse partie de la planète. Cette « guerre de l'énergie » n'aura pas lieu si nous développons suffisamment le nucléaire d'ici-là.

Jusqu'à présent, les États-Unis et l'URSS n'ont pas mis l'accent autant que l'Europe sur l'électricité nucléaire (leurs motivations par rapport au nucléaire étaient avant tout militaires car ces deux pays disposent de réserves abondantes de pétrole, de gaz et de charbon assurant leur indépendance énergétique) tandis que l'Europe, moins favorisée sur le plan pétrolier, s'est trouvée en pointe dans le domaine du nucléaire. Parmi les différents pays européens, la Grande-Bretagne et les pays nordiques disposent de gisements de gaz et de pétrole en mer du Nord et en mer Baltique, tandis que l'Allemagne et la Belgique possèdent sur leur territoire des mines de charbon, c'est pourquoi la France s'est retrouvée, par un concours de circonstances favorables n'ayant rien à voir avec des préoccupations environnementales, « championne du monde du nucléaire »[70]. Lord Marshall of Goring[71] résume ainsi l'importance du nucléaire en France : « France has no oil, no coal, no gas and no choice! ». Les motivations initiales n'étaient pas écologiques, mais surtout politiques et stratégiques. Il s'est cependant avéré par la suite que ce choix était le meilleur d'un point de vue économique, et, comme nous le voyons maintenant, du point de vue de l'environnement.

Dans la plupart des pays qui fabriquent de l'électricité nucléaire, celle-ci revient moins cher que celle produite avec du charbon ou avec d'autres sources de combustibles fossiles (pétrole, gaz). Dans une période économiquement difficile pour chaque pays et pour l'économie mondiale, l'énergie nucléaire est donc une chance, un facteur de stabilité et de croissance qui favorise le progrès dans tous les autres domaines de la société, en particulier dans le domaine de la santé et de la lutte contre le chômage, et qui permet à chacun de trouver sa place dans une société plus juste, plus épanouie et plus prospère. Rien qu'en France, l'industrie nucléaire emploie directement environ 100 000 personnes, et pratiquement le double si on compte les sous-traitants et les emplois indirects. Ceci n'est pas en soi une justification de l'existence de l'industrie nucléaire (des arguments similaires sont parfois avancés, à tort, pour justifier économiquement et socialement le commerce des cigarettes ou celui des armes dont la France est aussi, hélas, un des champions dans le monde après les U.S.A. et l'ex-U.R.S.S.), mais il s'agit d'un élément positif de plus qui s'ajoute au bénéfice d'une industrie utile à

70. Mais également parce que le général de Gaulle avait déjà beaucoup développé en France, après la Seconde Guerre mondiale, les recherches et installations nucléaires à usage militaire pour garantir l'indépendance militaire du pays.

71. Lord Marshall of Goring, président de la CEGB (compagnie d'électricité de Grande Bretagne).

la société (par l'énergie qu'elle met à disposition) et à l'environnement (que l'électricité nucléaire respecte mieux que les autres branches de l'industrie).

Comparaison du prix du kWh nucléaire par rapport au prix du kWh thermique au charbon[72]

Rapport entre le prix du kWh nucléaire et le prix du kWh charbon dans quelques pays (un rapport inférieur à 1 signifie que l'énergie nucléaire revient moins cher que le charbon) :

— France : 0,65 (nucléaire 35 % moins cher que le charbon);
— Allemagne : 0,66 (nucléaire 34 % moins cher que le charbon domestique);
— Corée : 0,75;
— Russie : 0,78.
— Allemagne : 0,79 (nucléaire 21 % moins cher que le charbon importé);
— États-Unis (Nord-est) : 0,85;
— Japon : 0,85;
— Chine : 0,86;
— Finlande : 0,86;
— Inde : 0,86;
— Canada : 0,88;
— Belgique : 0,91 (nucléaire 9 % moins cher que le charbon);
— Royaume-Uni : 0,91;
— États-Unis (Middle West) : 0,96;
— États-Unis (Ouest) : 1,19;

Les prix du kWh nucléaire utilisés pour ce calcul incluent non seulement la fabrication de l'électricité (exploitation des centrales), mais aussi les investissements (construction des centrales), les assurances contractées pour faire face à d'éventuels accidents et les provisions financières destinées au stockage des déchets et au

72. Source O.C.D.E., 1992, dans l'hypothèse d'un taux d'actualisation de 5 % par an.

démantèlement ultérieur des centrales. En France, les dégâts aux tiers en cas d'accident sur une installation sont assurés et 15 % du prix de la construction des centrales est obligatoirement mis de côté en vue du démantèlement ultérieur des installations, ce qui n'est pas le cas dans tous les pays.

Retenons que, globalement, le nucléaire est plus économique que le charbon, de l'ordre de moitié moins cher jusqu'à peine plus cher selon les pays. Les rapports de prix sont du même ordre de grandeur lorsque l'on compare les prix de revient du gaz et du nucléaire pour la fabrication d'électricité : selon les pays, le kWh nucléaire est jusqu'à 40 % moins cher qu'avec les énergies fossiles. Toutefois, à prix égal, d'autres critères peuvent entrer en ligne de compte, par exemple l'impact sur l'environnement (très favorable au nucléaire), la sécurité d'approvisionnement et la possibilité de stockage de la matière première (favorable au nucléaire), l'importance des fluctuations de la valeur de la matière première sur les marchés financiers internationaux (favorable au nucléaire en raison de la relative stabilité des cours de l'uranium).

Les réserves mondiales de pétrole facilement exploitables devraient s'épuiser dans quelques dizaines d'années et les réserves de charbon et d'uranium dans quelques siècles (la durée de vie des réserves d'uranium pouvant être multipliée par 50 en développant la filière des réacteurs à neutrons rapides). Chaque type d'énergie a ses avantages spécifiques : le nucléaire pollue beaucoup moins l'atmosphère que le charbon, mais l'utilisation des combustibles fossiles est plus souple : une centrale au charbon ou au fuel peut démarrer en quelques heures pour faire face à une demande importante d'électricité, alors qu'une centrale nucléaire est plus longue à démarrer après un arrêt total[73]. L'énergie la moins coû-

73. Toutefois, une fois démarrées, les centrales nucléaires peuvent moduler la puissance électrique fournie pour s'adapter exactement à la demande du réseau. Les centrales françaises sont ainsi équipées de régulateurs automatiques.

teuse, la plus écologique et la plus souple reste sans doute l'énergie hydroélectrique des barrages et des usines marémotrices. C'est pourquoi la meilleure stratégie énergétique, à mon avis (c'est d'ailleurs celle qui a été choisie par la France), consiste en plusieurs mesures :

1° Favoriser au maximum les économies d'énergie.

2° Équiper tous les sites hydroélectriques envisageables dans des conditions économiques raisonnables, ce qui est à peu près le cas dans les pays développés. Ces sites produisent environ 15 % de la production et de la consommation électrique totale en France et 50 % au Canada. Les barrages ne sont toutefois pas sans effets sur l'environnement et, précisément au Canada, les nouveaux projets de barrages sont très critiqués par les Indiens et les écologistes, car la création de lacs de barrage conduit à noyer des vallées entières.

3° Assurer la majeure partie de la consommation électrique de base par des installations nucléaires sûres, économiques, peu encombrantes et peu polluantes (aujourd'hui les REP, demain probablement les RNR, puis la fusion thermonucléaire).

4° Assurer l'appoint (pointes de consommation lorsque le nucléaire et l'hydroélectrique ne suffisent pas) par des centrales au fuel, au gaz ou au charbon, plus polluantes et un peu plus coûteuses par kWh, mais plus souples. Cette utilisation à temps partiel d'une énergie plus polluante évite de construire des centrales nucléaires pour faire face uniquement aux pointes de consommation et qui tourneraient à vide (gaspillage économique[74]) le reste du temps.

5° Continuer les recherches pour le développement de nouvelles formes d'énergies performantes et respectueuses de l'environnement (énergies solaires, éoliennes,

---

74. Actuellement les investissements relatifs à la construction d'une centrale nucléaire ne sont rentables par rapport aux énergies fossiles que si l'électricité produite par la centrale est utilisée au moins quatre mois par an.

fusion nucléaire, RNR, fusion froide, ou autres sources d'énergie).

6° Favoriser, comme c'est déjà le cas, les économies d'énergies, mais aussi la production domestique ou locale d'énergie par des incitations fiscales bien ciblées (permettre par exemple aux particuliers de déduire de leurs impôts les investissements qu'il font pour équiper leurs maisons en tuyauteries pour le réchauffement solaire de l'eau destinée à couvrir une part des besoins pour le chauffage domestique)[75].

Ainsi comprise et exploitée dans les meilleures conditions de sécurité, l'énergie nucléaire est source de nombreux avantages autant économiques et stratégiques qu'écologiques.

---

75. Il serait en effet absurde pour l'instant de subventionner la production d'électricité solaire (capteurs au silicium) qui coûte dix fois plus cher que l'électricité du réseau : ce serait gaspiller l'argent public.

CHAPITRE 8

Les vrais problèmes écologiques sont ailleurs

L'homme est devant les idées simples
comme les chauves-souris devant la lumière :
il est aveugle.

Aristote.

Le nucléaire a été pendant des dizaines d'années au centre du débat sur l'écologie.

Beaucoup d'écologistes sont, encore aujourd'hui, viscéralement hostiles au nucléaire (à tort, à mon avis).

Les mouvements écologistes et pacifistes étant étroitement liés à leur origine, la contestation antimilitaire, antisystème, antipouvoir politique, antibombe atomique a été suivie par une contestation anti tout ce qui est nucléaire, parce que le nucléaire, comme tout ce qui est nouveau, comme les premiers chemins de fer, fait peur. Avec le recul du temps, il est évident qu'il faut rester prudent face aux effets indésirables des industries nucléaires comme face aux retombées de toute industrie, mais l'opposition aux centrales nucléaires que l'on a pu observer et que l'on observe encore, dans une moindre mesure (on note aujourd'hui un recul de la contestation antinucléaire), est exagérée par rapport aux risques réels. Dans notre société moderne, le risque nucléaire (civil) est perçu comme important alors qu'il n'est que marginal par rapport à d'autres risques quotidiens, tellement quotidiens qu'on n'y fait même plus attention : rouler en voiture, pollutions chimiques, fumer des cigarettes, boire de l'alcool, etc.

Il existe en effet d'autres problèmes de société et problèmes écologiques bien plus menaçants pour notre vie et pour l'avenir de l'humanité : la surpopulation de la planète, la famine des pays pauvres, les ravages de la drogue, de l'alcoolisme et du tabagisme, la violence des grandes agglomérations, les problèmes sociaux, le chômage, la désertification des régions tropicales, la déchéance de l'agriculture, la destruction des forêts qui recouvraient autrefois la majeure partie des terres émergées. Pendant que j'écris ces lignes et au moment où vous les lisez, des milliers d'hectares de forêts tropicales brûlent, des millions d'enfants meurent de faim et des centaines de milliers de guérilleros nettoient leurs fusils et préparent leurs munitions pour des guerres qui continuent un peu partout dans les pays les plus pauvres. Pendant ce temps, nous sommes obnubilés par les retombées de Tchernobyl qui n'ont pratiquement aucun effet sur notre santé, comparées aux maladies cardio-vasculaires (une personne sur deux en meurt prématurément), aux cancers (une personne sur trois décède d'un cancer), au tabagisme (qui tue plus d'un million de personnes par an dans le monde), à l'alcoolisme (la France détient le triste record de la plus forte consommation d'alcool par habitant en Occident) et à la drogue (distribuée jusque dans les lycées et les universités).

> On parle beaucoup de radioactivité à la télévision et dans les débats politiques et on dépense des milliards de dollars, à juste titre, pour la sécurité nucléaire. Que fait-on pour la prévention du tabagisme, de l'alcoolisme, de la drogue et pour lutter contre la famine dans le Tiers-Monde? Rien ou presque.

C'est aberrant. Il faut dire que bon nombre de partis

politiques et d'organes de presse dans différents pays sont en partie financés par le lobby du tabac, de l'alcool et de l'industrie agroalimentaire. L'inertie et l'irresponsabilité politique dans ce domaine n'en sont que plus scandaleuses. Une électricité propre contribue un peu au bien-être individuel, mais nous pourrions progresser bien plus vite en réformant, chacun de notre côté, notre manière de vivre, de penser, de manger et de dormir. Le débat écologique sur le nucléaire, s'il est utile et passionnant, sert aussi de bouc émissaire pour éloigner le débat public de sujets de préoccupation beaucoup plus importants pour notre santé et l'avenir de la société : tabagisme, alcoolisme, qualité de l'alimentation, justice, éducation, place de chacun dans la société... C'est là que nos efforts devraient converger. Contrairement à ce que pensent la plupart des individus, une amélioration de notre vie dépend surtout de nous-mêmes et un peu seulement des autres (les collègues de travail, les politiques, le conjoint, etc.).

> La vraie révolution écologique consiste, et c'est ce à quoi je m'efforce, à enseigner les bases du mieux vivre au quotidien : mieux manger, mieux dormir, agir positivement, entretenir de meilleures relations avec notre entourage, respecter notre environnement, travailler pour un monde meilleur, donner une bonne éducation à nos enfants. Si une telle approche positive de la vie se généralisait, les grands fléaux de notre société (problèmes de santé, déficit croissant des assurances-santé, tendances dépressives, morosité et pessimisme ambiants, éclatements sociaux et familiaux, etc.) seraient rapidement vaincus.

C'est à chacun d'entre nous qu'il revient d'améliorer ses propres comportements et d'aider son voisin à faire de même. Nul ne peut nous transformer et changer nos habitudes à notre place. Lorsqu'on fait le choix d'arrêter de fumer ou de mieux manger, on contribue fortement et de manière immédiate à son propre bien-être, mais on participe aussi positivement à l'évolution de la société tout entière. Par exemple, il est prouvé statistiquement que chaque fois qu'un individu s'arrête de fumer, un autre dans son entourage (un ami ou un membre de sa famille) suivra son exemple dans l'année qui suit. Nous participons ainsi, sans même nous en rendre compte, à l'évolution de la société. La planète, c'est un peu chacun d'entre nous qui en est responsable.

Depuis la date fatidique de 1986 où a eu lieu l'accident de Tchernobyl-4, chaque mois, environ 100 000 fumeurs dans le monde sont décédés des conséquences du tabagisme, ce qui fait 3 000 fois plus de nouvelles victimes, chaque mois, qu'il n'y en a eu en plusieurs décennies d'industrie nucléaire[76]. Et pourtant, on parle moins du tabagisme que des risques nucléaires. Encore aujourd'hui, on continue à parler de Tchernobyl, pour quelques dizaines de victimes de cet accident qui, répétons-le, aurait facilement pu et dû être évité. Pendant ce temps, un massacre silencieux d'une autre ampleur continue à sacrifier très efficacement, dans l'indifférence générale, 100 000 individus chaque mois, victimes du tabac, avec la bénédiction de la presse internationale (qui encaisse les recettes publicitaires des fabricants de tabac) et la complicité des gouvernements (qui encaissent toujours plus de taxes sur le tabac et gèrent les sociétés de tabac nationalisées ou entretiennent avec les industries du tabac des liens étroits). Ces morts (3 000 décès quotidiens – l'équivalent de dix gros avions de ligne de type Airbus sacrifiés chaque jour!) sont les victimes innocentes de notre incapacité à voir les problèmes en face et à les traiter. De plus, ils coûtent très cher à la collectivité, alors que les solutions pour la prévention du tabagisme existent et qu'elles sont simples.

---

76. Il est aussi douloureux, sinon plus, et malheureusement beaucoup plus banal, de mourir d'un emphysème ou d'un cancer généralisé dû au tabac, après des mois de terribles souffrances, que de mourir des suites d'une irradiation. Mais, bien sûr, le mieux est d'éviter l'un et l'autre et de vivre heureux.

On a beaucoup parlé des morts de Tchernobyl, mais lorsque le tabac, la drogue, les accidents de la route ou de mauvaises habitudes alimentaires tuent quotidiennement un nombre de personnes bien plus élevé, on ne dit rien, ou presque. Où est la logique?

Sachons identifier et traiter les vrais problèmes et les réelles causes de souffrances dans notre société, et n'oublions pas de hiérarchiser ces problèmes correctement et de nous attaquer en premier lieu aux questions les plus urgentes et les plus faciles à résoudre.

Les véritables problèmes écologiques qui se posent aujourd'hui consistent à redonner à l'homme sa juste place dans notre environnement, et pour cela nous devons réapprendre les actes de base de la vie : manger, dormir, boire, travailler, nous déplacer de manière plus naturelle.

Un monde meilleur et plus humain ne peut pas être le fruit d'un autre système politique ou d'une nouvelle conception de l'économie : ce ne sont là que des conséquences. Les véritables changements, c'est à nous de les opérer chacun dans notre domaine de responsabilités. On ne peut récolter que le fruit de ses propres efforts et se changer un peu soi-même en apprenant à vivre plus positivement qu'auparavant. Si chacun se change un peu lui-même, alors la société, la médecine, les entreprises, les valeurs morales et la politique changeront aussi, et non l'inverse.

Dans notre monde moderne, le meilleur côtoie le pire. Nous vivons une époque formidable car nous disposons d'outils et des conditions les plus favorables que l'humanité ait jamais connus pour vivre heureux : un niveau de vie correct, le téléphone, les satellites et le fax pour communiquer, des automobiles et des avions pour nous déplacer, un toit et de la nourriture pour chacun ou presque (en Occident)[77]. Pourtant, beaucoup d'individus

77. Il reste encore des îlots de pauvreté et de sans-abris, avec des

sont malheureux et/ou malades, et les cabinets médicaux et psychiatriques ne désemplissent pas de gens riches qui auraient tout pour être heureux. Pourquoi? Tout simplement parce que nous fabriquons notre propre malheur en accomplissant mal les actes élémentaires de la vie : respirer correctement, manger, nous reposer ou nous amuser quand nous en ressentons le besoin, transmettre le bonheur à nos enfants. Savoir qu'un mode de vie naturel est possible ici et maintenant et en bénéficier éviterait de rechercher le bonheur dans des paradis artificiels.

Les grands défis écologiques d'aujourd'hui et les enjeux principaux pour le début du XXIe siècle ne sont pas nucléaires, ni financiers, ni politiques, ni sociaux, ni même industriels (même si nous devons agir et rester vigilants à ce niveau), ils sont surtout un problème de comportement et d'éducation : nous devons apprendre à vivre de manière plus simple, plus naturelle, plus conforme à nos véritables besoins en tant qu'espèce. Manger mieux, des aliments naturels pas trop transformés (beaucoup de fruits et légumes riches en vitamines et moins de plats cuisinés), arrêter de fumer, mieux dormir, gérer son stress, savoir faire la sieste, mieux communiquer, vivre en harmonie et s'aimer réellement les uns les autres. Tout cela n'est pas une utopie : nous pouvons y parvenir sans rien changer au mode de fonctionnement actuel de notre société. Chacun continuerait à travailler dans la même entreprise et à vivre dans le même appartement, avec la même famille et les mêmes amis, en se comportant plus positivement. Le plus grand défi écologique et humain que nous ayons à relever à l'orée du XXIe siècle consiste à changer nos propres

---

familles qui meurent de faim, même dans des villes telles que New York ou Paris, et ceux-ci se développent avec l'extension du chômage et de la crise économique qui frappe les pays occidentaux. Toutefois, ces problèmes sont sans commune mesure avec la situation des pays les plus pauvres (Inde, Mexique, certains pays d'Afrique...).

habitudes de vie, au lieu de toujours croire que nos problèmes viennent des autres.

L'écologie doit certes continuer à tenir un langage de prudence face aux nouvelles technologies et aux nuisances qu'elles engendrent, mais s'ils s'arrêtent là, les écologistes ratent ce qui est le véritable enjeu du futur proche : il s'agit de ne pas dériver vers un mode de vie de plus en plus artificiel et de corriger le tir pour favoriser des comportements plus naturels et mieux adaptés à la condition humaine.

Cette tendance n'est pas utopique, elle est inévitable : de notre plein gré ou par la force, nous allons devoir réapprendre à vivre et à améliorer nos comportements individuels au quotidien. Commençons par nous-mêmes. Donnons l'exemple et enseignons à nos enfants à vivre heureux, à manger mieux, à se méfier des drogues et à agir positivement en se respectant soi-même ainsi que les autres et la nature.

La manière dont nous utiliserons et gérerons l'énergie ne deviendra alors qu'une conséquence heureuse d'un nouveau style de vie bien plus apte à assurer notre épanouissement personnel et collectif.

CHAPITRE 9

L'exemple de la France, pays le plus nucléarisé du monde

La France n'est pas seulement le pays des parfums et de la haute couture, mais encore la nation pilote dans un domaine qu'elle a investi avant tous les autres pays, le domaine de l'énergie électronucléaire au service des hommes.

Michel Rachline[78].

La France est actuellement le leader mondial dans le domaine de l'électricité nucléaire avec 57 tranches nucléaires en fonctionnement[79] qui produisent les 3/4 de l'électricité du pays, le complément étant fourni par l'énergie hydroélectrique des barrages (autre source d'énergie écologique représentant 15 % de la consommation) ainsi que par le fuel et le charbon. Ces deux dernières sources d'énergie, moins écologiques et plus coûteuses, ne sont utilisées que pour faire face aux pointes de consommation (environ 10 % de la consommation globale), notamment en hiver, lorsque les centrales nucléaires ne suffisent pas à satisfaire la demande. C'est en 1945 que le général de Gaulle a créé le CEA (Commissariat à

---

78. Auteur de *La saga nucléaire*, aux éditions Albin Michel, Paris.
79. Quatre nouvelles tranches de type N4 (1450 MW) sont en construction : deux à Chooz et deux à Civaux, qui seront mises en service avant la fin du siècle.

l'énergie atomique), principalement pour des raisons de stratégie militaire. La France sortait alors tout juste du traumatisme de la Seconde Guerre mondiale et n'avait retrouvé son identité que grâce à l'aide des Américains. Le général de Gaulle souhaitait redonner à son pays une puissance et une indépendance militaires, et ce fut la raison de son engagement en faveur de l'arme nucléaire. Une vingtaine d'années plus tard, le nucléaire civil apparaît et les Français, peu de temps après les Américains, mettent en fonction leur première centrale nucléaire destinée à produire de l'électricité (Marcoule). Dans les années 1970, le choc pétrolier et la flambée des cours du pétrole entretenue par les pays de l'OPEP frappe alors le pays de plein fouet et montre la très grande fragilité de la France dans son approvisionnement énergétique, ce qui va conduire le président de la République, Georges Pompidou, puis Valéry Giscard d'Estaing (à partir de 1974), à donner un essor considérable au programme électronucléaire.

> Grâce à cette stratégie fortement pro-nucléaire, l'électricité française est devenue en quelques années nettement moins chère que celle des pays européens voisins. Conséquence inattendue, car ce n'était pas le but initialement poursuivi, l'électricité française est ainsi devenue en quelques années la plus respectueuse de l'environnement.
>
> Au début des années 1990, une vingtaine d'années après la décision française de développer l'électricité nucléaire, les émissions annuelles de CO_2 étaient de : 5,2 tonnes par an et par habitant aux États-Unis ; 3,2 t/an par habitant en Allemagne ; 3,0 t/an par habitant en Grande-Bretagne et seulement 1,8 t/an par habitant en France[80].

80. « L'énergie nucléaire en questions », ouvrage édité par les éditions Le Cherche-Midi.

La France maîtrise parfaitement l'ensemble du cycle du combustible nucléaire : l'extraction du minerai (par la COGEMA), son enrichissement (EURODIF), la mise au point et la construction des centrales (FRAMATOME), l'exploitation des centrales (EDF) et le retraitement des déchets (COGEMA), en passant par la sécurité nucléaire (IPSN).

La France, championne mondiale du nucléaire? C'est incontestable : il s'agit du pays qui a le plus fort pourcentage d'électricité d'origine nucléaire, et EDF est la première compagnie nucléaire, celle qui exploite le plus grand parc de centrales nucléaires au monde[81]. On pourrait alors craindre le pire : une pollution effrénée de l'environnement, des populations « atomisées » par un taux de radioactivité anormalement élevé sur le territoire, une électricité très chère, un avenir sacrifié. Heureusement, il n'en est rien : la France est au contraire le champion de la sécurité, de la propreté nucléaire et de l'électricité bon marché et, bien sûr, respectueuse de l'environnement. Notre savoir-faire dans le domaine de l'énergie nucléaire est d'ailleurs envié et imité par nombre de pays étrangers.

On peut préciser encore que le taux de radioactivité auquel est soumis la population n'est pas supérieur en France à celui des autres pays avoisinants moins « nucléarisés » et il n'y a jamais eu, jusqu'à présent (et nous devons continuer à y veiller), d'accident nucléaire grave en France, contrairement aux deux autres principaux pays dotés d'une puissante industrie nucléaire : les États-Unis (accident de Three Mile Island, sans conséquences pour le public grâce à l'enceinte de confinement de la centrale qui a retenu presque toute la radioactivité) et

81. Devant les Américains qui possèdent pourtant plus du double de centrales, mais celles-ci sont exploitées par une multitude de compagnies d'électricité concurrentes dont chacune est plus petite qu'Électricité de France.

l'ex-URSS (accident de Tchernobyl avec rejet dans l'atmosphère d'une quantité importante de déchets radioactifs car la centrale était dépourvue d'enceinte de confinement).

La comparaison des industries nucléaires française et américaine est particulièrement instructive. Aux États-Unis, le libéralisme économique a fait que les centrales sont gérées par un grand nombre de compagnies privées, construites par plusieurs constructeurs, exploitées par de multiples exploitants (compagnies privées d'électricité). Ces partenaires nombreux ont du mal à communiquer entre eux, d'autant plus qu'ils sont souvent concurrents. Le président des autorités de sûreté nucléaire américaines, Victor Selin, résume ainsi la situation : « En France, vous avez 400 fromages, et un modèle de centrale nucléaire; chez nous, c'est le contraire![82] ». La diversité des matériels et des intervenants a ainsi rendu difficile l'uniformisation du matériel, des normes et du savoir-faire américain en matière de sûreté. L'industrie nucléaire américaine est en quelque sorte « éclatée » entre les compagnies d'électricité concurrentes qui exploitent les réacteurs. Ce sont les constructeurs qui, dans une large mesure, décident des normes et du type de centrales à construire et qui dictent leur loi, les exploitants se contentant d'acheter et d'exploiter parmi les multiples modèles de centrales proposées par les constructeurs. Il arrive ainsi que, sur le même site, on trouve des unités de type différent, ce qui complique inutilement l'entretien, les procédures de maintenance, le stockage des pièces de rechange, la formation du personnel et l'exploitation. De plus, la multiplicité des modèles de centrales nucléaires américaines empêche de bénéficier d'une réduction des prix et d'une meilleure sécurité que l'on peut obtenir en installant un grand nombre de centrales identiques. Ceci conduit à des prix de revient

82. Cité par A. De Tonnac dans *Le nucléaire, faits, enjeux et arguments*, 1994.

de 30 à 40 % plus onereux qu'en France au niveau des investissements, à puissance installée égale (la sécurité étant de surcroît plus grande sur un modèle que l'on connaît mieux). À l'inverse, le système soviétique est très centralisé, mais a tout simplement oublié d'intégrer la notion de sécurité. L'industrie nucléaire française est, à mon avis, une synthèse intelligente et « positive » (en tout cas souvent citée en exemple) entre ces deux extrêmes. La centralisation par EDF, à la fois exploitant et constructeur (avec FRAMATOME) de la totalité du parc nucléaire, a facilité les retours d'expériences, la réduction des coûts et l'uniformisation des matériels et des normes de sécurité. À la différence de l'ex-URSS, le gouvernement et les industriels français ont pris les précautions qui s'imposaient dans le domaine de la sûreté. Cette attitude semble pour l'instant porter ses fruits puisqu'il n'y a jamais eu d'accident nucléaire majeur en France en trente ans d'existence. Alors que le public français doute encore du nucléaire et que certains écologistes français continuent à protester contre lui, le monde entier admire notre savoir-faire nucléaire et beaucoup l'imitent, en particulier la Chine et certains pays asiatiques.

> La France est un pays que beaucoup d'étrangers envient, pour sa culture artistique, économique, scientifique et écologique. Au lieu de se plaindre, les Français devraient être fiers et satisfaits de vivre dans un pays qui est à la pointe de la protection de l'environnement et du progrès scientifique et énergétique dans au moins un domaine : le nucléaire.

Cela nous permet de bénéficier d'une électricité bon marché et écologique, qui rend plus performantes toutes les industries qui consomment beaucoup d'électricité, comme l'industrie de l'aluminium[83]. Cet avantage est appréciable en période de mauvaise conjoncture éco-

83. Industrie par ailleurs particulièrement polluante.

nomique. Et on ne constate pas pour autant d'augmentation de la radioactivité ni de la fréquence des cancers en France autour des centrales nucléaires, par rapport aux autres régions ou par rapport aux pays ayant moins de centrales nucléaires.

> Grâce au nucléaire, en 20 ans, de 1973 à 1993, la pollution émise dans l'atmosphère par la France par kWh d'électricité produit (taux d'oxyde de carbone, de gaz sulfurique et d'oxydes d'azote) a été divisée par 10.

Sur le plan stratégique, la France, qui était, comme le reste de l'Europe, dépendante des États-Unis pour sa défense à la fin de la Seconde Guerre mondiale, a retrouvé rapidement une défense crédible. Et sur le plan de l'approvisionnement énergétique du pays, le succès du programme électronucléaire a rendu en quelques années la France moins dépendante de l'OPEP et des pays producteurs de pétrole.

Le parc nucléaire français suffisant à couvrir 75 % de la consommation électrique nationale, il n'est plus nécessaire actuellement de construire de nouvelles centrales nucléaires en France, mais il faudra bientôt procéder au renouvellement, dans les meilleures conditions de sûreté, des plus anciennes centrales qui arrivent en bout de course. En effet, elles ont été construites pour durer 30 à 40 ans et les premières centrales électronucléaires, mises en route dans les années 60, vont donc bientôt devoir être remplacées. La France va devoir gérer au mieux le capital industriel, financier, humain et le potentiel de protection de l'environnement que constitue son parc nucléaire. La première génération de réacteurs étant construite, le pays doit maintenant préparer l'avenir en cherchant à mettre au point des réacteurs encore plus sûrs, moins polluants, plus économiques et limitant au maximum les risques de prolifération. En ce sens, l'optimisation des REP[84], ainsi que, à plus long terme, les réacteurs à neutrons rapides et la fusion nucléaire sont des voies de recherche prometteuses qui doivent être poursuivies.

Si les retombées radioactives sur le territoire sont jusqu'à présent insignifiantes par rapport à la radioactivité naturelle, les retombées du succès nucléaire français sur l'économie et sur l'emploi sont loin d'être négligeables : les exportations d'électricité, de matériels et de savoir-faire nucléaire rapportent au pays environ 20 milliards de francs et font travailler 200 000 personnes. Ce qui revient à dire que, sans le nucléaire, non seulement les Français devraient payer leur électricité nettement plus cher (de 20 à 30 % de plus sur chaque facture), en polluant davantage, mais, en plus, l'économie française serait moins compétitive et, pour compenser cette perte de devises, chaque foyer fiscal français devrait payer davantage d'impôts. Ce que l'on peut résumer très simplement :

> Grâce au nucléaire, l'électricité française est 20 à 30 % moins chère et chaque foyer fiscal français paie 1000 F d'impôts en moins chaque année.

Les exportations françaises d'électricité représentent annuellement plus de 12 milliards de francs, ce qui équivaut à la vente de plus de 30 avions de ligne « Airbus ». Comme l'électricité française revient, grâce au nucléaire, moins cher que l'électricité fabriquée par les pays européens voisins, EDF dégage une marge bénéficiaire de plusieurs points (en %) en vendant cette électricité plus cher que son prix de revient en France, ce qui agit positivement sur la balance commerciale française et permet d'abaisser le prix de l'électricité pour les usagers français, tandis que les pays voisins acheteurs font

84. C'est le but du programme EPR (European Pressurized Reactor), programme commun entre la France et l'Allemagne : mettre au point un réacteur européen à eau sous pression encore plus performant et plus sûr que les REP français actuels, déjà très performants, que les EPR viendront remplacer au début du XXIe siècle.

eux aussi une bonne affaire, car cette électricité leur est vendue moins cher que celle de leur pays (dont le coût du kWh, moins nucléaire, est de 20 à 30 % plus cher qu'en France).

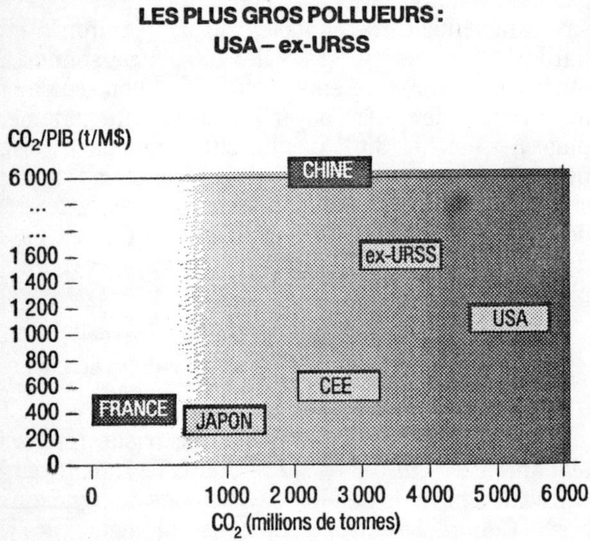

Les plus gros pollueurs et les plus gros consommateurs d'énergie, que ce soit par habitant ou en fonction du PIB, sont les États-Unis et l'ex-URSS, suivis de peu par la Chine.
La France, grâce à son programme nucléaire et à une politique « écologique » d'incitation aux économies d'énergie, est, en ce qui concerne le CO_2, l'un des pays développés qui pollue le moins la planète, tout en ayant malgré tout un bon niveau de vie. C'est le « French way of life » : tout le confort et aucun des inconvénients.

CHAPITRE 10

Le nucléaire, une énergie d'avenir : la fusion nucléaire

Le futur m'intéresse, car c'est là que j'ai l'intention de passer mes prochaines années.

Graffiti d'un étudiant sur les murs du campus américain de Berkeley.

La fusion nucléaire, c'est-à-dire l'union de plusieurs petits noyaux atomiques pour en former un seul plus gros, est à l'origine de l'énergie solaire et fait briller les étoiles, visibles à des années-lumière de distance grâce à l'énergie qu'elles irradient sous forme de lumière. Sur terre, la fusion thermonucléaire est une énergie potentiellement énorme car on peut l'obtenir, tout simplement, à partir de l'hydrogène de l'eau des océans. C'est pourquoi des centaines de scientifiques travaillent sur ce sujet, dans les pays hautement industrialisés.

L'énergie produite par nos centrales nucléaires d'aujourd'hui, obtenue par fission d'atomes lourds, présente de nombreux avantages par rapport aux autres formes d'énergie actuellement disponibles, mais ces avantages ont aussi des limites. Les ressources en uranium sont comptées, moins que les ressources de pétrole, mais suffisamment pour que l'exploitation de l'uranium devienne de plus en plus onéreuse à partir du milieu du XXIe siècle (si l'on reste dans la filière REP aujourd'hui la plus répandue : les RNR permettraient de consommer 50 fois moins d'uranium, donc de faire durer les réserves 50 fois plus longtemps). Par ailleurs, les déchets radioactifs produits par les centrales, même si leur volume est raisonnable (par rapport aux masses énormes de gaz, de cendres et de déchets de combustion rejetés dans l'atmosphère par les vieilles centrales au charbon) doivent être retraités et /ou stockés et surveillés pendant de longues périodes[85]. Le retraitement et le stockage des déchets nucléaires, parfaitement envisageables dans de bonnes conditions de sécurité et de rentabilité, restent néanmoins des opérations industrielles délicates et nous préfèrerions évidemment qu'il n'y ait pas de déchets, ou moins qu'il n'y en a aujourd'hui. Or ce miracle est scientifiquement possible et nous savons dès aujourd'hui qu'il aura probablement lieu en deux temps, en attendant la maîtrise de l'énergie idéale : la fusion nucléaire, énergie presque illimitée qui alimente le feu des étoiles, mais que nous n'avons pas encore domestiquée sur terre.

Dans un premier temps, l'utilisation de combustible MOX, déjà effective, diminue la consommation en uranium en recyclant une partie du plutonium qui apparaît à raison de 1 % environ dans le combustible des centrales REP à uranium (environ 200 kilos de plutonium produits lors de chaque cycle, sur 20 tonnes de combustible). Puis, dans un deuxième temps, la filière des réacteurs à neutrons rapides RNR permettra d'écouler le surcroît de plutonium en le transformant en électricité. Autrefois, le plutonium issu des premières centrales, après des opérations complexes de purification, servait à fabriquer des armes nucléaires, et les pouvoirs

85. Le temps nécessaire à la décroissance de la radioactivité est variable selon les éléments chimiques. Les produits les plus actifs (qui se désintègrent très rapidement) sont ceux qui ont une durée de vie courte tandis que ceux ayant une durée de vie beaucoup plus longue ont une activité (nombre de désintégrations par minute) d'autant plus faible.

politiques et militaires demandaient aux ingénieurs d'en fabriquer le plus possible. Aujourd'hui, la réduction des armements stratégiques des grandes puissances et la montée des idées écologiques obligent les gouvernements et les industriels à réduire la production de plutonium et à l'utiliser autrement. On recycle déjà une partie de celui-ci, en l'incluant dans le combustible MOX qui alimente certaines centrales REP. Cela permet de réduire la production globale de plutonium et de réduire d'environ 30 % la consommation en uranium de ces réacteurs, sans pour autant résoudre totalement le problème.

Les réacteurs à neutrons rapides fonctionnent avec un carburant qui n'est pas à base d'uranium, comme dans les centrales nucléaires actuelles, mais de plutonium. Les « surgénérateurs » sont des réacteurs à neutrons rapides (RNR) qui doivent leur nom au fait qu'ils produisent plus de plutonium qu'ils n'en consomment (principe de la surgénération), tout en consommant seulement un tout petit peu d'uranium 235.

Un réacteur à neutrons rapides RNR produit 50 fois plus d'électricité avec la même quantité d'uranium que ne le font les centrales REP actuelles. Les RNR pourraient ainsi permettre de prolonger de plusieurs siècles les réserves d'uranium disponibles. Les RNR peuvent et doivent aujourd'hui être modifiés pour donner naissance à une nouvelle catégorie de RNR fonctionnant en « sous-générateurs » ou « incinérateurs à plutonium » plus écologiques, produisant moins de plutonium qu'ils n'en consomment. Pour limiter le volume des déchets nucléaires, ce sont les « incinérateurs à plutonium » qu'il faut évidemment développer et non les « surgénérateurs ».

Ceux-ci possèdent alors au moins trois avantages par rapport aux réacteurs actuels :

1° Ils sont 50 fois plus économes en uranium.

2° Ils consomment du plutonium sans en produire

(permettant ainsi d'employer à des fins pacifiques, pour fabriquer de l'électricité domestique, le plutonium initialement fabriqué et accumulé pendant des années en vue de faire des bombes atomiques).

3° Ils ont un meilleur rendement énergétique permettant de produire davantage d'électricité avec la même quantité de chaleur. Cet avantage résulte d'une élévation de la température du circuit primaire. Il y a cependant une contrepartie : les RNR sont généralement refroidis par du sodium liquide, dont les propriétés calorifiques sont meilleures que celles de l'eau. Mais le sodium peut réagir de manière explosive en présence d'eau (précisons qu'il s'agit ici d'explosion chimique et non d'explosion nucléaire), ce qui soulève des difficultés techniques nouvelles (parfaitement solubles) sur le plan de la sécurité et de la configuration du réacteur. Ces réacteurs en sont actuellement au stade de prototype. Ils fonctionnent parfaitement, et peuvent produire de fortes puissances (1000 MW à Creys-Malville), mais leur prix de revient au kilowatt-heure reste encore plus élevé que celui des REP, parce qu'il s'agit pour l'instant de prototypes dont les premiers exemplaires reviennent toujours plus cher qu'en série.

> Les RNR utilisés comme « incinérateurs à plutonium » possèdent des avantages évidents, qui seront effectifs lorsque toutes les questions techniques relatives à leur exploitation et à leur sûreté auront été résolues.

Sept prototypes de RNR fonctionnent déjà dans le monde : 2 en France (Phénix, 300 MW et Superphénix, 1000 MW, à Creys-Malville), 1 au Japon, 1 en Russie, 1 au Kazakhstan, 1 aux États-Unis, 1 en Inde et 1 au Royaume-Uni. Nous disposons de plusieurs décennies devant nous avant de devoir envisager un éventuel développement massif de la filière des RNR en remplacement des réacteurs REP. On peut toutefois prévoir dès maintenant que les RNR se développeront en principe autour des années

2020, lorsque les réacteurs en fonctionnement aujourd'hui arriveront en fin de vie. Il nous faut donc mettre à profit ce laps de temps pour perfectionner les performances techniques et la sûreté de ceux-ci. La France est en pointe dans la technologie des RNR comme dans celle des REP. Les RNR permettront ainsi, si aucune autre solution n'est développée d'ici quelques années, de prolonger les réserves d'uranium pendant plusieurs siècles : mais que ferons-nous ensuite?

> La source d'énergie idéale, inépuisable et non polluante existe déjà sur le papier, mais elle n'est pas encore au point technologiquement, ni rentable industriellement : c'est l'énergie de fusion thermonucléaire qui consiste à récupérer l'énergie énorme (bien plus grande que l'énergie de fission) libérée lorsque deux petits atomes se réunissent pour en former un seul plus gros.

Les centrales à fusion promettent d'être plus sûres, plus propres et plus inoffensives pour l'environnement que les centrales à combustible fossile, et même que les centrales nucléaires à fission[86]. D'énormes installations, telles que le Tokamak en Grande-Bretagne, ont été construites pour tenter de provoquer de manière contrôlée la fusion d'atomes d'hydrogène, mais il reste encore beaucoup de progrès technologiques à effectuer (sans doute pendant une quarantaine d'années au moins) avant de maîtriser correctement cette énergie qui est déjà utilisée, mais de manière explosive et incontrôlée, dans les « bombes H » ou « bombes à hydrogène » des militaires. Malgré les difficultés rencontrées dans sa domestication, les recherches sur la fusion nucléaire se poursuivent car celle-ci est plus intéressante à bien des points de vue que la fission actuelle :

---

86. AIEA, brochure *Coup d'œil sur l'AIEA*, division de l'information, février 1993.

— Une même masse de matière première produit beaucoup plus d'énergie par fusion que par fission. Conséquence heureuse : moins de combustible et moins de déchets en perspective (en masse), à puissance égale.

— Les déchets générés par la fusion ne sont que de tout petits atomes, moins abondants (en masse), mais aussi moins variés, moins radioactifs, moins toxiques, à plus courte durée de vie et donc moins dangereux et probablement (cela reste à confirmer) plus simples à retraiter que les déchets (déjà relativement peu volumineux) provenant de la fission de l'uranium.

— Enfin, la fusion maîtrisée devrait permettre à l'avenir de libérer d'immenses quantités d'énergie à partir d'une matière première presque illimitée : l'hydrogène de l'eau. L'eau contenue dans une seule piscine contiendrait alors suffisamment d'hydrogène pour alimenter en énergie une ville comme New York, Tokyo ou Paris pendant des années. Le problème de la disponibilité de la matière première énergétique sera ainsi définitivement résolu.

> La fusion nucléaire apparaît donc comme la réponse potentiellement idéale à tous points de vue aux problèmes énergétiques et écologiques actuels. Presque totalement propre, quasiment illimitée, il s'agit sans aucun doute d'une énergie très prometteuse pour l'avenir, à condition que nous parvenions à la domestiquer.

Mais surgira alors un autre obstacle : avec une source d'énergie presque gratuite et non polluante, nous risquerions d'augmenter inconsidérément notre consommation d'énergie, ce qui aurait pour effet de réchauffer progressivement la planète ! Nous devrons donc toujours rester prudents face aux nouvelles technologies, dont nous devons explorer et exploiter les bienfaits tout en réduisant en permanence les risques qui pourraient en découler, veillant en particulier à ne pas modifier les grands équilibres naturels (dont l'équilibre thermique de la planète fait partie) ceci afin de ne pas compromettre la vie sur terre, mais au contraire de la faciliter et de la rendre meilleure. Nous pourrions cependant consommer, sans inconvénient, nettement plus que nous ne le faisons actuellement : dans le monde, en 1993, l'énergie produite artificiellement par l'homme représente moins que le millionième de la quantité totale d'énergie reçue par la terre sous forme de lumière solaire[87]. Le soleil étant la principale source de chaleur sur notre planète, la quantité totale d'énergie artificielle ne devrait en aucun cas approcher ou dépasser un ordre de grandeur de un pour mille de l'énergie naturellement reçue du soleil pendant la même durée, sous peine de réchauffer notablement la planète. La marge de manœuvre à ce sujet est toutefois suffisante pour l'instant : nous pouvons probablement encore multiplier par un facteur de l'ordre de dix ou cent la production mondiale d'énergie artificielle avant que ce problème ne commence à se poser, ce qui pourrait cependant arriver un jour si la consommation mondiale d'énergie continue à augmenter.

En résumé, les économies d'énergie, l'optimisation des réacteurs REP actuels, l'utilisation de combustibles MOX, le développement partout où cela est possible des énergies alternatives, puis, éventuellement, le développement de la filière des réacteurs à neutrons rapides RNR sous forme de « sous-générateurs » ou « incinérateurs à plutonium » (lorsque ceux-ci seront bien au point), devraient permettre de continuer à améliorer les conditions de vie sur terre en respectant l'environnement, en attendant l'énergie idéale qui sera très probablement, d'ici un siècle environ, la fusion nucléaire.

La fusion froide, une énergie d'avenir ?

Les réactions de fusion nucléaire dégagent une énergie considérable lorsque deux petits atomes s'unis-

87. La puissance lumineuse reçue par la terre à chaque instant est de 10^{16} watts environ.

sent pour en former un plus gros. La seule manière connue jusqu'à présent pour libérer cette énergie consiste à « chauffer » les atomes à très haute température (de l'ordre du million de degrés Celsius) comme au cœur des étoiles et du soleil, pour déclencher la fusion des noyaux atomiques. Il est évidemment très difficile de maintenir une température aussi élevée en permanence dans un réacteur et même en laboratoire, puisque tous les métaux ordinaires, y compris l'acier, fondent à 1000 °C environ.

Le principe de la fusion froide est qu'il existerait peut-être un ou plusieurs autres moyens d'initier des réactions de fusion qu'en élevant la température des atomes. Dans un autre domaine, dans l'atmosphère, une température de plusieurs centaines de degrés (la flamme d'une allumette par exemple) est nécessaire pour initier la réaction de combustion chimique Carbone (C) + oxygène (O_2) → oxyde de carbone (CO_2) qui libère alors de l'énergie (le feu de cheminée qui réchauffe votre maison). Pourtant, dans notre organisme, grâce à certaines enzymes, la même réaction se déroule à 37 °C, sans qu'il y ait besoin de flamme d'allumette, en libérant la même énergie.

Toute l'astuce de la fusion froide consisterait à chercher un « raccourci » permettant de provoquer la fusion d'atomes à température ambiante. Plusieurs équipes de chercheurs travaillent en France sur cette approche qui me paraît extrêmement intéressante pour l'avenir. En effet, il n'y a aucune impossibilité théorique à ce que l'on puisse déclencher la réaction à basse température. Le tout est de savoir si c'est possible ou non et comment. En faisant passer un courant électrique dans de l'eau ordinaire ou de l'eau lourde entre des électrodes bien choisies (nickel ou palladium), il semble qu'on obtienne ainsi dans certaines conditions un dégagement d'énergie « à froid » (température ambiante) et d'une manière douce (énergie relachée progressivement sur plusieurs semaines ou plusieurs mois et non de manière explosive). La quantité d'énergie ainsi libérée et mesurée est de l'ordre de 1000 fois plus d'énergie par unité de masse que l'énergie chimique (celle de l'essence par exemple) et ne peut donc pas s'expliquer par des réactions chimiques classiques. Il s'agit donc vraisemblablement de réactions nucléaires ou de « sauts d'énergie » des électrons encore inexpliqués. Si un dégagement de chaleur semble bel et bien observé par plusieurs équipes, on connaît encore très mal les mécanismes de ces réactions et il resterait de toute manière probablement des années de travail avant d'envisager d'éventuelles applications industrielles. La piste de la « fusion froide » mériterait qu'on y consacre davantage d'efforts de recherche car, si elle se confirme, elle représente probablement la solution aux problèmes énergétiques de la planète. Si cette énergie pouvait être maîtrisée, il s'agirait d'un des bonds en avant les plus fantastiques de l'humanité : une énergie plus propre que les précédentes, peu onéreuse, peu polluante, pacifique (non-explosive), disponible partout en abondance.

L'énergie, qui aujourd'hui est relativement chère et dont la quantité disponible est limitée, deviendrait alors abondante et quasi gratuite pour tous, même pour les pays les plus pauvres...

CHAPITRE 11

Non à la guerre nucléaire : arrêt définitif des expérimentations nucléaires militaires afin de mettre la puissance de l'atome au service de la vie et de la paix dans le monde

Ne courez pas après la mort par les égarements de votre vie, n'attirez pas sur vous la ruine par les œuvres de vos mains.

Le Livre de la Sagesse (Ancien Testament), 1, 12.

Hiroshima, 1945 : des milliers de victimes civiles innocentes irradiées, mortes, pour la plupart, sur le coup et dans les semaines qui ont suivi l'accident. Plus jamais ça! L'arme atomique, secrètement préparée aux États-Unis depuis plusieurs années, fit ainsi brutalement son apparition dans l'histoire de l'humanité, nouvelle forme d'expression de la barbarie humaine qui ne manque décidément pas d'imagination. Aujourd'hui, l'humanité continue à être déchirée par des conflits ethniques comme on l'a encore vu récemment au Liban, en Yougoslavie, au Rwanda, en Asie, en Russie. Qu'est donc devenue la sagesse humaine? Même les animaux, qui ne tuent intentionnellement que pour manger, évitent de s'entre-déchirer à l'intérieur d'une même espèce. L'homme fait mieux : il tue au nom d'une idéologie, pour des convictions, pour le plaisir. Peut-être un jour, bientôt, serons-nous aussi sages que les animaux. Nous pourrons alors de nouveau être vraiment fiers et dignes d'être des hommes. La prolifération nucléaire, que nous devons limiter au maximum mais qui est, à terme, inéluctable va, je pense, nous obliger à choisir entre la persistance de nos attitudes barbares, qui conduirait à l'holocauste, et une attitude enfin plus fraternelle. Plus le temps passe, moins les problèmes pourront être réglés, comme c'était le cas auparavant, par la violence, l'intimidation et les conflits.

Hiroshima, malgré le côté dramatique de l'événement historique, présenta cependant, il faut bien le reconnaître, l'avantage de mettre fin à la sanglante guerre du Pacifique, qui, si elle avait été poursuivie, aurait probablement fait bien davantage de victimes que n'en a fait l'explosion elle-même. D'autre part, aucun pays n'a, depuis, osé se servir à nouveau de l'arme nucléaire contre une autre nation dans le but d'en obtenir un quelconque avantage. Souhaitons que cela continue, car un seul sous-marin nucléaire russe, américain ou français porte une charge nucléaire qui équivaut à plusieurs centaines de fois le potentiel de destruction d'Hiroshima. Plusieurs centaines de tels sous-marins nucléaires patrouillent encore en mer aujourd'hui. On ne peut donc qu'espérer que ce genre d'arsenal ne soit jamais utilisé! Après la guerre froide et l'effrayante « course en avant », à laquelle nous avons assisté, vers un potentiel de destruction nucléaire toujours plus grand détenu par les super-puissances, la tendance actuelle à la réduction des armements nucléaires paraît plus raisonnable. Il convient d'ailleurs de réduire non seulement le nombre des armes nucléaires, mais aussi des armes chimiques et bactériologiques qui sont tout aussi meurtrières (si ce n'est plus) et dont des stocks absurdement gigantesques ont aussi été accumulés, notamment par les Russes.

Un nombre croissant de pays étant en possession de l'arme nucléaire, dont le principe de fabrication est du reste assez simple[88], il est de plus en plus indispensable de tout mettre en œuvre pour diminuer la probabilité d'un conflit nucléaire dont les conséquences pourraient être catastrophiques. C'est l'objectif du Traité de non prolifération nucléaire (T.N.P.), signé jusqu'à présent par plus de 178 pays dans le monde[89]. Selon les termes de ce traité, les pays signataires détenteurs de la technologie nucléaire acceptent de favoriser les transferts de technologie nucléaire à usage civil en faveur des pays non détenteurs de cette technologie et signataires du traité, à condition que ceux-ci s'interdisent toute utilisation militaire de ce savoir-faire et que leurs installations nucléaires puissent être régulièrement inspectées par des experts internationaux pour vérifier que cet engagement est respecté. La non prolifération est plus que jamais une nécessité. En effet, les risques du nucléaire militaire viennent aujourd'hui davantage de la multiplication du nombre de pays détenteurs de l'arme nucléaire que d'un hypothétique affrontement meurtrier entre deux super-puissances.

Si l'électricité nucléaire est par définition au service de la vie et des populations, moyennant des risques minimes et des déchets en principe confinés, il n'en va pas de même des utilisations militaires de l'atome, dont le but premier est de détruire et de tuer (ou, au mieux, de terroriser sans tuer – principe de la dissuasion – ce qui est moins dangereux, mais pas très positif non plus).

Le seul avantage de l'atome militaire est préventif et probablement conjoncturel : il est vrai que, en pratique, les pays détenteurs de l'arme nucléaire n'ont

---

88. Pour fabriquer une bombe atomique, il suffit de disposer d'une dizaine de kilos de plutonium 239 ou d'uranium 235 presque purs (dont la purification est difficile à obtenir et demande des installations industrielles très spécialisées, à moins d'acheter directement ces matières purifiées auprès de ceux qui en disposent). L'assemblage et le déclenchement de la bombe au moyen de détonateurs parfaitement synchronisés n'est ensuite qu'un jeu d'enfant pour un esprit un peu bricoleur.

89. AIEA, mars 1994.

plus connu de guerre sur leur propre territoire depuis que l'arme atomique existe. Mais s'agit-il pour autant d'une solution à long terme pour rétablir la paix entre les peuples? La paix sera-t-elle totale lorsque tous les pays possèderont ces armes dévastatrices? Je n'en suis pas si sûr. Qu'adviendra-t-il lorsque des dictateurs, tels que nous en avons déjà connu plusieurs en moins d'un siècle, auront la bombe atomique en leur possession? (Kadhafi, Saddam Hussein, ou Hitler, ce dernier n'ayant, heureusement, pas compris l'importance stratégique des expériences atomiques qui étaient déjà très avancées en Allemagne en 1942).

Peut-on imaginer une famille dont le père et la mère se menaceraient de destruction réciproque si l'autre faisait un pas de travers ou tentait de divorcer? Ce ne serait pas le meilleur moyen pour créer une ambiance harmonieuse au sein d'une famille!

Il me semble qu'il en va de même au niveau international : je ne crois pas qu'on puisse développer des relations harmonieuses entre les peuples en se menaçant de destruction réciproque. L'accumulation d'armes et de menaces ne peut qu'accroître les sentiments de haine, de rejet, de suspicion et la paranoïa, en renforçant les pulsions d'agressivité de part et d'autre, même si personne n'ose attaquer le premier.

C'est bien d'ailleurs ce que l'on a pu observer lors de la guerre froide : chaque pas vers l'escalade entraîne une nouvelle montée en puissance de l'adversaire, le phénomène inverse étant vrai également : chaque signe de calme et de détente amène automatiquement des concessions de la part de l'adversaire. Il nous faut donc trouver, petit à petit (les changements trop brusques dans ces domaines ne sont jamais bons), des moyens de calmer le jeu et de maintenir l'ordre mondial sans avoir recours à la violence. Plutôt que de se menacer de destruction, il nous faut trouver des moyens de cohabiter pacifiquement, en bonne entente, sur notre belle mais petite planète.

De plus en plus, dans tous les domaines (économie, écologie, culture, musique...), les phénomènes se mondialisent. Là où l'on agissait autrefois en fonction de critères individuels, ou nationaux, le développement des moyens de communication modernes nous oblige à penser et agir de manière planétaire. Les questions de défense ne font pas exception à cette règle : il n'y a pour s'en convaincre qu'à voir l'importance croissante des organisations internationales et de l'ONU en particulier dans des conflits tels que la guerre du Golfe, les luttes ethniques en Yougoslavie et au Rwanda.

Aucun pays développé ne peut plus aujourd'hui se permettre d'engager son armée dans une bataille sur une terre étrangère, serait-ce pour une intervention humanitaire, sans obtenir auparavant un consensus international sur les mesures à prendre. Cette évolution me paraît bonne, car elle diminue les risques d'être entraîné dans un conflit et améliore la communication entre les peuples. Cependant, l'utilisation des armements nucléaires semble curieusement faire exception à cette règle de « mondialisation » et reste un privilège réservé aux grandes puissances, sans qu'il y ait de concertation et de consensus à ce sujet. Le petit club des cinq pays détenteurs de l'arme nucléaire défend son pouvoir (États-Unis, ex-URSS, Chine, France, Royaume-Uni). Cela se comprend, mais ce comportement n'est pas logique et ne pourra d'ailleurs pas se maintenir à long terme :

> Le processus de décision d'utilisation d'une arme nucléaire ne devrait pas être réservé aux dirigeants de tel ou tel pays, mais devrait faire l'objet d'une concertation internationale car, plus encore que pour un conflit classique, les enjeux, à la fois nationaux et planétaires, sont bien plus importants. Une décision aussi lourde de conséquences que celle d'une nouvelle utilisation de l'arme nucléaire dans un conflit

devrait être prise non seulement par le ou les gouvernement(s) concerné(s), mais aussi avec un consensus international, c'est-à-dire avec l'accord des autres dirigeants et/ou d'une organisation internationale regroupant un « comité des sages de la planète », l'ONU étant sans doute l'organisme le plus à même de tenir ce rôle actuellement.

Il est nécessaire de poursuivre la réduction massive et rapide des stocks d'armes nucléaires, ainsi que bactériologiques et chimiques : il est évidemment absurde, sous prétexte de protection, d'accumuler des stocks d'armes capables de détruire plusieurs fois la planète. La suppression totale et trop rapide de la dissuasion nucléaire dans un monde rempli de tensions et d'hostilités risquerait cependant de faire resurgir des guerres féodales. Afin d'éviter un tel retour en arrière vers la cruauté et le déchirement des peuples entre eux, il convient, à mon avis, de maintenir pour l'instant une force de dissuasion nucléaire au niveau international. Toutefois le contrôle de cette force devrait être assuré par un organisme international, soit parmi ceux qui existent (je pense en particulier à l'ONU), soit par un organisme à créer. La décision éventuelle d'utiliser ces armes serait prise par cet organisme après mûre réflexion, sur la demande de peuples persécutés, et serait mise en œuvre (mais peut-on et doit-on humainement envisager une telle éventualité?) par ceux qui détiennent actuellement la maîtrise technologique[90]. À défaut d'organisme centralisant le pouvoir d'intervenir (ce qui peut aussi présenter des risques de dérapages par abus de pouvoirs, ou au contraire d'inerties et de lourdeurs administratives rendant toute action et prise de décision impossibles), il pourrait y avoir un processus de concertation

---

90. Mode de fonctionnement très similaire à celui de l'ONU actuellement : l'ONU n'a pas d'armée, mais peut faire appel aux troupes de ses pays membres en cas de besoin.

entre les principaux pays mondiaux avant toute intervention. C'est déjà le cas tacitement aujourd'hui : les États-Unis ou la France ne prendraient jamais le risque de procéder à une attaque nucléaire, même défensive, sans en avoir parlé auparavant avec les principaux dirigeants mondiaux.

> Avec un tel système de concertation, les pays détenteurs de l'arme atomique seraient ainsi véritablement les garants de la paix et de l'ordre mondial (ce qu'ils sont déjà, de fait). Au lieu de se placer dans une situation égoïste de domination de la planète (qui n'est pas viable à long terme et favorise la prolifération nucléaire, car les pays non-détenteurs de l'arme atomique ne veulent pas se laisser faire et sont tentés d'y accéder), les pays les plus avancés seraient ainsi complètement au service de la communauté internationale.
> Le principe actuel de la « dissuasion par menace de riposte totale et instantanée » n'a alors plus de raison d'être : en effet, aucun pays ne pourrait disposer de l'arme nucléaire en fonction de ses intérêts égoïstes, et les risques de déclenchement intempestif d'une guerre nucléaire seraient ainsi évités (ce qui a failli arriver à plusieurs reprises lors de la guerre froide, notamment au moment de la crise des missiles de Cuba en 1962). Le nucléaire militaire deviendrait ainsi (peut-être? c'est en tout cas le but recherché) un outil au service de la paix et de la solidarité entre les peuples, un garant de la paix mondiale, au lieu d'être un instrument de terreur et de destruction.

Si, dans une famille, chaque enfant et chaque parent est armé d'un fouet et d'un martinet, et que l'esprit de chacun consiste à s'en servir à la moindre contrariété, l'ambiance familiale a de fortes chances de dégénérer rapidement en de sanglantes luttes fratricides. Si par contre, dans cette même famille, il n'y a qu'un martinet dont on fait un symbole de la paix et non une arme, et qu'il soit obligatoire d'en discuter et d'obtenir l'accord de la majorité avant d'envisager de s'en servir, alors l'ambiance familiale sera bien meilleure, et l'on n'aura probablement jamais à s'en servir. Il devrait en aller de même pour l'arme nucléaire dans notre monde moderne : la décision d'utiliser une telle arme ne devrait être envisagée que dans des circonstances exceptionnelles, de manière ponctuelle ne visant jamais les populations civiles et avec l'accord de la plupart des pays (ce qui limite d'autant la probabilité de son utilisation). L'effet de dissuasion existerait toujours, car si un dictateur s'avisait d'aller trop loin et de violer ouvertement les règles internationales et les droits de l'homme, il encourrait la désapprobation générale et l'arme atomique pourrait éventuellement, avec l'accord de la majorité des autres pays, être utilisée contre lui (utilisation ciblée contre le dictateur et ses installations militaires, car il serait évidemment hors de question de bombarder des populations civiles). Cela devrait suffire à refroidir les ardeurs de tyrans qui envisageraient de conquérir militairement de nouveaux territoires (*cf.* Saddam Hussein). L'effet dissuasif jouerait et, en même temps, l'utilisation de l'arme atomique serait d'autant moins probable et forcément très limitée géographiquement (ce qui constitue un progrès par rapport au risque de faire sauter la planète entière que nous avons connu dans le passé avec la politique du « tout ou rien » concernant l'utilisation de la force nucléaire[91]). Ceci sous-entend qu'il faut changer le

---

91. Malheureusement une telle stratégie risque aussi d'augmenter la probabilité d'utilisation, ce qui n'est pas forcément souhaitable. Hélas, aucune solution n'est parfaite et, en fin de compte, on en revient toujours à la fameuse phrase de Rabelais écrite dès le XVIe siècle : « Science sans conscience n'est que ruine de l'âme. » Tout est dans la sagesse humaine. Je suis, personnellement, optimiste et pense que l'humanité (et plus généralement la nature) tire toujours les enseignements de ses erreurs, mais doit-on jouer avec la philosophie lorsqu'il s'agit de risques de conflits majeurs? Mieux vaudrait faire en sorte qu'il n'y ait plus de conflit. Pour cela : communiquons, échangeons nos points de vue et prenons conscience que nous vivons tous sur la

principe du « tout ou rien » dans l'utilisation éventuelle de l'arme nucléaire (principe militaire impliquant une riposte totale et dévastatrice pour l'ennemi en cas d'attaque d'un pays nucléarisé), vers une stratégie de riposte « ciblée, limitée et graduée ».

Le bénéfice de la dissuasion s'étendrait du même coup automatiquement à l'ensemble de la planète. En effet, il n'est pas juste que seules les grandes puissances bénéficient de la dissuasion, tandis que les pays plus démunis continuent à être le champ de luttes armées. La force, les armes et l'atome seraient ainsi réellement et définitivement au service de la paix et non de la guerre. Une telle force de dissuasion internationale pourrait se contenter d'un arsenal nucléaire minime par rapport aux stocks d'armes actuels. Les sommes d'argent énormes qui sont actuellement dépensées pour permettre à différents pays d'accéder à la suprématie nucléaire pourraient ainsi être mieux utilisées, par exemple dans l'aménagement des zones urbaines ou dans la lutte contre le problème de la surpopulation, du déboisement, de la pollution ou de la famine. Nous ne vivons plus dans un monde d'intimidation et de compétition, mais déjà dans un monde d'échanges, de communication et d'entraide, et ce phénomène ne fera que s'accentuer à l'avenir, à mesure que nous prenons conscience que nous sommes tous embarqués sur un même vaisseau, la terre, et que sur cette embarcation le destin de tous les peuples est lié, l'un ne pouvant pas construire son bonheur au détriment des autres. Nous n'avons pas d'autre choix que de travailler positivement et tous ensemble.

---

même planète qui survivra à toutes nos théories. C'est la nature et la vie que nous devons protéger. La défense de nos intérêts, fussent-ils personnels, nationaux ou idéologiques, paraît parfois plus importante dans l'immédiat, mais n'est que peu de choses par rapport aux enjeux à long terme.

La guerre du Golfe puis le conflit en Yougoslavie a montré que, dans notre monde de communication, les grandes décisions militaires ne peuvent être prises qu'en coopération entre les principaux pays mondiaux (regroupés au sein d'organismes internationaux tels que l'Organisation des Nations unies), à plus forte raison pour une décision aussi grave que celle d'utiliser le nucléaire militaire. Imagine-t-on une puissance nucléaire déclenchant un holocauste, fût-ce pour se protéger, sans avoir obtenu auparavant le « feu vert » des principaux dirigeants? C'est impossible : un pays qui prendrait aujourd'hui la décision d'utiliser l'arme nucléaire seul et sans concertation se mettrait d'office au ban des nations, et porterait ensuite pendant des siècles le poids d'une culpabilité et d'une réprobation morale internationale. Le processus de concertation avant toute intervention militaire majeure est donc rendu obligatoire dans un monde communiquant (souhaitons qu'il le reste) : les puissances nucléaires ne font donc aucune concession autre que symbolique en promettant de soumettre leur décision d'utiliser l'arme nucléaire aux principaux dirigeants de la communauté internationale.

> La réduction et le passage sous contrôle international des armements nucléaires sont inéluctables à moyen terme. Je propose que les puissances nucléaires jouent un rôle actif dans ce processus important, en s'engageant immédiatement et unilatéralement à ne pas utiliser leur armement stratégique sans avoir obtenu auparavant le « feu vert » de l'ONU (et/ou d'instances européennes en ce qui concerne la France, qui participerait ainsi à la construction d'une défense européenne). Je suis certain que lorsqu'un des principaux pays détenteurs d'armes nucléaires soumettra l'utilisation de sa « force de frappe » nucléaire au feu vert d'une instance supranationale, il y aura en faveur de ce pays un courant de sympathie international qui restaurera des rapports de confiance,

plutôt que des rapports de force, entre les pays nucléarisés et ceux qui ne le sont pas. Les autres pays nucléarisés devront alors suivre, sous peine de se trouver rapidement marginalisés, à l'écart du concert des nations. Du même coup, cela limiterait énormément les risques liés à la prolifération nucléaire : un nouveau pays ayant des ambitions de puissance nucléaire n'aurait aucun intérêt à dépenser son argent pour mettre au point une arme qu'il n'aurait pas le droit d'utiliser sans l'autorisation de partenaires.

Et si, malgré tout, un tel pays s'avisait de construire de telles armes et d'utiliser celles-ci pour conquérir ses voisins, tous les autres se trouveraient automatiquement ligués contre lui. L'intérêt des pays qui actuellement n'ont pas l'arme nucléaire ne serait plus de l'avoir, car ils n'auraient plus de raison de craindre leur voisin. Tous les pays seraient d'office couverts par ce nouveau parapluie atomique moins menaçant et à vocation mondiale et ils ne pourraient de toute manière pas se servir de l'arme, qu'ils auraient secrètement développée, sans courir de très gros risques.

Une telle stratégie militaire constituerait une étape intermédiaire vers un processus de paix totale, car il est évident que :

À long terme, la véritable solution se situe à un autre niveau : nous devons réapprendre à coexister, à travailler ensemble et à vivre en harmonie. Ce sont les mentalités et la façon dont nous concevons les relations humaines qui doivent changer : au lieu de nous menacer les uns les autres, nous devons nous protéger les uns les autres. Au lieu de vouloir conquérir la terre et exploiter la nature pour nos intérêts égoïstes, nous devons d'abord apprendre à être heureux et à mettre notre vie au service de la nature, de l'environnement et de notre prochain. Ce qui était la guerre et l'enfer de la civilisation moderne se rapprocherait alors assez rapidement de ce paradis et du climat de paix et de confiance que nous recherchons tous.

Ce changement, chacun d'entre nous peut et doit y participer à sa manière, à son niveau. La confiance, l'amitié entre les hommes et entre les peuples, et le fait de travailler tous ensemble pour le mieux-être collectif, dans le respect mutuel : croire en de telles valeurs peut paraître naïf dans un monde où la compétition anime les esprits et où la violence est encore quotidienne, mais je suis convaincu que ces valeurs seront un jour d'actualité, peut-être plus rapidement que nous ne le croyons. Ayons de l'imagination pour construire un avenir meilleur. Je ne crois pas qu'une telle métamorphose soit utopique : elle est obligatoire, nous n'avons guère le choix. La conjonction du développement extraordinaire des moyens de communication modernes et de l'énorme puissance de l'atome (potentiellement destructrice ou constructrice selon l'usage que nous en faisons) est en train et va continuer à obliger les peuples à se mettre d'accord entre eux et à coexister harmonieusement.

Aucun pays ne devrait avoir le pouvoir de déclencher seul un holocauste. Notre civilisation vit aujourd'hui une période de mutation rapide dans tous les domaines y compris le domaine militaire. Personne n'aurait imaginé, il y a seulement dix ans, la possibilité d'interventions militaires à but humanitaire sous la direction des Nations unies, comme ce fut le cas en Somalie puis en Bosnie et au Rwanda. Nous sommes tous des hommes, et nous habitons tous la même planète, qui est plus petite et fragile que nous ne le croyons.

Au lieu d'être un instrument de conquête et de destruction comme autrefois, l'armée retrouve aujourd'hui, petit à petit et au niveau international, sa véritable mission, qui consiste à être au service de la vie et des populations pour les protéger. C'est dans cet esprit que le concept d'armes nucléaires doit évoluer, en continuant à réduire leur nombre, en rendant définitif le moratoire interdisant les essais d'explosions nucléaires (aussi bien aériennes que souterraines), et en rendant plus difficile le déclenchement d'un conflit nucléaire, en exigeant un « feu vert » et un consensus international avant toute utilisation militaire de l'énergie nucléaire. En attendant le jour où l'humanité, ayant réappris la fraternité, aura compris l'inutilité de toute forme de conflit.

Le meilleur moyen pour interrompre la spirale de la prolifération des armes nucléaires consiste à arrêter immédiatement la production de ces armes et toutes les recherches dans le monde sur leur mise au point, et à ce que les pays qui les possèdent s'engagent à ne pas les utiliser pour leurs intérêts nationaux égoïstes, qu'ils en réduisent le nombre et la puissance, et qu'ils s'engagent à les mettre au service de la collectivité internationale, dans l'intérêt général.

Le progrès, la joie, la vie sont incompatibles avec une ambiance conflictuelle où tout est régi par des rapports de force. Le véritable épanouissement de l'humanité ne peut être envisagé qu'à condition que règnent la paix, l'harmonie et la confiance entre les nations et, plus généralement, entre les groupes humains et à l'intérieur des groupes humains.

CHAPITRE 12

Une solution écologique aux problèmes de transport : les véhicules électriques

Tout ce qui est selon la nature est digne d'estime.

Cicéron.

Gaz toxiques, échappements pestilentiels, stress du transport, réveils nocturnes occasionnés par les bruits de circulation, plusieurs heures par jour perdues en embouteillages, tel est le lot quotidien des citadins à la fin du XXe siècle. Fruits du progrès et utiles à bien des points de vue, les transports individuels et collectifs ont devenus simultanément de véritables nuisances, en étant la source de bruits et de pollutions urbaines qui intoxiquent nos poumons et ceux de nos enfants et qui salissent les façades des monuments historiques et des maisons. Si seulement nous pouvions rouler en silence dans des véhicules propres et discrets n'émettant aucun gaz d'échappement! Nous aurions tous les avantages des transports modernes, avec moins d'inconvénients (resteraient quand même le stress et le temps passé en transports). Rêve ou illusion? Il s'agit seulement d'une prédiction à peine futuriste : le véhicule propre existe déjà, et il commence à faire son apparition dans les rues : c'est le véhicule électrique. Il ne fait aucun bruit, sauf un très léger chuintement et il n'émet aucun gaz d'échappement toxique, et pour cause : un véhicule électrique n'a pas de pot d'échappement.

Les transports collectifs tels que le train, les tramways, le métro, certains bus, fonctionnent déjà à l'électricité, qui est certainement l'énergie la plus propre qu'on puisse consommer : pas de bruit, un moteur minuscule, récupération de l'énergie de freinage et aucun rejet de substances chimiques dans l'environnement. On voit d'ailleurs de plus en plus apparaître aujourd'hui de petits véhicules électriques silencieux, tels que des porte-palettes dans les usines, qui contribuent à une meilleure gestion des stocks dans les entrepôts. Dans les villes, il ne fait pas de doute que les véhicules automobiles seront bientôt électriques. Probablement même, dans quelques années, réglementera-t-on, dans un premier temps, puis interdira-t-on complètement dans les villes la circulation des véhicules à moteur à explosion qui ne seront plus utilisés qu'à la campagne en attendant, quelques années plus tard, de les abandonner définitivement? L'atmosphère des cités et de nos villages redeviendra ainsi respirable et l'on y entendra à nouveau le chant des oiseaux. Un kilomètre de consommation d'un véhicule automobile électrique coûte environ 15 centimes d'électricité, contre 30 à 40 centimes de carburant pour le même véhicule fonctionnant à l'essence.

Le prix de revient de la consommation kilométrique d'un véhicule électrique est dès aujourd'hui environ deux fois moins cher que celui d'un véhicule à essence[92].

92. Un véhicule électrique coûte déjà aujourd'hui bien moins cher à la consommation qu'un véhicule à essence ou au gasoil, mais il convient de remarquer que cette différence de prix est en grande partie due au fait que les carburants sont beaucoup plus taxés que l'électricité : la TVA sur l'électricité est de 20 % (du prix hors taxes) alors que les taxes sur les carburants automobiles sont de l'ordre de 75 % (calculées sur le prix de vente, ce qui correspond à 300 % du prix hors taxes).

Et, selon la manière dont on fabrique l'électricité (de préférence nucléaire ou hydraulique), elle est également une énergie particulièrement propre et discrète au niveau de sa fabrication (bien plus propre en tout cas que les raffineries de produits pétroliers actuellement utilisés comme carburants pour les transports). L'électricité est de plus une énergie souple qui peut être transportée instantanément, grâce aux lignes à haute tension, sur de longues distances, sans risques de marées noires ou d'explosion de camions citernes lors de la traversée des villes.

Autre avantage, les véhicules électriques, qu'il s'agisse de trains ou de voitures, récupèrent l'énergie de freinage qui est perdue sur des véhicules à essence. En ce sens, l'électricité est donc une énergie qui gaspille moins que l'essence : on peut freiner, puis accélérer, puis freiner, puis accélérer, puis freiner, et presque toute l'énergie est récupérée.

Les seuls obstacles qui limitent encore le développement des voitures électriques aujourd'hui sont le poids et l'autonomie des batteries[93]. Mais comme les performances des batteries ne peuvent que progresser, il est très probable que le véhicule électrique est le véhicule du futur : en raison de ses avantages techniques, économiques et écologiques, il ne pourra que se répandre de plus en plus.

En fabriquant une électricité propre et peu coûteuse, la fission nucléaire puis, bientôt, la fusion nucléaire (encore plus propre et plus abondante) participeront ainsi à résoudre à l'aube du XXIe siècle le problème cru-

93. Les batteries actuelles au plomb sont particulièrement toxiques pour l'environnement. Mais de nouvelles batteries (par exemple au nickel-cadmium) et systèmes de stockage de l'énergie existent déjà et ce domaine est en pleine évolution. Je suis donc optimiste et convaincu qu'un système de stockage et/ou de distribution de l'électricité à la fois plus propre, plus performant et plus économique que les batteries actuelles sera prochainement découvert.

cial des transports et de la pollution urbaine. D'autres véhicules fonctionneront peut-être avec des moteurs à hydrogène, eux aussi plus respectueux de l'environnement que nos moteurs actuels. En effet l'hydrogène se combine avec l'oxygène de l'air pour donner de l'eau et de l'énergie ($H_2 + O \rightarrow H_2O$ + énergie), en polluant nettement moins que les gaz de combustion de l'essence ou du gasoil. L'hydrogène serait alors fabriqué par hydrolyse de l'eau à partir de l'électricité produite par les centrales nucléaires, et serait transporté dans des bonbonnes. L'obstacle non encore résolu, qui bloque pour l'instant le développement des voitures à hydrogène, dont il existe déjà des prototypes qui fonctionnent parfaitement, est le danger d'explosion des réservoirs : l'hydrogène peut en effet exploser au contact de l'air et une simple fuite sur une bonbonne d'hydrogène représente donc (comme une fuite de gaz) un risque d'explosion. Si cet obstacle était surmonté, on pourrait difficilement imaginer de véhicule plus propre qu'une voiture à hydrogène : de son pot d'échappement, il ne sort pratiquement que de la vapeur d'eau[94]. Quelle que soit la filière qui l'emportera (moteur à hydrogène ou moteur électrique), il est très vraisemblable que l'électricité jouera un rôle particulièrement important dans les futurs systèmes de transport (soit directement, soit pour la fabrication de l'hydrogène) et plus généralement dans la civilisation du futur, qui sera ainsi à la fois plus performante, plus agréable à vivre et plus respectueuse de l'environnement.

Une des solutions qui va dans ce sens et dont on parle de plus en plus est l'autoroute ferroviaire ou « ferroutage », dont l'usage est déjà largement développé en Suisse pour les camions : on charge le véhicule routier, camion ou voiture, ainsi que ses occupants, dans des trains spécialement prévus à cet effet qui relient les principales villes par voie ferrée. Grâce à ce système, finie la

---

94. La réaction chimique qui fait fonctionner un moteur à hydrogène est : $H_2 + 1/2\ O_2 \rightarrow H_2O$.

fatigue liée à la conduite monotone pendant des heures sur l'autoroute, le chauffeur peut déjeûner ou faire la sieste tranquillement pendant qu'il se déplace avec son véhicule. On pourrait ainsi désengorger les axes autoroutiers souvent saturés tout en protégeant l'environnement, car l'énergie consommée est alors de l'électricité nucléaire bien moins polluante que les moteurs à explosion. La construction de nouvelles autoroutes mutilant les paysages devient du même coup moins nécessaire. Applicable dès aujourd'hui à nos camions ou véhicules privés, ce système restera utilisable de la même manière avec les voitures électriques de demain (qui pourront même recharger leurs batteries pendant le trajet). Les déplacements interurbains de véhicules avec moteurs à explosion bruyants et polluants seront ainsi strictement limités aux déplacements à la campagne. Les déplacements actuels sont en effet principalement intra-urbains (déplacements quotidiens personnels et professionnels – faibles kilométrages auquel le véhicule électrique est parfaitement adapté dès aujourd'hui) ou interurbains (pour lesquels la solution est le ferroutage).

> En développant le « ferroutage » et les voitures électriques, 90 % de l'énergie utilisée pour le transport dans les pays développés pourrait dès aujourd'hui être électrique et non plus à essence, ce qui réduirait de 90 % la pollution atmosphérique par les gaz d'échappements qui est la principale cause de pollution atmosphérique des grands centres urbains.

Le nucléaire contribuera ainsi, indirectement, à résoudre le problème des transports sans pour autant polluer l'atmosphère comme le font les raffineries de pétrole et les moteurs à essence. Remarquons par ailleurs un autre avantage en faveur du tandem électricité nucléaire/véhicules électriques, c'est que la consommation électrique des transports routiers et ferroviaires est assez bien répartie tout au long de l'année et entre le jour et la nuit, ce qui se marie très bien avec l'électricité nucléaire dont la puissance disponible est constante. Les différences de consommation entre le jour et la nuit pourront être compensées, la nuit, par les recharges des véhicules électriques autonomes, roulant le jour, et par l'énergie hydroélectrique des barrages qui suffisent à stocker l'énergie entre le jour et la nuit (mais pas d'une saison sur l'autre) : la nuit, l'énergie en surplus sert à recharger les voitures qui auront roulé le jour, et éventuellement à pomper de l'eau pour remplir des barrages, et, le jour, l'énergie des lacs de barrage sera récupérée pour faire face aux pointes de consommation d'électricité, tandis que les voitures roulent avec l'énergie emmagasinée la nuit précédente. Le trio électricité nucléaire + hydroélectricité + transports électriques se présente ainsi comme une combinaison susceptible de résoudre le problème des transports et de fournir aux populations une énergie et des moyens de transport propres, souples, faciles d'emploi et économiques.

CHAPITRE 13

Une écologie moderne, performante et intelligente

Pour commander à la nature, il faut lui obéir.

Francis Bacon.

La plupart des écologistes restent très méfiants envers le nucléaire, et à juste titre : nous devons rester vigilants vis-à-vis de tous les effets indésirables du progrès qui risquent d'engendrer des nuisances. En cas d'erreur de notre part, la qualité de notre avenir et même toute possibilité de vie humaine sur terre pourraient être compromis. Il en irait ainsi par exemple si nous utilisions les stocks énormes et absurdes d'armes nucléaires que nous avons accumulés dans les bases militaires et les sous-marins depuis seulement une trentaine d'années. Notre responsabilité est grande : nous tenons l'avenir de l'humanité et de la planète entre nos mains, alors que ce n'était pas le cas auparavant.

Un courant écologique nouveau, réaliste et moderne, qui accepte un usage intelligent de la technologie et qui, par exemple, tient compte aussi des avantages du nucléaire, voit actuellement le jour. Le volcanologue Haroun Tazieff, écologiste dans l'âme, qui a consacré toute sa vie à l'exploration de la planète et à en faire connaître la splendeur au public, penche ainsi en faveur des avantages de l'électricité nucléaire sur les combustibles fossiles qui, comme les éruptions volcaniques, polluent l'atmosphère. Albert Ducrocq, expert scientifique, pense quant à lui que « le nucléaire va redevenir à la mode » et je partage ce point de vue[95].

En Suède, après les événements de Tchernobyl, suite aux réactions justifiées mais exagérées des écologistes à ce sujet (leurs prises de position excessives ont failli aboutir à l'arrêt total du programme nucléaire suédois), un groupe d'écologistes suédois pro-nucléaires (MfK) s'est créé en 1988 et compte actuellement, soit seulement quelques années plus tard, environ 2 000 membres[96]. Selon le secrétaire général de ce mouvement, Mr Hans Pederson, « remplacer une énergie nucléaire propre par des combustibles fossiles comme le charbon, le gaz, le pétrole ou la biomasse serait une erreur historique – à la fois économiquement et pour l'environnement ».

On remarquera au passage que les carburants qualifiés à tort de « carburants verts » fabriqués à partir de la biomasse polluent tout autant, voire davantage que le pétrole ou le gaz (rejets de CO, CO_2, NO_x, SO_x).

En France, le mouvement écologiste le plus ancien : « Les Verts », est traditionnellement de tendance antinucléaire. Les prises de position de ce mouvement, qui n'ont pas beaucoup convaincu le public, sont fondées sur une attitude dogmatique qui, lorsqu'on l'analyse plus en détail, se révèle contraire aux intérêts de l'environnement et de la planète. En effet, arrêter de produire de l'électricité nucléaire reviendrait à augmenter la consommation d'autres énergies beaucoup plus polluantes et dont les réserves sont limitées (charbon, pétrole, gaz). En revanche, « Génération Écologie », mouvement plus récent créé par Brice Lalonde (ancien ministre de l'en-

---

95. Ducrocq Albert, *Le nucléaire va redevenir à la mode*, « Le Revenu Français », n° 265, p. 76, novembre 1992.

96. Ashton J., *Swedish Environmentalists Spell Out the Need for Nuclear Power*, « NucNet », n° 421, 28 september 1995.

vironnement) souhaite promouvoir une écologie moderne, plus scientifique et plus ouverte. Ce nouveau mouvement a adopté une position plus modérée sur la question du nucléaire, en faisant la distinction entre les nucléaires militaire et civil, ainsi qu'entre la sûreté des centrales à l'Est et dans les pays occidentaux. « Génération Écologie » est plutôt contre le nucléaire militaire tout en n'étant pas forcément hostile au nucléaire civil, à condition que la sécurité des installations soit garantie et que la question des déchets soit résolue de manière satisfaisante (en particulier dans les pays de l'Est).

La position commune de ces deux mouvements politiques en matière de défense et de nucléaire telle qu'elle a été définie dans le cadre de leur entente pour les élections législatives de mars 1993 est la suivante (extrait de l'accord Verts-GE du 14 novembre 1992) : « Pour un monde solidaire et pacifique, tirant toutes les conséquences stratégiques de la situation créée en Europe par la fin du communisme, le bouleversement des frontières à l'Est et la poursuite de la construction d'une Europe politique, la France proposera les moyens d'une sécurité commune à l'ensemble du continent européen, une stratégie ambitieuse d'aide au développement, la reconversion programmée de l'industrie d'armement et la renonciation au commerce des armes. Elle prendra des initiatives en faveur d'un processus collectif d'abandon de l'arme atomique, la première démarche de la France étant l'arrêt des essais de Mururoa. »

Cette position commune des deux mouvements Verts-GE est donc résolument opposée à l'utilisation du nucléaire à des fins militaires, qu'à terme nous devrions envisager d'abandonner, mais n'exclut pas de continuer à utiliser l'électricité nucléaire dans une optique écologique.

Il y aurait même à mon avis de la place, dans le paysage politique de la plupart des pays développés, pour un nouveau mouvement écologiste qui prenne ouvertement une position favorable vis-à-vis du progrès technique et de l'électricité nucléaire. Ce mouvement n'existe pas encore, mais peut-être verra-t-il bientôt le jour?

L'opposition farouche des écologistes au nucléaire dans le passé évolue donc, semble-t-il, favorablement, en s'acharnant contre le nucléaire militaire et en s'atténuant, tout en restant vigilante, face au nucléaire civil. Cette évolution est le résultat d'une transformation des mentalités que l'on doit aux écologistes modernes, scientifiques et réalistes qui se rendent compte que l'énergie nucléaire présente des avantages indéniables, qu'une centrale électronucléaire ne peut pas exploser comme une bombe et que les principaux problèmes écologiques et de santé publique de notre société se situent à un autre niveau. Génération Écologie a décidé, en 1994, de mettre l'accent sur les risques du nucléaire dans les pays de l'Est où une trentaine de réacteurs RBMK et VVER 230 dangereux et archaïques continuent à fonctionner dans des conditions de sécurité très précaires.

En France et au Japon, des voix écologistes commencent à proposer de développer la filière des RNR, non pas pour fonctionner en surgénérateurs et fabriquer du plutonium (élément de base de certaines bombes atomiques), mais au contraire comme « sous-générateurs » pour consommer du plutonium (fabriqué dans les centrales classiques ou provenant du démantèlement d'armes nucléaires), tout en produisant une électricité utile à la population et aux entreprises, et en consommant cinquante fois moins d'uranium qu'un réacteur REP. Cette idée est intéressante et justifie que nous continuions les recherches sur les réacteurs à neutrons rapides (réacteur Superphénix à Creys-Malville en France), à condition d'utiliser ceux-ci comme « incinérateurs à plutonium ». Cette filière n'en étant qu'au stade du prototype pour l'instant[97], il convient de ne pas se précipiter et de

97. La centrale française à neutrons rapides Superphénix a été stoppée deux ans par les autorités de sûreté en raison d'un défaut de fonctionnement du barillet de chargement du combustible. Il s'agis-

poursuivre les recherches jusqu'à ce que cette filière soit parfaitement au point et économiquement rentable. Poursuivons donc les recherches sur les RNR (les deux pays à la pointe de la recherche dans ce domaine sont la France et le Japon), mais en avançant avec prudence pour ne pas gaspiller l'argent public.

Les positions antinucléaires d'un mouvement écologiste tel que GreenPeace me paraissent exagérées et totalement infondées lorsqu'il s'agit du nucléaire civil. Je suis soucieux de l'avenir de la planète, et je partage leur vision des choses dans d'autres domaines, mais leur combat antinucléaire primaire systématique me semble passéiste et d'arrière-garde. Je crains bien que cette organisation soit devenue une gigantesque machine financière alliée à de puissants intérêts économiques hostiles au nucléaire. Pourquoi est-ce que GreenPeace ne dénonce pas davantage la pollution énorme par l'utilisation du charbon en Allemagne? Il s'agit pourtant d'une source d'énergie bien plus polluante que l'électricité nucléaire qu'elle attaque fréquemment. Cette organisation recrute ses adhérents avec un discours partisan antinucléaire habile mais souvent sans fondement scientifique. N'est-ce pas la protection de la planète et l'intérêt collectif de l'humanité qui doit diriger nos prises de position, plutôt que des considérations idéologiques irrationnelles, surtout s'agissant d'organisations qui se disent écologistes?

Fort heureusement, l'opinion publique qui attache une grande importance à la protection de la nature, évolue de manière de plus en plus favorable à l'énergie

---

sait d'un défaut technique momentané ne présentant pas de danger particulier pour l'environnement, comme on en rencontre avec tous les prototypes lors de la mise au point d'une nouvelle machine. Ce défaut a été corrigé et la centrale fonctionne à nouveau, mais à titre expérimental.

nucléaire, à mesure que le temps passe et qu'on comprend mieux cette énergie et ses avantages pour la protection de l'environnement.

PRODUCTION ÉLECTRIQUE ET ENVIRONNEMENT (comparaison fuel/charbon/nucléaire)

Une centrale nucléaire c'est, par an, une quinzaine de m^3 de déchets radioactifs solides à traiter avec un soin très particulier, mais pratiquement aucune pollution atmosphérique.

Impact d'une centrale de référence d'une puissance électrique de 1 000 MW (6 600 h/an), produisant 6,6 milliards de kWh par an

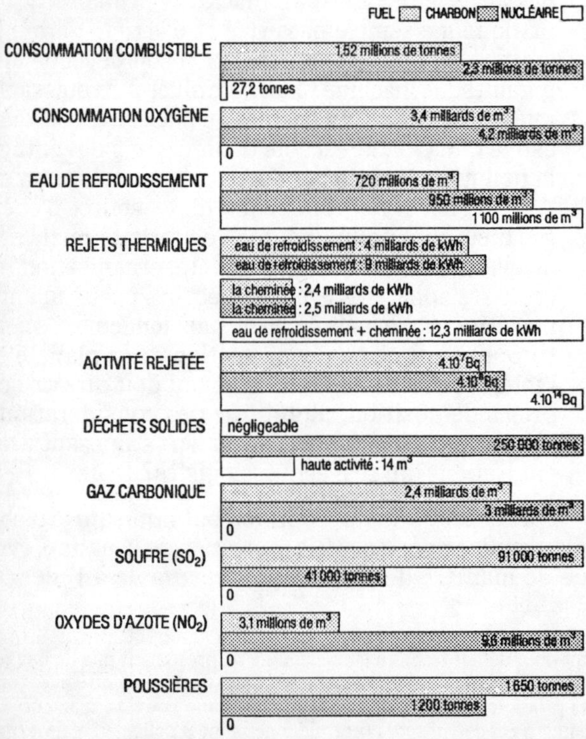

Chapitre 14

Les erreurs à ne pas commettre

La seule manière de rendre les gens heureux, c'est de les rendre meilleurs.

André-Marie Ampère[98].

Si le nucléaire peut présenter des avantages écologiques ou économiques indéniables, cela ne doit cependant pas nous faire oublier que la santé des populations et la protection de la planète doivent toujours passer avant les intérêts financiers des industriels. Il y a des erreurs à ne pas commettre. Ceux qui passeraient outre se verraient tôt ou tard totalement discrédités et, à juste titre, l'opinion publique se retournerait contre eux. Voici une liste non exhaustive de quelques erreurs à éviter ou exemples à ne pas suivre :

Cacher ou fausser la vérité (désinformation ou manque de transparence) : minimiser l'importance d'un accident, nier l'existence de fuites radioactives, disperser des substances artificielles à des doses dangereuses dans l'océan ou dans la nature, en espérant que cela passera inaperçu, sont autant de mensonges impardonnables. Occulter un problème n'est jamais une solution. Il faut être réaliste et faire les choix qui s'impo-

98. Père de l'électricité qui a donné son nom à l'ampère, unité de courant électrique.

sent en prenant en compte toutes les données disponibles. Les avantages du nucléaire ont conduit à construire de nombreuses centrales électronucléaires dans le monde. Si ces centrales sont utiles, nous devons en être fiers et il faut le faire savoir, les surveiller attentivement, et s'en servir dans les meilleures conditions tout en ayant la prudence d'en limiter les nuisances. S'il devait s'avérer un jour que les centrales sont à l'origine de problèmes graves et insolubles, il faudrait alors avoir le courage de faire demi-tour et de rechercher de meilleures solutions. Le public, les scientifiques et les écologistes, doivent à chaque instant rester ouverts à toutes les éventualités possibles et faire les meilleurs choix en connaissance de cause, en confrontant cordialement leurs points de vue.

> La critique systématique, les « messes basses », les complots et le mensonge n'ont jamais rien engendré de bon. Il n'y a qu'en nous respectant les uns les autres et en échangeant nos points de vue (même lorsqu'ils sont divergents) que nous pourrons construire un monde vivable et agréable. La mauvaise foi ne fait que compliquer les problèmes au lieu de les résoudre. Le public, les politiques, les industriels, les journalistes, les médecins, les scientifiques, les écologistes, tous ont le droit d'être informés, de tout savoir et de participer aux débats concernant les choix énergétiques et le nucléaire.

Un bel exemple de mauvaise information du public concerne l'irradiation des aliments, dont l'affichage n'est pas obligatoire dans certains pays et obligatoire mais mal respecté dans d'autres. Des milliers de tonnes de fruits exotiques irradiés sont ainsi consommées chaque année par des consommateurs soucieux de leur santé qui ne sont pas informés que les mangues, les bananes, les papayes ou les avocats qu'ils mangent ont été irradiés et que leur teneur en vitamines s'en trouve réduite tandis qu'y apparaît un petit pourcentage de nouvelles substances chimiques appelées « radiolysats ». Les législations concernant le nucléaire et leur application doivent être internationales (ce qui est le cas dans une large mesure, mais nous devons faire mieux encore, en particulier en ce qui concerne ici l'irradiation des aliments), sans quoi la meilleure des lois dans un pays est immédiatement détournée de l'autre côté de la frontière. Au bout du compte, tout le monde, c'est-à-dire le public, vous et moi, en subit les conséquences : en l'occurrence (lorsqu'il s'agit d'irradiation des aliments) en n'ayant pas d'autre choix que de consommer, sans en être informé, des produits alimentaires irradiés de moindre qualité que des produits frais.

Trafic de matières dangereuses : les déchets radioactifs ne doivent pas être stockés ou écoulés illégalement par des trafics, parfois internationaux, tels qu'on a pu le voir il y a quelques années en Belgique. Mieux vaut un transfert légal et un stockage de matières dangereuses sous haute surveillance, qu'un trafic illégal en catimini des mêmes matières qui, après avoir indûment enrichi quelques intermédiaires, finissent par être déversées directement dans les océans ou par être entreposées dans des décharges sans la moindre protection vis-à-vis des populations avoisinantes ou des travailleurs du lieu qui ignorent même la nocivité de ces déchets. Mieux vaut expliquer les risques en prenant un maximum de précautions que croire résoudre un problème en masquant les étiquettes des fûts contenant des matières dangereuses. Ce qu'on n'oserait pas dire et montrer ouvertement ne doit pas être fait. Un industriel qui a quelque chose à cacher est un industriel coupable.

Stériliser la planète : malgré la politique de désarmement nucléaire partiel des grandes puissances, l'éventualité d'une guerre nucléaire constitue toujours un risque que nous devons absolument éviter. Le nombre de pays qui disposent de l'arme nucléaire augmente et il s'agit, de plus en plus, de pays en voie de développement, politiquement fragiles, dont les intérêts peuvent être divergents. Pour cette raison et comme nous l'avons déjà dit, l'utilisation de l'arme nucléaire ne devrait plus être laissée à l'appréciation des seuls gouvernements de chaque pays détenteur, mais devrait être soumise à l'approbation d'un comité international de personnalités sélectionnées pour leur grande sagesse. Mais il y a aussi d'autres risques, plus sournois, de pollution ou de stérilisation progressive de la planète : la dispersion de quantités sans cesse croissantes de déchets chimiques ou, parfois, radioactifs. Pendant des décennies, les Soviétiques n'ont eu aucun souci de protection de l'environnement, n'hésitant pas à couler en mer des réacteurs nucléaires entiers et à y déverser leurs déchets nucléaires, chimiques et autres. Cela n'est pas acceptable. Nous devons veiller à ce que le total de la radioactivité artificielle ne dépasse pas notablement les taux de radioactivité naturelle que l'on peut rencontrer assez couramment dans la nature. Même si le taux de radioactivité artificielle actuel provenant des centrales nucléaires reste dans des limites acceptables, nous devons veiller à limiter les rejets de déchets au maximum[99], d'autant plus que l'augmentation du nombre de centrales en fonctionnement dans le monde et le démantèlement des centrales arrivées en bout de course vont inéluctablement entraîner d'année en année une augmentation de la radioactivité artificielle rejetée dans la nature. Attention à ne pas dépasser les limites! Veillons à respecter celles-ci et surtout à les faire respecter aussi par ceux qui sont moins regardants que nous dans le domaine de l'environnement (pays de l'Est et pays nou-

99. Dans les deux ou trois dernières années, les rejets des centrales nucléaires françaises ont été divisés par cinq environ, par rapport à ce qu'ils étaient auparavant, pour la même puissance produite. Ces rejets ne représentent ainsi que 1 % environ des rejets autorisés. Quelle autre branche de l'industrie peut présenter d'aussi bons résultats? Ce progrès a été accompli en améliorant les procédures et la surveillance. Nous ne pouvons que nous en féliciter. Il faut continuer dans cette direction.

vellement industrialisés. Communiquons plus et mieux, informons, éduquons, expliquons notre point de vue et sachons proposer des accords internationaux pour aller tous ensemble dans le bon sens. N'oublions pas que nous n'avons qu'une seule planète que nous partageons tous. Protégeons-la tous ensemble.

S'entêter dans une voie dangereuse : il serait aberrant de continuer à produire des stocks d'armes nucléaires alors que nous avons déjà accumulé de quoi détruire plusieurs fois la planète. La plupart des pays nucléarisés l'ont compris et réduisent leurs stocks d'armes nucléaires, mais, pendant que les Occidentaux désarment, certains pays fabriquent encore des armes nucléaires ou cherchent à s'en procurer. C'est pourquoi nous devons tout faire pour en limiter la prolifération. Dans un autre domaine, il serait absurde de s'entêter à exploiter et à construire des réacteurs dangereux (exemple typique : la filière des réacteurs RBMK de l'ex-URSS, totalement obsolètes et dépourvus d'enceinte de confinement). Ne construisons pas non plus d'usines, ni de centrales qui entraîneraient un risque important de prolifération nucléaire, lorsque d'autres solutions écologiquement, militairement et économiquement meilleures sont envisageables. Créons les meilleures conditions pour que les pays de l'Est arrêtent les centrales les moins sûres, en leur apprenant à mieux gérer leurs ressources énergétiques (gaspillage énorme de pétrole, fuites sur les gazoducs...) et/ou en les aidant à construire de nouvelles centrales disposant de tous les critères de sûreté des centrales occidentales.

La négligence : l'accident de Tchernobyl nous a montré où pouvaient mener la négligence et l'oubli de la sécurité la plus élémentaire. Dans certaines conditions, particulièrement dans la conduite d'installations industrielles à risque, la négligence est criminelle. Le souci constant de la sécurité et de la perfection dans le travail effectué, la recherche du « zéro défaut » et du mieux possible doivent faire partie intégrante de l'esprit des ingénieurs et des dirigeants, depuis la conception des centrales jusqu'à leur exploitation et leur démantèlement. À Tchernobyl, il manquait un maillon important de la « chaîne de sûreté » : des autorités de sûreté indépendantes de l'exploitant qui ont pour mission de surveiller celui-ci et de donner des feux verts et des feux rouges si la sûreté le justifie. C'est une des actions à mener dans les pays de l'Est : créer des autorités de sûreté responsables et indépendantes.

Il ne doit plus y avoir d'un côté des industriels négligents, polluant en cachette, et de l'autre des écologistes contestataires, rigides, hostiles à toute activité industrielle, qui veulent tout stopper. Les industriels doivent devenir aussi soucieux de la santé publique et de la prévention des accidents que les écologistes eux-mêmes, ceux-ci jouant, avec les autorités de sûreté (qui, rappelons-le, sont indépendantes de l'exploitant dans les pays occidentaux et devraient le devenir dans les pays de l'Est) un rôle de contrôle pour intervenir et donner un feu rouge en cas de négligence ou de réel danger, pour que la société tout entière bénéficie des bienfaits de la technologie avec un maximum de sécurité.

CHAPITRE 15

Pour l'information et contre la désinformation

L'humanité gémit à demi-écrasée
sous le poids des progrès qu'elle a faits.
Elle ne sait pas assez que son avenir dépend d'elle.

Bergson.

Dans un système démocratique, ce sont les populations qui décident elles-mêmes de leur avenir en procédant à l'élection de leurs dirigeants politiques. Pour choisir en connaissance de cause, le public doit donc être informé au mieux sur toutes les affaires d'envergure. L'information est une condition de la démocratie. La place du nucléaire dans la stratégie environnementale et économique d'une nation doit faire l'objet d'un débat. C'est une question essentielle qui oriente l'avenir du pays tout entier. Le public a donc à la fois droit à la parole et droit à l'information dans ce domaine. De grands progrès ont été effectués à ce sujet depuis la naissance de l'ère nucléaire. En effet, après l'euphorie du début du siècle, les premières applications médicales, la période de la « radioactivité-qui-résoud-tous-vos-problèmes » [100], puis le drame

100. Époque où le public était convaincu que plus c'était radioactif, meilleur c'était pour la santé. Cette rumeur, habilement amplifiée par les messages publicitaires des commerçants de l'époque, préten-

d'Hiroshima et la guerre froide où tout ce qui concerne le nucléaire était considéré comme « secret militaire » ou « secret d'État », le public a été privé d'informations. D'où une méfiance croissante, et en l'occurrence justifiée, du public envers les militaires, le pouvoir politique et les industriels, qui orientaient l'avenir des populations sans les informer correctement sur la nature des choix effectués et sans les associer à ces choix. Aujourd'hui, le vent a tourné, du moins dans les pays occidentaux, et aussi bien le pouvoir politique que les exploitants des centrales nucléaires s'efforcent d'informer au mieux le public des tenants et des aboutissants de l'usage de l'énergie nucléaire. Par exemple, il est possible aujourd'hui de visiter les centrales nucléaires, qui disposent toutes d'un centre d'accueil, de documentation et d'information destiné au public, ce qui n'était pas le cas il y a seulement une vingtaine d'années. Il convient de continuer dans ce sens. Les gouvernements, les industriels, les laboratoires de recherche, les médecins, les associations doivent informer le public sur ce qu'est le nucléaire, sur ses avantages et aussi sur les risques – minimes – encourus par les populations.

Ce besoin de totale transparence et d'information est encore plus important en période de crise. Chaque geste, chaque parole, voient alors leurs effets amplifiés considérablement en raison de l'urgence de la situation, de l'angoisse et de l'émotion que suscite l'événement aussi bien auprès du public qu'auprès des journalistes. La gestion d'une crise ou d'un accident est de deux ordres : technique (sur place) et informationnel (vis-à-vis de l'extérieur). Sur le plan technique, des décisions

---

dait alors que la radioactivité pouvait tout guérir, des maux de tête aux rhumatismes. Ces illusions ont brutalement cessé avec Hiroshima, et depuis il n'est plus question de radioactivité dans les messages publicitaires, si ce n'est au contraire pour en vanter l'absence. Dans un cas comme dans l'autre, l'opportunisme commercial de notre société de consommation ne contribue guère à dépassionner le débat, ni à véritablement informer le public.

s'imposent, des vies humaines sont à sauver et des actions sont à entreprendre (pour assurer notamment l'arrêt du réacteur, la poursuite du refroidissement du cœur du réacteur, la protection des personnes et le confinement de la radioactivité s'il y a risque de fuites). Sur le plan informationnel, il faut mettre en place des réseaux d'information destinés à la fois et en priorité aux sauveteurs et aux autorités, mais aussi à l'information des journalistes et du public. En France, le plan ORSEC-RAD (plan ORSEC appliqué à la protection contre les radiations), les P.P.I. (plan particulier d'intervention) et les P.U.I. (plan d'urgence interne) déterminent les mesures à prendre et l'organisation des secours en cas d'accident sur un site nucléaire. Que ce soit sur le plan technique ou informationnel, il n'y a qu'une bonne manière de bien gérer une crise ou un accident en général et nucléaire en particulier : la compétence et la transparence.

« Compétence » signifie que les intervenants (personnel d'intervention technique sur le site, personnels délivrant les informations à la presse et participant aux débats), doivent être parfaitement compétents. Tous les intervenants doivent être des professionnels formés et encadrés aussi bien que possible, ce qui suppose une préparation, un entraînement, des connaissances préalables et des procédures d'intervention mises au point bien avant le début de la crise.

« Transparence » signifie que, plus encore qu'en temps normal, les professionnels et le public doivent être informés rapidement et de manière exacte au fur et à mesure du déroulement des événements, des interventions de sauvetage, etc., ce qui suppose là encore du professionnalisme, une bonne maîtrise de la situation et l'intervention sur les ondes de personnes compétentes pour commenter les événements sans tomber dans les deux extrêmes que sont la rétention de l'information et, au contraire, l'exagération, le sensationnalisme facile qui amplifie la réalité. Le danger ne doit pas être sous-évalué, mais il convient aussi de rassurer les populations et de prévenir les effets de panique. Lors de l'accident de Tchernobyl, des populations entières qui ne risquaient rien ont été prises de panique à des milliers de kilomètres de distance simplement parce qu'elles ne savaient pas ce qui se passait et avaient l'impression qu'on les trompait, qu'on leur cachait quelque chose, alors qu'en réalité il n'y avait pas de danger réel. Il faut parler, expliquer ce qui se passe et bien faire comprendre par exemple que, quel que soit le type d'accident nucléaire (même le plus grave des accidents civils ou militaires envisageables), à plus de dix kilomètres du lieu de l'accident, le risque d'irradiation ou de contamination est très faible et ne met pas en jeu la vie des populations (sauf, éventuellement, directement sous le vent de la zone accidentée). L'information donnée doit être rapide (les informations en retard augmentent le malaise et donnent une impression d'incompétence et de rétention de l'information très préjudiciables), exacte et objective (basée autant que possible sur des chiffres et des données incontestables), vérifiable (par des images, des documents, des mesures effectuées par des tiers) et complète (tout doit être dit). Pendant plusieurs jours, les autorités soviétiques ont voulu cacher puis minimiser les événements de Tchernobyl. On a vu le résultat : perte de temps dans l'organisation des secours et mouvement de panique de l'opinion publique internationale. Il aurait mieux valu une intervention rapide de professionnels compétents aussi bien pour accélérer les secours que pour informer les populations tenues en haleine par les média, eux-mêmes mal informés. Le mensonge ne paie jamais car, même si certains s'imaginent en retirer des avantages à court terme, la vérité finit toujours par éclater au grand jour. Nul n'apprécie avoir été trompé, c'est pourquoi la crédibilité des intervenants, exploitants et gouvernements est en jeu si l'information concernant la sûreté nucléaire venait à être retenue ou tronquée volontairement. Il faut d'abord garantir l'efficacité des secours et prendre les mesures techniques et de sauvetage qui s'imposent tout en informant le public. L'information doit tout dire, mais aussi relativiser la gravité de l'événement (ne pas transformer un grain de sable en montagne) et toujours être rassurante, afin de prévenir les mouvements de panique inutiles.

La triste expérience de Tchernobyl est un bon exemple de ce qu'il ne faut pas faire aussi bien sur le plan des secours que de la communication. Ce n'est qu'une semaine après l'accident, après qu'un taux de radioactivité anormal ait été détecté par plusieurs pays européens, que l'alerte a été donnée par les télévisions occidentales et que les dirigeants soviétiques ont reconnu publiquement la gravité de l'accident et ont accepté l'aide des Occidentaux. Entre-temps, la centrale continuait à fuir et les populations à être inutilement contaminées, l'incendie du cœur du réacteur accidenté dispersant dans l'atmosphère un nuage de particules radioactives. Ensuite, les autorités soviétiques ont heureusement adopté une attitude plus ouverte.

DEUXIÈME PARTIE

Informations sur l'énergie et l'environnement

Les grandes étapes de l'histoire du nucléaire.
Qu'est-ce qu'un atome?
Qu'est-ce que la radioactivité?
Comment peut-on se protéger de la radioactivité?
Différence entre irradiation et contamination radioactive.
Comment mesure-t-on la radioactivité?
Les unités de mesure de la radioactivité.
Doses de radioactivité admissibles et létales.
Quelques exemples de doses reçues.
La radioactivité naturelle varie beaucoup selon les régions.
L'accident de Tchernobyl.
Utilisation médicale des radiations.
Comparaison du nucléaire militaire, de la médecine nucléaire et de l'industrie électronucléaire.
Comment fonctionne une centrale nucléaire?
Le combustible nucléaire.
Comment prévenir les accidents dans une centrale nucléaire?
Liste des pays détenant l'arme nucléaire.
Demi-vie des substances radioactives.
L'irradiation des aliments.

Les grandes étapes de l'histoire du nucléaire

341-270 av. J.-C. : le philosophe grec Épicure développe une conception du monde dans laquelle l'un et le rien, l'atome et le vide, expliqueraient tous les phénomènes naturels (ce en quoi il avait raison). Selon lui, les atomes seraient indivisibles, inaltérables et éternels (ce en quoi il avait tort puisqu'on a découvert, bien plus tard, que les atomes sont constitués d'électrons, de protons et de neutrons).

1775-1836 : Ampère découvre le courant électrique. Son nom désigne toujours aujourd'hui l'unité d'intensité du courant électrique.

1879 : Thomas Edison invente la première lampe à incandescence. Elle brilla pendant 45 minutes et coûta 40 000 dollars.

1896 : Découverte de la radioactivité par H. Becquerel (le becquerel désigne aujourd'hui l'unité de radioactivité officielle du système international [SI], égale au nombre de désintégrations atomiques par seconde).

1898 : Pierre et Marie Curie isolent deux éléments radioactifs nouveaux, le polonium et le radium (le curie désignait autrefois l'unité de radioactivité, maintenant remplacé par le becquerel; on l'utilise toutefois encore lorsqu'il s'agit de mesurer des quantités importantes de radioactivité; 1 curie = 37 milliards de becquerels).

1903 : H. Becquerel, Pierre et Marie Curie obtiennent le

Prix Nobel de physique. Marie Curie recevra plus tard le Prix Nobel de chimie, en 1911. Elle sera ainsi la première personne, homme ou femme, à obtenir le Prix Nobel deux fois.

1903 : Rutherford établit la loi de décroissance exponentielle de la radioactivité en fonction du temps et la notion de période ou demi-vie qui en découle.

1905 : Einstein est l'auteur de la théorie de la relativité et de l'équivalence masse-énergie ($E = mc^2$).

1913 : Niels Bohr donne des atomes une représentation planétaire devenue classique selon laquelle les atomes sont formés d'électrons gravitant autour du noyau atomique, composé de protons et de neutrons.

1919 : Rutherford, qui reçut le Prix Nobel de chimie en 1908, obtient la première transmutation nucléaire artificielle en provoquant la transformation d'azote en oxygène.

1934 : Irène et Frédéric Joliot-Curie découvrent la radioactivité artificielle. Ils obtiendront le Prix Nobel de chimie en 1935 pour cette découverte.

1942 : première réaction en chaîne réussie par Fermi aux États-Unis (sous les gradins du stade de Chicago).

6 août 1945 : Hiroshima, désastre humain qui tua des milliers de civils japonais et mit fin à la Seconde Guerre mondiale.

1951 : première électricité nucléaire produite sur un réacteur expérimental américain à neutrons rapides.

1955 : mise en service des premières centrales nucléaires produisant de l'électricité de manière industrielle : Obninsk en Union soviétique, Shippingport aux États-Unis, Calder Hall en Grande-Bretagne et Marcoule en France.

À partir de 1955 : guerre froide (développement des arsenaux nucléaires militaires) et perfectionnement progressif des usines destinées à produire du plutonium pour les militaires, puis des centrales destinées à produire de l'électricité pour les populations civiles.

1973 : crise pétrolière mondiale. Elle a fortement contribué à l'intensification des grands programmes électronucléaires en particulier en Europe. L'électricité nucléaire devient un atout stratégique et permet l'indépendance énergétique des pays développés par rapport aux producteurs de pétrole.

1979 : accident de la centrale américaine de Three Mile Island. Cet accident grave a provoqué un véritable traumatisme psychologique aux États-Unis et un renforcement des mouvements antinucléaires dans le monde, mais n'a, cependant, ni fait de victimes, ni causé de dommages à l'environnement, la radioactivité ayant été efficacement retenue (en quasitotalité) par l'enceinte de confinement en béton de la centrale[101]. Il s'en est suivi un renforcement considérable de la sécurité dans les centrales nucléaires occidentales (importance plus grande apportée à la sécurité et à la prévention des accidents depuis cette époque).

Avril 1986 : accident à la tranche n° 4 de Tchernobyl en Ukraine, provoquant des fuites de substances radioactives dans l'environnement. On mesure alors une augmentation de la radioactivité atmosphérique (principalement iode 131 et césium 137) détectable à des milliers de kilomètres, mais qui ne pose de gros problèmes de santé qu'aux populations vivant à proximité immédiate de la centrale. L'opinion publique internationale est cependant fortement ébranlée psycho-

101. La quantité de radioactivité rejetée dans l'environnement à Three Mile Island a été de l'ordre de 74.10^{10} becquerels, soit environ 10 millions de fois moins qu'à Tchernobyl (de l'ordre de 10^{18} becquerels) dont la centrale était construite sans enceinte de confinement. L'accident de Three Mile Island n'a donc entraîné qu'une légère augmentation, sans grand danger pour la santé, de la radioactivité naturelle.

logiquement par cet accident et les mouvements antinucléaires se renforcent pendant quelques années (création par exemple de la Crii-rad en France et renforcement politique des écologistes un peu partout dans le monde). La Suède envisage alors de fermer toutes ses centrales nucléaires avant 1995, puis changera d'avis et redeviendra favorable au nucléaire quelques années plus tard (environ la moitié de son électricité est d'origine nucléaire).

Fin du XXe siècle : près de 20 % de l'électricité mondiale et 75 % de l'électricité française sont d'origine nucléaire. Environ 500 tranches nucléaires sont en fonctionnement dans le monde. La plupart des pays développés (Europe, USA, pays de l'Est) étant suffisamment équipés en centrales nucléaires pour satisfaire leurs besoins en électricité, on note une diminution du nombre annuel de nouveaux chantiers de centrales nucléaires. La plupart des pays se contentent en effet d'entretenir et de renouveler leurs centrales sans en construire de nouvelles. Les pays asiatiques, en revanche, construisent de plus en plus de nouvelles centrales (notamment : Chine, Japon, Corée du sud, Thaïlande, Indonésie). Globalement, le nombre de centrales en fonctionnement dans le monde continue à augmenter.

Qu'est-ce qu'un atome ?

Un atome est composé d'un noyau, qui comprend un nombre à peu près égal de protons et de neutrons, autour duquel gravitent des électrons. Ceux-ci (porteurs d'une charge électrique égale à $-1{,}6 \,.\, 10^{-19}$ Coulomb) sont en nombre égal au nombre de protons (porteurs d'une charge électrique exactement opposée égale à $+1{,}6 \,.\, 10^{-19}$ Coulomb), ce qui assure la neutralité électrique de l'atome dont la charge électrique totale est nulle.

Les atomes sont les briques de base dont notre univers est constitué. Il en existe une centaine de types seulement (qu'on appelle les éléments, qui sont classés selon la classification des éléments de Mendeleïev) dont certains sont stables (par exemple, l'oxygène et l'azote que l'on trouve dans l'atmosphère, ou le carbone, l'oxygène et l'hydrogène, les principaux constituants de notre corps et de tous les organismes vivants), tandis que d'autres sont instables, c'est-à-dire qu'ils se transforment en donnant naissance à d'autres éléments. Cette transformation, spontanée (naturelle) ou provoquée (artificielle), est ce qu'on appelle une « réaction nucléaire ». Il existe deux types de réactions nucléaires : la fusion et la fission. Si un gros atome se sépare en plusieurs atomes plus petits, on parle de « fission atomique ». Si plusieurs atomes s'assemblent pour former un atome plus gros, on parle de « fusion atomique ». La première réaction nucléaire provoquée artificiellement est une fusion et a été obtenue par Rutherford en 1919 qui a transformé de l'azote (bombardé de rayons alpha) en oxygène.

Les éléments instables peuvent parfois avoir une durée de vie longue, par exemple l'uranium 238, présent partout dans la nature, ne se décompose qu'au bout de 4,5 milliards d'années en moyenne (notion de demi-vie ou période radioactive que nous précisons ci-après). La présence d'uranium 238 dans l'écorce terrestre remonte à l'époque de la formation de la planète il y a cinq milliards d'années. C'est parce que sa durée de vie est aussi longue que l'uranium 238 est encore présent en assez grandes quantités dans l'écorce terrestre : on en trouve en moyenne environ 4 grammes par tonne de roche, et environ 20 grammes par tonne dans le granite. C'est pour cette raison que les régions granitiques sont naturellement plus radioactives. Dans les mines d'uranium, la teneur naturelle du sol en uranium est encore plus élevée, environ 1 %, et même plus, jusqu'à environ 50 % dans les veines de certains gisements d'uranium tels que Cigar Lake au Canada.

D'autres éléments ont une vie plus courte, comme le radium 226 (demi-vie 1617 ans) ou le gaz radon 222 (3,8 jours) ou même éphémère (polonium 214 : 0,00016 secondes)[102].

L'uranium 235, le carburant de base des centrales électronucléaires, est présent également dans la nature. Il date aussi de l'époque de la formation de la terre il y a cinq milliards d'années mais se décompose plus vite (demi-vie de 700 millions d'années) que l'uranium 238. C'est pourquoi l'uranium naturel est aujourd'hui composé en majorité d'uranium 238 (99,3 %) et de 0,7 % seulement d'uranium 235. Pour pouvoir utiliser l'uranium 235 dans les réacteurs à eau pressurisée REP ou à eau bouillante REB (PWR ou BWR en anglais), il est nécessaire de l'enrichir jusqu'à une proportion d'environ 3 % au moins d'U235 et 97 % d'U238.

---

102. Le radium, le radon et le polonium sont des particules instables (donc radioactives) que l'on trouve dans la nature, toutes issues de la désintégration spontanée de l'uranium ou du thorium.

La réaction atomique la plus fréquente dans l'univers n'est cependant pas à base d'uranium : il s'agit de la fusion des atomes d'hydrogène dans les étoiles, qui dégage une énorme quantité d'énergie : le feu des étoiles. C'est ainsi que le Soleil éclaire et réchauffe la Terre. Les scientifiques parviennent difficilement pour l'instant à maîtriser cette réaction (l'explosion d'une bombe H est une fusion explosive, qu'on provoque sans la contrôler; la fusion nucléaire contrôlée n'a pu être maintenue que pendant une fraction de seconde jusqu'à présent), mais ils y travaillent et la fusion nucléaire, lorsqu'elle sera réellement contrôlée, sera peut-être la source d'énergie du futur.

Il existe de nombreuses réactions nucléaires de fission qui se produisent sur les planètes, plus froides que les étoiles, les atomes (notamment l'uranium), se transformant les uns en les autres avec le temps. La vie n'a pu se développer que grâce à cette « chimie des atomes », stellaire et planétaire, qui a engendré tous les éléments dont nous constatons la présence sur terre aujourd'hui, qui forment ce que nous appelons la « nature » et qui continuent sans cesse à se transformer naturellement sans la moindre intervention humaine. C'est pourquoi il existe aujourd'hui sur notre planète une radioactivité naturelle qui témoigne de l'évolution incessante de l'univers.

La nouveauté survenue au XXe siècle n'est pas l'invention des réactions nucléaires (qui existent sur terre et dans l'univers depuis la nuit des temps), mais le fait que l'homme soit capable de comprendre, de provoquer et de contrôler certaines de ces réactions. Les découvertes de la physique moderne au XXe siècle ont en effet permis de maîtriser la fission nucléaire, ce qui met à notre disposition un énorme potentiel énergétique. Mais l'homme est-il assez sage pour faire bon usage de ces nouvelles possibilités de développement technique et industriel?

LE PRINCIPE DE LA FISSION NUCLÉAIRE

Un très gros atome (par exemple : uranium 235 ou plutonium) donne deux atomes plus petits et de l'énergie disponible sous forme de chaleur et de rayonnements.

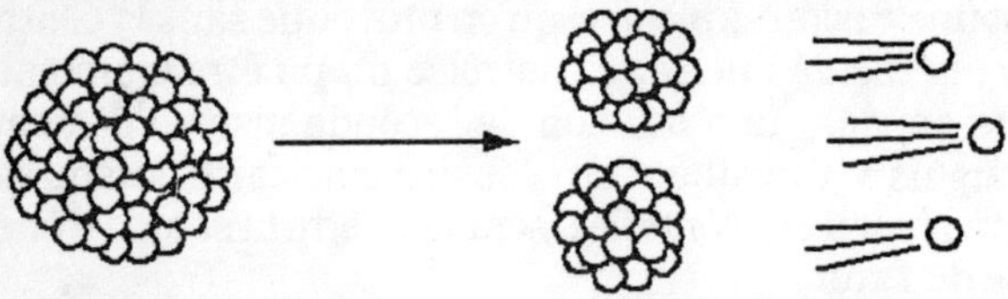

Un très gros atome (par exemple : uranium 235, frappé par un neutron) → Deux atomes plus petits + quelques neutrons qui propagent la réaction + énergie disponible sous forme de chaleur et de rayonnement

LE PRINCIPE DE LA FUSION NUCLÉAIRE

Deux petits atomes (par exemple : deutérium) donnent un atome plus gros (exemple : hélium) et de l'énergie disponible sous forme de chaleur et de rayonnements.

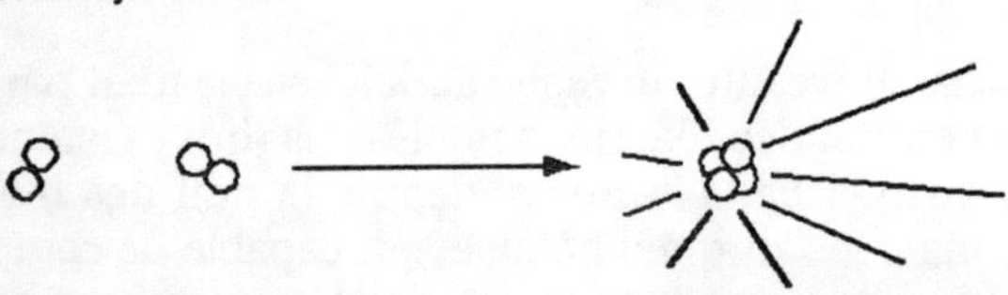

Deux petits atomes (par exemple : deutérium) → un atome plus gros (par exemple : hélium) + énergie disponible sous forme de chaleur et de rayonnement

Qu'est-ce que la radioactivité ?

La radioactivité est un phénomène naturel : lors de réactions nucléaires, l'énergie en surplus est émise sous forme de rayonnements qui peuvent être des photons (lumière), des électrons (rayonnement bêta), des protons, des neutrons ou des particules plus grosses telles que des noyaux d'hélium (rayonnement alpha).

Sans le savoir, nous vivons ainsi en permanence, depuis la naissance de l'univers, dans un véritable bain de radiations de nature et de longueur d'ondes diverses : lumière ultraviolette, infrarouge, lumière visible, ondes radar, micro-ondes, ondes télévision et radio (VHF, UHF, grandes ondes, petites ondes, etc.), rayons alpha, rayons gamma, rayons X, électrons, protons, neutrons, neutrinos. Toutes ces radiations sont naturelles (elles existent dans la nature), certaines sont émises par le sol (rayonnement terrestre), ainsi que par les étoiles dans l'espace (rayonnement cosmique, solaire ou stellaire), mais on peut émettre volontairement ces rayonnements avec des appareils adéquats : ampoules à filament (lumière), tubes cathodiques (électrons), appareils à rayons X (appareils médicaux), antennes (ondes radio et télévision) et il y a aussi émission de rayonnements lors de réactions nucléaires, par exemple dans un accélérateur de particules ou dans une centrale nucléaire. Sans ces rayonnements, pour la plupart invisibles, le monde ne serait pas ce qu'il est. Nous ne percevons avec nos organes des sens qu'une infime partie de ces radiations : la lumière visible, mais les applications pratiques de ces rayonnements sont nombreuses dans tous les domaines de l'industrie et de la vie quotidienne : télévision, radio, électronique, informatique, télécommunication, satellites, cinéma, vidéo, détecteurs de présence, systèmes d'alarmes pour habitations, télécommandes de magnétoscopes, etc. ; tout dans l'univers et dans le monde moderne n'est que matière et rayonnement.

Lorsque les atomes réagissent et se transforment lors d'une réaction nucléaire, il y a émission d'énergie sous forme de particules éjectées à plus ou moins grande vitesse, de chaleur ou de rayonnements. C'est ce qu'on appelle la « radioactivité » (du latin *radius*, « rayon », et actif).

On distingue en pratique trois types principaux de radioactivité :

— **la radioactivité alpha** constituée de noyaux d'hélium est arrêtée par une simple feuille de papier.

— **la radioactivité bêta** constituée d'électrons est arrêtée par une feuille d'aluminium.

— **la radioactivité gamma** constituée de rayonnements électromagnétiques plus pénétrants que les rayons X, ne sont arrêtés que par un épais mur de plomb ou plusieurs mètres d'eau, de terre ou de béton.

On trouve aussi d'autres types de rayonnements dans le cœur d'une centrale nucléaire ou lors de réactions nucléaires : de la lumière visible (le cœur du réacteur est légèrement lumineux) infrarouge et ultraviolette, et quelques ondes radio. Ces ondes et cette lumière ne posent cependant aucun problème de santé et ne sortent d'ailleurs même pas de la cuve en acier totalement hermétique du réacteur, c'est pourquoi, en pratique, on s'intéresse surtout aux trois types de radioactivité alpha, bêta, et gamma décrits ci-dessus.

Les neutrinos (rayonnement cosmique) ont un pouvoir de pénétration encore bien plus grand que les rayons alpha, bêta, et gamma : rien ne les arrête et ils peuvent traverser facilement d'énormes quantités de matière. Ce rayonnement, que l'on trouve en particulier dans le vide interstellaire, peut traverser la planète de part en part sans être absorbé, mais il n'affecte aucunement la matière et les organismes vivants, à tel point qu'on a eu beaucoup de mal à détecter les neutrinos et à montrer leur existence. Ils ne sont pas dangereux pour notre santé, ni pour l'environnement.

Une certaine dose de radioactivité est naturelle, mais trop de radioactivité peut endommager les molécules complexes et fragiles du monde vivant. La molécule d'ADN[103] qui se trouve dans le noyau de chaque cellule vivante, peut notamment être endommagée par une dose trop forte de rayonnements, ce qui a alors pour conséquence d'augmenter les anomalies chromosomiques, d'élever le risque de cancers et de leucémies, et présente un risque particulier pour les fœtus et les femmes enceintes. C'est pourquoi il n'est pas bon d'être exposé à une quantité trop forte de radioactivité. Lors d'une explosion atomique militaire, la radioactivité est entièrement dispersée dans l'environnement et peut tuer ou blesser les populations humaines et les organismes vivants. La radioactivité que l'on trouve dans les centrales nucléaires est, en revanche, confinée dans le réacteur nucléaire, ceci afin de ne pas contaminer le personnel de la centrale, les populations et l'environnement. Cette radioactivité intense dans un réacteur nucléaire n'est donc pas dangereuse pour la vie, tant qu'elle est ainsi confinée. Le taux de radioactivité qui s'échappe à

103. A.D.N. : Acide désoxyribonucléique. C'est l'ADN qui est le support de notre information génétique. Aux fortes doses d'irradiation (de l'ordre de la dose létale, environ 10 Sv) les observations au microscope des chromosomes de cellules humaines ou animales fortement irradiées montrent des aberrations chromosomiques. Les chromosomes sont alors dédoublés ou présentent un aspect anormal, et ce d'autant plus que la dose d'irradiation est plus élevée. Aux doses faibles, de l'ordre de grandeur de l'irradiation naturelle (environ 100 000 fois plus faible que la dose mortelle), l'irradiation ne présente cependant pas de risque particulier : aucune anomalie des chromosomes n'est observée au microscope et aucun effet nocif des irradiations aux faibles doses n'a pu être mis en évidence.

l'extérieur d'une centrale nucléaire dans l'environnement est très faible, de même nature et en moins grande quantité que la radioactivité naturelle, et ne présente donc à priori aucun danger pour les populations.

> Pour protéger l'environnement et les organismes vivants contre les méfaits des radiations à forte dose, nous devons veiller attentivement à proscrire toute explosion nucléaire militaire dont la finalité et les conséquences ne sont que destructrices, et nous devons aussi prévenir toute défaillance des installations nucléaires produisant de l'électricité.

Le taux de radioactivité émis par les bombes atomiques est très important, et les rayonnements émis lors de l'explosion de ces engins sont mortels et directement dispersés dans l'atmosphère, c'est pourquoi ces instruments de guerre sont barbares, inhumains et de surcroît polluants pour l'environnement. Nous devrions avoir honte.

> La bombe atomique est une réalisation indigne de l'humanité et l'idée même que des gouvernements puissent utiliser de tels instruments pour renforcer leur pouvoir et régner par la terreur est un véritable scandale qui montre que nous sommes encore un peu inconscients et pas si loin que cela de la barbarie de l'âge de pierre. Toute personne respectueuse de la vie et de l'environnement ne peut que condamner la notion d'arme nucléaire.
> Le plutonium qui sert à fabriquer les bombes atomiques est radioactif tandis que, contrairement à une idée largement répandue, l'uranium qui alimente les centrales électronucléaires n'est que très peu radioactif.

Cette radioactivité relativement faible est, de plus, naturelle : elle n'est autre que celle du minerai d'uranium. Ce n'est que lorsqu'on soumet l'uranium 235 à un bombardement intense de neutrons qu'il se scinde (fission) en éléments plus petits, beaucoup plus radioactifs, tout en libérant de l'énergie sous forme de chaleur récupérable pour fabriquer de l'électricité.

Dans les déchets nucléaires, ce n'est pas le carburant nucléaire (uranium) qui est la principale source de radioactivité, mais surtout les produits dérivés des réactions nucléaires, tels que le plutonium, l'americium, le césium, etc. Ces mêmes éléments sont de plus doublement toxiques en raison de leur forte toxicité chimique. Leur ingestion est susceptible de provoquer des troubles par empoisonnement, comme le plomb ou le mercure. Fort heureusement, les quantités de ces éléments qui sont manipulées par l'industrie sont relativement faibles (à côté de l'industrie du plomb par exemple).

Comment peut-on se protéger de la radioactivité ?

Les moyens de se protéger contre les rayonnements sont relativement simples et bien connus :

Les écrans : les rayonnements émis par des sources radioactives sont atténués ou stoppés par des écrans adaptés. Une simple feuille de papier suffit pour arrêter les rayons lumineux et les rayons alpha. Une feuille d'aluminium stoppe les rayons bêta. Les rayons X et gamma sont stoppés par une paroi de plomb ou une épaisseur plus importante d'acier, de terre ou de béton. C'est pourquoi les appareils de radiologie médicale contenant des sources radioactives sont entourés de protections de plomb afin de protéger le personnel environnant. Un être vivant peut sans danger se tenir à proximité de la plus puissante des réactions nucléaires de la planète, à condition d'en être séparé par une épaisseur d'un mètre de plomb ou quelques dizaines de mètres de béton, de terre ou de roche.

Le confinement : il consiste à faire en sorte que les substances radioactives restent enfermées dans un volume bien délimité où elles ne sont pas gênantes. La radioactivité est ainsi confinée dans le réacteur d'une centrale nucléaire et les déchets nucléaires dans des emballages hermétiques d'où ils ne peuvent s'échapper. En cas de fuite du réacteur d'une centrale, la radioactivité est encore confinée dans l'enceinte du bâtiment réacteur, à condition qu'elle existe (ce n'était pas le cas à Tchernobyl). Lorsque les militaires font exploser une bombe atomique, les particules radioactives sont au contraire réparties dans l'environnement par l'explosion, c'est pourquoi une explosion atomique militaire est non seulement une aberration sur le plan humain, mais nocive pour l'environnement.

La distance : à mesure que l'on s'éloigne d'une source radioactive irradiant uniformément dans toutes les directions (rayonnement isotrope), l'intensité du rayonnement diminue très vite, proportionnellement au cube de la distance en ce qui concerne l'irradiation directe en provenance de la source, et proportionnellement au carré ou au cube de la distance en ce qui concerne la dissémination de substances radioactives dans l'environnement[104]. Cela signifie qu'un sujet placé 100 fois plus loin qu'un autre d'une source radioactive (à 1000 kilomètres, par exemple) reçoit en moyenne une quantité de radiations entre dix mille et un million de fois plus faible que celui qui est placé 100 fois plus près (à 10 kilomètres dans notre exemple). On peut donc considérer que, au-delà d'une certaine distance, la quantité de rayonnement reçue est quasi nulle, même si elle reste détectable en raison de l'extrême sensibilité des appareils de mesure.

Le seul risque sérieux, en cas d'accident nucléaire, concerne en fait les personnes proches du lieu de l'accident. Plus loin (à plusieurs centaines de kilomètres), les matières radioactives sont très diluées dans l'atmosphère et n'atteignent donc pas un niveau de concentration dangereux. La quantité de radioactivité reçue par les Européens vivant à plus de 2000 kilomètres de Tchernobyl est ainsi de l'ordre de 200 × 200 × 200 = 8 millions de fois plus faible (aucun risque pour la

104. Selon que l'on considère que la dilution atmosphérique se fait de manière homogène horizontalement à la surface de la Terre (sans dilution verticale) ou selon les trois dimensions y compris verticalement. La réalité est quelque part entre ces deux valeurs par le fait que la dilution verticale n'est que partielle (les vents sont principalement horizontaux).

santé) que celle qui a touché les Soviétiques vivant à dix kilomètres de la centrale (risque déjà limité, sauf sous le vent de la centrale), eux-mêmes de l'ordre d'un million de fois moins contaminés que les individus qui sont restés dans la centrale au moment de l'accident (dans un rayon de quelques centaines de mètres, le risque encouru est mortel dans le cas d'un accident tel que Tchernobyl si le personnel n'est pas évacué).

Le temps : la radioactivité décroît avec le temps selon une courbe exponentielle décroissante. Ceci signifie que s'ajoute à la dilution dans l'espace, le fait que plus le temps s'écoule, plus la radioactivité s'atténue et se rapproche de zéro. Le problème des déchets radioactifs confinés est ainsi en grande partie résolu simplement en laissant passer le temps, pour les substances dont la demi-vie est assez brève. En cas de radioactivité libérée dans l'environnement, les produits se diluent non seulement dans le temps mais aussi dans l'espace. C'est ainsi que la radioactivité sur le site de Tchernobyl a déjà énormément diminué depuis l'accident[105].

---

105. La radioactivité sur le site de Tchernobyl a suffisamment diminué entre 1986 et 1993 pour que les autorités ukrainiennes décident d'y refaire travailler du personnel afin de remettre en fonctionnement les tranches n° 1, 2 et 3 situées à quelques centaines de mètres de la tranche n° 4 accidentée. Les autorités et les responsables de la centrale n'ont cependant pas jugé utile de faire de la publicité autour de cet événement, et pour cause : est-il vraiment raisonnable de remettre en route des réacteurs obsolètes, dépourvus d'enceinte de confinement et ayant déjà fait au moins une fois la preuve de leur insécurité, et d'y faire travailler des centaines de personnes alors que le site est toujours radioactif (même s'il l'est beaucoup moins qu'après l'accident)?

LES DIFFÉRENTS TYPES DE RAYONNEMENT

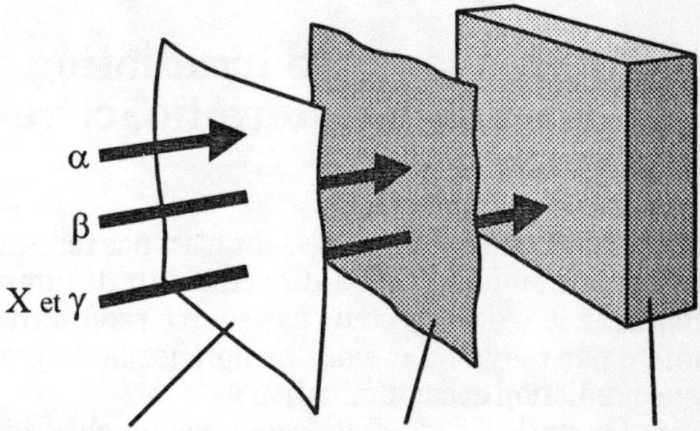

Les rayons alpha sont arrêtés par une simple feuille de papier.

Les rayons béta sont arrêtés par quelques mètres d'air ou une feuille d'aluminium.

Les rayons X (utilisés en radiologie et les rayons gamma sont plus pénétrants : ils peuvent traverser la matière et le corps humain, mais sont cependant arrêtés par une épaisseur suffisante de matière, de l'ordre de un mètre.

Les rayons alpha, bêta, X et gamma sont tous arrêtés par une épaisseur d'environ un mètre de plomb ou plusieurs mètres de terre ou de béton. Des substances radioactives stockées à plus de 50 mètres de profondeur sous terre ne présentent ainsi aucun danger pour la vie en surface tant qu'elles restent enfouies en profondeur.

Différence entre irradiation et contamination radioactive

Un objet illuminé par un projecteur n'est pas forcément lumineux lui-même, c'est-à-dire émetteur de lumière. Remplacez le mot projecteur par source radioactive et lumière par radiation et vous comprenez la différence entre irradiation et contamination :

— On parle « d'irradiation » lorsqu'un objet reçoit des radiations provenant d'une source radioactive extérieure à cet objet. Un objet irradié ne devient pas pour autant radioactif, de même qu'un objet illuminé ne devient pas lumineux. Cependant, l'irradiation à forte dose endommage les cellules vivantes.

— On parle de « contamination » lorsque des particules radioactives pénètrent dans un organisme (par exemple, si une vache broute de l'herbe radioactive, elle devient elle-même un peu radioactive). On distingue la « contamination interne » lorsque les particules radioactives ont pénétré dans l'organisme par inhalation, ingestion ou plaie, et la « contamination externe » lorsque les particules radioactives sont seulement déposées sur la peau. La contamination externe est moins grave que la contamination interne, car on peut s'en débarrasser en grande partie simplement en prenant une douche. Par contre, la contamination interne est redoutable car elle engendre une irradiation permanente de l'organisme par lui-même, dont il est très difficile de se débarrasser.

Lors d'un accident nucléaire, les victimes peuvent être soit irradiées (par les rayons émis par des substances radioactives), soit contaminées si elles absorbent des poussières ou des substances radioactives (notamment par la respiration ou par consommation d'eau ou d'aliments radioactifs). Les « pompiers du nucléaire » évitent la contamination en portant une tenue étanche (qui sera jetée après usage) et un masque à gaz qui filtre d'éventuelles poussières radioactives.

CHAÎNE DE L'URANIUM 235

Mode de désintégration	Radioélément	Période radioactive	L.A.I. adultes par inhalation
	Uranium 235	700 millions d'années	200 Bq
alpha	↓		
	Thorium 231	25,6 heures	20 000 000 Bq
beta	↓		
	Protactinium 231	35 000 ans	6 Bq
alpha	↓		
	Actinium 227	21,6 ans	6 Bq
beta	↓		
	Thorium 227	18,2 jours	1 000 Bq
alpha	↓		
	Radium 223	11,7 jours	3 000 Bq
alpha	↓		
	Radon 219	3,9 s	
alpha	↓		
	Polonium 215	0,002 s	
alpha	↓		
	Plomb 211	36 mn	
beta	↓		
	Bismuth 211	2,2 mn	
alpha	↓		
	Thalium 207	4,8 mn	
beta	↓		
	Plomb 207	stable	

Tableau extrait du « Cri du Rad », journal d'information de la CRII-RAD, n° 5, avril 1987.

CHAÎNE DE L'URANIUM 238

Mode de désintégration	Radioélément	Période radioactive	L.A.I. adultes par inhalation en Bq/an *
	Uranium 238	4,5 milliards d'années	200 Bq
alpha	↓		
	Thorium 234	24 jours	600 000 Bq
beta	↓		
	Protactinium 234	1,2 mn	
beta	↓		
	Uranium 234	25 000 ans	100 Bq
alpha	↓		
	Thorium 230	80 000 ans	60 Bq
alpha	↓		
	Radium 226	1 617 ans	2 000 Bq
alpha	↓		
	Radon 222	3,8 jours	360 000 Bq
alpha	↓		
	Polonium 218	3 mn	
alpha	↓		
	Plomb 214	27 mn	
beta	↓		
	Bismuth 214	20 mn	
beta	↓		
	Polonium 214	0,00016 s	
alpha	↓		
	Plomb 210	19,4 ans	
beta	↓		
	Bismuth 210	5 jours	
beta	↓		
	Polonium 210	138 jours	
alpha	↓		
	Plomb 206	stable	

* Limite annuelle d'incorporation par inhalation pour les adultes du public en Becquerel par an.

Tableau extrait du « Cri du Rad », journal d'information de la CRII-RAD, n° 5, avril 1987.

Les unités de mesure de la radioactivité

Entre irradiation, contamination, activité, dose, débit de dose, équivalent de dose, rem, becquerel, curie, sievert, rem/an, gray, rad, etc., à quoi s'ajoute la différence entre les anciennes et les nouvelles unités, avec en plus tous leurs multiples et sous-multiples (milli, micro, nano, pico, kilo, méga, giga, téra), le profane a évidemment du mal à s'y retrouver et pourrait croire que les scientifiques font exprès de tout compliquer.

En fait, plusieurs unités sont nécessaires pour définir les caractéristiques des rayonnements. Trop d'unités sont cependant utilisées (plusieurs d'entre elles désignent la même chose) parce que, historiquement, les unités ont changé plusieurs fois, un peu comme les anciens francs et les nouveaux francs. Certaines personnes continuent par habitude à parler en « anciens francs » tandis que d'autres ont adopté les « nouveaux francs ». Quelques explications sont donc utiles.

L'activité radioactive d'un objet est définie comme le nombre de désintégrations atomiques dans cet objet par unité de temps. Dans le système d'unités international, l'activité se mesure en becquerels (Bq) : 1 Bq = 1 désintégration/seconde (par définition). On mesure par exemple en Bq/kg la radioactivité d'aliments aussi bien à l'état naturel (une certaine dose de radioactivité est normale dans la nature) que lorsqu'ils sont contaminés artificiellement. Jusqu'aux années 1980 on utilisait le curie à la place du becquerel (1 curie = 37 milliards de Bq ou encore 1 Bq = 27 picocuries).

La dose absorbée en gray (Gy) est la quantité d'énergie cédée par le rayonnement par unité de masse de l'objet irradié : 1 Gy = 1 J/kg (par définition). Le gray remplace le rad (1 Gy = 100 rad; 1 rad = 0,01 Gy) et le gray/seconde remplace le roentgen, qui était utilisé autrefois pour mesurer la radioactivité atmosphérique.

Il n'y a pas de correspondance unique entre l'activité (en Bq) et la dose absorbée (Gy) car la quantité d'énergie cédée à l'objet irradié dépend du type de radioactivité (une particule alpha, beaucoup plus lourde, amène par exemple davantage d'énergie qu'une particule ß beaucoup plus légère).

La nocivité des radiations pour un organisme vivant est mesurée en sievert, qui remplace l'ancienne unité rem encore souvent utilisée (1 sievert = 100 rem; 1 rem = 0,01 sievert). Le rem est différent du rad car, à dose absorbée égale, les différents types de radioactivité provoquent des brûlures plus ou moins graves (un neutron ou une particule alpha, plus volumineux et plus lourds, font plus de dégâts qu'un électron ß ou un rayon X, plus légers et plus petits). La correspondance entre sievert (nocivité) et gray (dose de radiation absorbée) est la suivante :

— rayons X, gamma ou bêta : 1 Gy ⇔ 100 rems = 1 sievert;

— neutrons thermiques : 1 Gy ⇔ 200 à 300 rems = 2 à 3 sieverts;

— neutrons et protons : 1 Gy ⇔ 1000 rems = 10 sieverts;

— rayons alpha-noyaux lourds : 1 Gy ⇔ 2 000 rems = 20 sieverts.

La dose de radiations reçue par le public est habituellement exprimée :

— en millisieverts par an (mSv/an) ou microrems par heure (rem/h) ou millirems/an (mrem/an) lorsqu'il s'agit de parler de la radioactivité à laquelle est soumise le public;

— en rems par minute (rem/mn) lorsqu'il s'agit de

radiographies ou de radiothérapies médicales. Un rem par minute est égal à 500 millions de mrem/an.

> Les radiographies médicales nous soumettent pendant un temps très court à une radioactivité de l'ordre de 1 milliard de fois plus intense que la radioactivité naturelle.

Heureusement, ces radiographies médicales ne durent qu'une fraction de seconde alors que la radioactivité naturelle, bien plus faible, est permanente. En moyenne sur l'année, les doses de radioactivité d'origine médicale et naturelle reçues par un individu sont du même ordre de grandeur qui est de l'ordre de mille fois supérieur à la radioactivité provenant de l'industrie nucléaire. Dans les radiothérapies utilisées en cancérologie, la dose absorbée est très élevée, mais certaines parties du corps seulement sont irradiées (irradiation nettement focalisée).

Comment mesure-t-on la radioactivité ?

Les radiations sont invisibles à l'œil nu mais n'en sont pas moins mesurables scientifiquement à l'aide d'instruments appropriés d'une grande précision tels que le compteur Geiger. Les détecteurs de radioactivité sont des appareils particulièrement précis et sensibles qui peuvent détecter et compter chaque désintégration atomique une par une (précision de 1 becquerel). C'est grâce à la très grande sensibilité des appareils de mesure qu'on a pu détecter les effets des retombées radioactives de Tchernobyl à des milliers de kilomètres de distance.

Il ne faut pas confondre la dose d'irradiation, mesurée en grays ou en sieverts (ou en rads ou rems), qui est une valeur cumulée que l'on peut comparer au kilométrage parcouru par une voiture (exprimé en km) et le débit de dose ou activité ou intensité d'irradiation qui dépend du temps : c'est une valeur instantanée, une intensité comptée en désintégrations/seconde (becquerels, curies ou rutherfords), que l'on peut comparer à la vitesse d'une voiture à un moment donné (en km/h).

Doses de radioactivité admissibles et létales

Les normes dans le domaine nucléaire font intervenir plusieurs notions : les limites d'exposition qui s'appliquent en temps normal (hors de tout accident) et les niveaux d'intervention (qui s'appliquent en cas d'accident). Les limites d'exposition s'expriment sous forme de C.M.A. (concentration maximale admissible dans l'air, l'eau, les aliments, le sol, pour chaque élément : iode, césium, etc.) ou de L.A.I. (limite annuelle d'ingestion pour chaque élément : iode, césium, etc.). Ces limites varient en fonction de l'élément radioactif et peuvent parfois différer légèrement selon les législations propres à chaque pays, dans l'attente d'une harmonisation totale des normes internationales en la matière.

L'OMS considère actuellement, par exemple, comme admissible une L.A.I. de 100 000 becquerels d'iode 131 et de 300 000 becquerels de césium radioactif ingérés par année, et considère qu'aucune mesure de restriction particulière n'est nécessaire en dessous de 2 000 becquerels par litre de lait.

En France, la concentration maximale admissible (C.M.A.) pour le public est, par exemple, pour l'iode 131, de 7 Bq/m^3 dans l'air et 40 Bq/l dans l'eau de boisson, et, pour le césium 137, de 70 Bq/m^3 d'air et 750 Bq/l d'eau.

Cependant, les marges de sécurité très grandes qui ont été prises en compte pour le calcul des doses admissibles font qu'il n'y a aucun risque pour la santé, même en se situant au maximum des doses admissibles : les premiers symptômes ne surviennent qu'à des doses environ 50 fois plus importantes.

On n'observe aucun signe décelable en dessous de 30 rems d'irradiation en une seule fois sur le corps entier. La dose considérée comme admissible chez le travailleur du nucléaire est de 5 rems répartis sur une année (cette dose est encore 8 fois plus faible que ce que l'on recevrait du fait de la radioactivité naturelle dans certaines régions du monde). La dose maximale d'irradiation admissible pour le public français a été fixée encore dix fois plus bas à 0,5 rem/an[106] (80 fois moins que le niveau de radioactivité naturelle dans d'autres régions du monde). Entre 30 et 70 rems d'irradiation du corps entier en une seule fois, on n'observe généralement aucun symptôme visible de l'extérieur, mais une légère modification de la formule sanguine dans les semaines qui suivent l'irradiation (diminution du taux de lymphocytes vers la troisième semaine après l'irradiation). Aux environs de 100 rems (1 Sv), on observe des symptômes légers qui ne mettent aucunement en danger la vie du sujet et qui disparaissent spontanément, même en l'absence de traitement : malaises, nausées, vomissements, fièvre, ainsi que des modifications hématologiques transitoires qui s'observent une vingtaine de jours après l'exposition : diminution du taux de globules rouges (anémie), de lymphocytes (lymphopénie, entraînant une sensibilité accrue aux infections) et de plaquettes (thrombopénie). Ces modifications sanguines sont la conséquence de l'atteinte de la moelle osseuse. Un individu irradié doit être hospitalisé à partir de 200 rems (2 Sv) reçus en une seule fois. Les manifestations cuta-.

---

106. L'exposition humaine d'origine naturelle est, en moyenne de 0,24 rem/an, mais la radioactivité naturelle peut à elle seule atteindre 400 rems/an dans certaines régions d'Iran. La dose maximum d'irradiation admissible pour le public occidental est ainsi presque 100 fois plus faible que la dose d'irradiation naturelle que l'on recevrait en vivant en Inde, au Brésil ou en Iran, dans des régions naturellement très radioactives.

nées (brûlures ou colorations de la peau, comme après un coup de soleil, dont on remarquera d'ailleurs qu'il résulte de l'exposition aux rayonnements du soleil) s'observent lorsque la dose reçue dépasse 300 rems (3 Sv). La dose létale 50 % (DL 50) est la quantité de radioactivité qui, par définition, provoque la mort, en l'absence de soins, de 50 % des individus qui lui sont soumis soumis. La DL 50 est de 350 à 450 rems pour l'espèce humaine (environ 4 Sv). À partir de 8 Sv (800 rems), on observe des diarrhées et troubles respiratoires quelques jours après l'irradiation et le pronostic est réservé (décès probable en une à quelques semaines, la seule chance de survie étant alors une greffe de moelle osseuse)[107]. Les signes neurologiques (coma, confusion mentale) ne s'observent qu'au-delà de 1000 rems (10 Sv). À ce niveau d'irradiation, le décès est inévitable et survient généralement en quelques jours, parfois quelques heures aux très fortes doses. Plus la dose reçue est importante, plus le décès est rapide.

Une irradiation peut donc, selon la dose, être totalement inoffensive (aux doses naturelles) ou au contraire fatale (aux très fortes doses). Les premiers symptômes surviennent lorsque le sujet reçoit en une seule fois environ 200 fois[108] la dose qu'il recevrait normalement en un an dans la nature (dans une région moyennement

---

107. En effet, les lymphocytes (cellules du sang permettant de lutter contre les infections) qui sont secrétés par la moelle osseuse sont parmi les premières cellules du corps à être détruites par les fortes doses de rayonnements radioactifs. Les sujets gravement irradiés voient leur taux de lymphocytes diminuer de manière très importante dans les jours qui suivent l'irradiation et deviennent alors plus sensibles aux infections, contre lesquelles ils se défendent moins bien (comme les sujets immuno-déprimés ou les malades du sida), c'est pourquoi ils doivent être placés en chambre stérile. En greffant de la moelle osseuse, on constate que l'organisme, s'il n'est pas trop atteint, peut régénérer plus rapidement les populations de lymphocytes détruites par les rayons.

108. Environ 1000 fois la dose naturelle en un an, à recevoir en une seule fois pour la DL 50.

radioactive). Le risque de décès n'existe que pour les sujets qui reçoivent en une seule fois plus de deux mille fois la dose habituellement reçue en un an. La quasi-totalité des décès aux très fortes doses surviennent alors dans les deux mois après l'irradiation : dans les 30 jours environ pour cause hématologique (atteinte de la moelle osseuse – éventuellement récupérable par greffe dans les cas limites), en une semaine environ pour cause digestive, ou en 24 heures environ pour cause neurologique.

Nous venons de parler des effets précoces, mais il peut exister aussi des effets tardifs, survenant des années après l'irradiation. Quels sont par exemple les effets génétiques sur la descendance (risques de malformations du fœtus)? Il a été prouvé que ce risque existe pour les femmes gravement irradiées alors qu'elles sont enceintes, surtout en début de grossesse (risque un peu plus élevé d'avoir un enfant anormal en cas d'irradiation du fœtus à plus de 10 rems en une seule fois). Ce risque est fonction de la période de la grossesse (risque maximum entre la 3ᵉ et la 10ᵉ semaine de grossesse) et d'autant plus important que la dose d'irradiation est plus forte. En dessous de 10 rems reçus par le fœtus, le risque est nul ou quasi nul. Entre 10 et 20 rems, le risque existe mais est très faible. En revanche, au dessus de 20 rems (0,2 Sv), l'éventualité d'une interruption de grossesse peut se justifier. Toutefois, ce risque n'est démontré que pour les femmes enceintes au moment de leur irradiation : il ne semble pas y avoir de risque pour une femme qui va concevoir et mettre au monde un enfant plusieurs années après avoir été irradiée. Les risques d'avortement ou de malformations génétiques sont alors identiques à la normale naturelle. Des études portant sur 50 000 enfants nés de parents irradiés à Hiroshima ou Nagasaki ont montré que ces enfants étaient parfaitement normaux. Le taux d'avortement et de malformations génétiques est le même chez les descendants des sujets irradiés que dans une population témoin (pas de différence significative). Le risque pour le fœtus existe donc, mais seulement si la mère est enceinte au moment de son irradiation, surtout entre la 3e et la 10e semaine de grossesse, et seulement si le fœtus reçoit plus de 0,1 Sv en une seule fois (environ 50 fois la dose d'irradiation naturelle normalement reçue en une année).

Parmi les effets tardifs, on parle souvent des effets cancérigènes à long terme des radiations sur les sujets irradiés. Cette question a fait l'objet d'études très précises auprès de divers types de populations irradiées :

— survivants d'Hiroshima et de Nagasaki (285 000 personnes);

— radiologues (notamment ceux ayant exercé leur métier avant 1950, les doses reçues étant alors beaucoup plus fortes qu'aujourd'hui);

— malades traités par radiothérapie en milieu hospitalier (environ un million de malades par an dans le monde);

— mineurs des mines d'uranium (soumis à une irradiation naturelle plus élevée que la moyenne du fait de leur travail);

— populations soumises à une irradiation naturelle élevée (à Kérala en Inde, au Brésil, etc.);

— populations évacuées à Tchernobyl (135 000 personnes). Sur cette population, on manque cependant de recul, certains cancers pouvant survenir des dizaines d'années plus tard.

Sur ces différents groupes d'individus, il a été démontré que la probabilité de cancer et de leucémie survenant ultérieurement est effectivement un peu plus élevée chez les sujets ayant été irradiés artificiellement à de fortes doses (radiologues, Hiroshima, Nagasaki, radiothérapies)[109] : avec des hypothèses très prudentes, la CIPR

109. En revanche, aucun effet des faibles doses n'a pu être mis en évidence, même chez des populations régulièrement soumises à des taux nettement plus élevés de radioactivité (mineurs dans les mines d'uranium, habitants de la région de Kérala, radiologues soumis à de

(Commission internationale de protection radiologique) chiffre le nombre supplémentaire maximum de cancers mortels pouvant apparaître dans une population d'un million de personnes ayant reçu chacune 1 rem est de 125. Ce résultat est, aux fortes doses, proportionnel a la dose reçue et serait donc identique pour 10 000 personnes recevant chacune 100 rems. Pour des sujets irradiés à 10 rems, on observerait ainsi, au maximum (hypothèse la plus pessimiste), une proportion de l'ordre de 1 cas de cancer ou leucémie supplémentaires pour 1000 sujets irradiés. La localisation de ces cancers « supplémentaires » est connue[110] : sein = 20 % ; poumon = 16 % ; leucémie = 16 % ; os = 4 % ; thyroïde = 4 % ; autres = 40 %. Le risque de leucémie ou de cancer 10, 20 ou 30 ans plus tard existe donc bel et bien. Il serait donc faux de croire que le risque de leucémie et de cancer qui suit une irradiation est nul ou mal connu : il existe, a été parfaitement mesuré et ne doit pas être négligé. Mais il serait faux aussi de croire que ce risque est important et que tous les sujets irradiés ou une grande partie d'entre eux mourront d'une leucémie.

> Le public, insuffisamment informé, s'imagine souvent qu'une personne irradiée a de très fortes chances de mourir d'un cancer à la suite de son irradiation. Pourtant, même parmi les sujets fortement irradiés, ce n'est qu'une très petite proportion d'entre eux qui développeront une leucémie ou un cancer consécutif à leur irradiation. En temps normal, sur une population d'un million de personnes, 7000 cas

---

faibles doses), tant que cette radioactivité reste du même ordre de grandeur que la radioactivité naturelle.

110. Référence S.F.E.N., 1993. Il s'agit du cas où les individus reçoivent une irradiation homogène sur le corps entier. Dans certains cas, la répartition des cancers induits peut être différente. Par exemple, dans le cas d'une contamination par de l'iode radioactif, celui-ci se fixe sur la thyroïde et se manifeste principalement par des troubles thyroïdiens et des cancers de la thyroïde.

chaque année développent « naturellement » une leucémie. Si cette population d'un million de personnes a été irradiée à hauteur d'un rem par personne, cela induira, au maximum (il s'agit de l'hypothèse la plus pessimiste), 20 cas de leucémies supplémentaires. Moins de 20 cas supplémentaires sur 7000 n'est pas facile à mettre en évidence et nous touchons là à la limite du possible, d'autant que cela suppose un suivi épidémiologique d'une population d'un million de personnes, ce qui est énorme, pas facile du tout à mettre en évidence. Pour l'instant, l'effet cancérogène à long terme n'a été démontré que pour des doses supérieures à 10 rems reçus en une seule fois. En dessous de cette dose, aucune étude épidémiologique n'a pu montrer d'effets cancérogènes, ni génétiques et on ne sait pas si les résultats des fortes doses sont extrapolables aux faibles doses [111].

En pratique, si un sujet gravement irradié survit audelà du cap des 60 premiers jours, on peut pratiquement le considérer comme « tiré d'affaire » et il pourra mener à nouveau une vie normale, la principale séquelle étant, dans la plupart des cas, le traumatisme psychologique subi par l'individu. La majorité des décès consécutifs

---

111. Aucun effet des radiations n'a pu être démontré en dessous de 10 rems reçus en une seule fois, même par les études épidémiologiques longues et coûteuses portant sur des centaines de milliers de personnes. C'est pourtant sur la base d'une telle extrapolation, très hypothétique, des effets des fortes doses aux faibles doses, que sont effectués un certain nombre de calculs censés prévoir, par exemple, le nombre de cas de cancers consécutifs à Tchernobyl. Cette polémique concernant l'existence ou non d'un seuil en deçà duquel le risque est nul peut malheureusement durer encore longtemps, car même dans la pire des hypothèses, en supposant que ce seuil n'existe pas, les effets des faibles doses sont trop faibles pour pouvoir facilement être mis en évidence. Il ne sera donc pas facile de trancher cette question. Personnellement, je suis convaincu qu'un tel seuil existe, car nous avons toutes les chances d'être parfaitement adaptés, c'est-à-dire risque nul ou quasi nul, aux doses de radiations rencontrées dans notre environnement naturel.

aux effets précoces d'un accident nucléaire se produit dans le premier mois et la quasi-totalité d'entre eux dans les soixante jours qui suivent l'accident. L'organisme humain étant presque entièrement renouvelé et réparé tous les trois mois environ [112], ceux qui survivent au-delà de cette durée peuvent être considérés comme ayant survécu à l'événement, et le risque de décéder éventuellement, des années plus tard, d'un cancer résultant de leur irradiation n'est pas tout à fait nul, mais il est très faible (de l'ordre de 1 pour mille, comme nous venons de le voir) [113].

En cas de dispersion de substances radioactives dans la nature, celles-ci peuvent se retrouver concentrées dans les plantes ou la viande des animaux. C'est pourquoi, en cas d'accident majeur, les mesures de santé publique prévoient d'interdire certaines denrées alimentaires à la consommation, au-delà d'un certain niveau de contamination. Cela a été et est encore le cas, par exemple, aux alentours immédiats de Tchernobyl. Cependant, là encore, ce risque, bien réel, est cependant très exagéré dans l'esprit du public. La modification du comportement des consommateurs occidentaux juste après l'accident de Tchernobyl, les ménagères françaises ou espagnoles délaissant tel ou tel produit dans les semaines qui ont suivi l'accident, n'ont eu aucun fondement scientifique car les doses dangereuses n'ont pas été atteintes si loin de l'accident. Par exemple, l'une des plantes pouvant présenter des risques est le thym, en raison de sa propension à fixer le césium radioactif. Jusqu'à

112. Chaque jour, environ un kilo de la masse corporelle est renouvelée par la nourriture que nous ingérons, sur un poids moyen de 70 kilos au total, il faut donc approximativement une centaine de jours pour « remettre à neuf » le corps humain.

113. En revanche, on remarquera que la probabilité de mourir d'un cancer ayant une autre cause est importante puisqu'environ une personne sur trois décède d'un cancer en Occident. On connaît bien les facteurs favorisant ces cancers : le tabac, l'alcool, une alimentation inadaptée.

présent, il n'y a cependant pas de danger pour autant à consommer du thym dans les pays développés. Avant d'atteindre la limite annuelle d'ingestion (L.A.I.) de 300 000 Bq/an de césium considérée comme acceptable pour la population (dose admissible pour le public qui est encore très inférieure à la dose qui provoquerait les premiers symptômes), il faudrait ingérer 100 kilogrammes par an de thym contaminé par du césium radioactif à raison de 3 000 Bq/kilo [114]. Il est évidemment impossible d'en ingérer de telles quantités et ce serait d'ailleurs hautement toxique non pas en raison de la radioactivité, mais à cause de la présence du thymol (essences aromatiques du thym).

Les risques liés à la radioactivité ne doivent pas être négligés, mais on voit qu'ils sont souvent surestimés par le public, alors que des risques vécus quotidiennement (risques liés au tabagisme, à l'alcoolisme, risque d'avoir un accident de voiture, une crise cardiaque...) sont au contraire presque toujours sous-estimés.

---

114. Taux de contamination assez important qui correspond à peu près au taux de césium le plus fort relevé en Europe occidentale suite à l'accident de Tchernobyl en mai 86. Des valeurs de cet ordre n'ont été relevées que dans certaines localités et pendant un temps relativement bref après le passage du nuage radioactif, dans les régions où à la fois le nuage est passé et où en même temps la pluie a précipité au sol les poussières radioactives en suspension dans l'atmosphère.

LIMITES RÉGLEMENTAIRES AUTORISÉES POUR L'IRRADIATION HUMAINE

Décret n° 861103 du 2 octobre 1986 paru au *JO* du 12 octobre 1986

	Niveau d'irradiation	Limite réglementaire par an		Limite réglementaire par trimestre	
		mSv	rem	mSv	rem
Travailleurs catégorie A	globale	50	5	30	3
	peau	500	50	300	30
	cristallin	150	15	90	9
	mains, avant-bras	500	50	300	30
	pieds, chevilles	500	50	300	30
Travailleurs catégorie B	globale	15	1,5		
	peau	150	15		
	cristallin	45,	4,5		
	mains, avant-bras	150	15		
	pieds, chevilles	150	15		
Public	globale	5	0,5		
	partielle (y compris peau, mains, avant-bras, pieds, chevilles)	50	5		
	cristallin	15	1,5		

— Femme en état de procréer : dose maximale cumulée ⩽ 12,5 mSv, soit 1,25 rem par trimestre.

— Femme enceinte : dose maximale à l'abdomen ⩽ 10 mSv, soit 1 rem sur la durée de la grossesse.

— Les valeurs des limites trimestrielles des travailleurs catégorie A sont les 6/10e des limites annuelles de ces mêmes travailleurs.

— Les valeurs des limites annuelles des travailleurs catégorie B sont les 3/10e des limites annuelles des travailleurs catégorie A.

— Les valeurs des limites annuelles du public sont le 1/10e des limites annuelles des travailleurs catégorie A.

Extrait de la brochure : « Médecins et risque nucléaire », faculté de médecine, ordre des médecins, préfecture de l'Isère, avril 1989.

Quelques exemples de doses reçues[115]

La radioactivité naturelle reçue dans une région moyennement radioactive est d'environ 100 mrem/an, soit 0,3 mrem/jour. Dans certains cas, la dose reçue peut augmenter dans des proportions importantes :

— De l'ordre de 10 % de plus si vous dormez très près de votre époux (ou épouse ou petit[e] ami[e]), car le corps humain est naturellement radioactif (8 000 becquerels en moyenne pour un adulte).

— Un week-end sur un site granitique de la côte bretonne (radioactivité naturelle plus élevée à cause du granite) : de l'ordre de 300 % d'augmentation par rapport à ce que vous recevez habituellement, soit 2 millirems en un week-end (environ 1 mrem/jour ou 360 mrem/an). Si vous y séjournez plusieurs semaines en mangeant les produits du pays, vous augmentez la radioactivité interne de votre organisme dans les mêmes proportions, et votre organisme restera naturellement plus radioactif que d'ordinaire à votre retour de vacances pendant plusieurs mois, le temps de se renouveler.

— Une semaine aux sports d'hiver à 2 000 m d'altitude (radioactivité supplémentaire due aux rayons solaires moins filtrés par l'atmosphère en altitude) : 3 mrem/semaine (environ 150 mrem/an). Le niveau de radioactivité moyen est de l'ordre du double en montagne, par rapport à ce qu'il est au niveau de la mer. Les mon-

---

115. Source S.F.E.N.

tagnards, les pilotes d'avion et les hôtesses de l'air sont ainsi soumis à des doses de radioactivité plus élevées que ceux qui vivent toute l'année sur le « plancher des vaches ». La dose de radioactivité reçue par certains d'entre eux peut même, dans certains cas, dépasser la dose autorisée pour les travailleurs du nucléaire, sans que cela mette en danger leur santé (les seuils admissibles ayant été fixés très en dessous de la dose réellement dangereuse).

— Une année de camping dans un champ devant une centrale nucléaire (radioactivité artificielle provenant des rejets de la centrale, en plus de la radioactivité naturelle) : 1 millirem/an, soit environ 1 % de la radioactivité naturelle au même endroit, et moins en vivant toute l'année près d'une centrale qu'en quelques jours de vacances sur la côte bretonne ou en montagne.

— Une radiographie pulmonaire : 100 millirems aujourd'hui (100 fois plus en une seule radiographie qu'en vivant toute l'année près d'une centrale nucléaire), dose 20 fois plus faible qu'en 1955 (appareils plus performants).

— Un scanner abdominal : 1 500 millirems par coupe (un examen = 5 à 10 coupes), soit environ 1 000 fois plus lors d'un scanner abdominal que ce que vous avez reçu du fait des retombées de Tchernobyl sur la population en Europe occidentale; ou encore 10 000 fois plus que le supplément de radioactivité obtenu en stationnant toute l'année devant la porte d'une centrale nucléaire.

— Une radiographie dentaire : environ 20 millirems en deux secondes, soit autant en une seule radiographie qu'en vivant 20 ans à proximité d'une centrale nucléaire, avec en plus une double concentration de ces radiations médicales dans l'espace (zone corporelle ciblée), et dans le temps (la dose reçue au cours d'une radiographie est délivrée d'un seul coup).

— Retombées de l'accident de Tchernobyl en Europe de l'Ouest (France) l'année de l'accident : 8,8 mrem par personne, soit l'équivalent de quelques jours de vacances sur la côte bretonne ou dans la belle région de Lodève, ou 10 fois moins qu'une radiographie pulmonaire, ou encore 1 000 fois moins qu'un scanner abdominal.

Actuellement, les deux-tiers de l'irradiation reçue par l'homme sont d'origine naturelle et se décomposent de la manière suivante :

— Radioactivité naturelle externe, provenant du sol et des rayons cosmiques et solaires : environ la moitié de la radioactivité naturelle que nous recevons, soit en moyenne de l'ordre de 100 à 150 mrem/an, mais ce chiffre est très variable selon l'altitude et la nature du sol. La radioactivité du sol, par exemple, peut varier depuis environ 400 Bq/kg pour un sol sédimentaire, jusqu'à 8 000 Bq/kg ou davantage pour un sol granitique.

Partout dans le monde, les briques, les parpaings ou le béton des maisons et des immeubles sont radioactifs, mais ne vous affolez pas, ils ne le sont qu'à des doses naturelles et sans danger, de même que le sol et le sous-sol de la planète sont naturellement radioactifs, plus ou moins selon les régions.

— Radioactivité naturelle interne du corps humain : le corps humain s'irradie lui-même. En effet, environ la moitié du total des rayonnements auxquels nous sommes soumis provient de désintégrations radioactives ayant lieu au sein même de notre organisme, du fait de la radioactivité naturelle des atomes qui composent notre corps, de celle des aliments absorbés, des boissons ingérées, et de l'air inspiré (qui contient notamment du radon dans des quantités très variables en fonction de la météo et de la teneur du sol en uranium). En moyenne, l'irradiation d'origine naturelle et interne (auto-irradiation) est de l'ordre de 100 à 150 rem/an, c'est-à-dire du même ordre de grandeur que la radioactivité d'origine externe. La quantité de radioactivité que contient un individu de 70 kg est de l'ordre de 8 000 becquerels [116] au total, dont

116. Ce qui signifie, que, en permanence et de manière tout à fait

4000 becquerels environ provenant du potassium 40, autant pour le carbone 14, et beaucoup moins, soit de l'ordre de 40 becquerels pour le césium 137, autant pour le tritium et 4 becquerels pour le radium [117]. C'est ainsi que notre organisme est en permanence « contaminé » (à des niveaux très faibles et inoffensifs) par les aliments que nous mangeons et l'air que nous respirons, qui sont tous un petit peu radioactifs (et qui l'étaient déjà bien avant qu'apparaisse l'industrie nucléaire puisqu'ils le sont depuis toujours).

Le reste de la radioactivité à laquelle nous sommes soumis est d'origine artificielle et provient en quasi-totalité des examens radiologiques et des traitements médicaux radiothérapiques, qui sont, en moyenne, du même ordre de grandeur ou légèrement moins (moitié moins en moyenne) que la radioactivité naturelle que nous venons de décrire.

Une partie bien plus faible de la radioactivité reçue par les populations (de l'ordre de 1 % du total reçu) provient des retombées des nombreux essais nucléaires militaires aériens ayant eu lieu dans les années 1950 et 1960 (ceux-ci ont presque cessé depuis une vingtaine d'années).

Seule une part infime du total de la radioactivité reçue chaque année par les populations humaines (de l'ordre de 0,003 %) provient de l'industrie nucléaire civile. Conclusion logique : si l'on souhaitait réduire la radioactivité ambiante à laquelle les populations sont soumises (ce qui ne présente aucun intérêt car nous sommes pour l'instant largement en dessous des seuils

---

naturelle, 8 000 atomes se désintègrent à chaque seconde dans notre organisme (réactions nucléaires naturelles émettant des rayonnements).

117. Il est à noter cependant que ces chiffres peuvent varier sensiblement d'un individu à un autre autour de ces valeurs moyennes en fonction de son alimentation et de l'air respiré, et il convient donc d'éviter d'en tirer des conclusions trop hâtives. Nous donnons tout de même des chiffres moyens, pour situer les ordres de grandeur.

de danger), il faudrait s'attaquer en priorité à la radioactivité naturelle (par exemple en interdisant d'habiter des régions granitiques, en limitant strictement les excursions en montagne et la fréquence des vols en avion, et en imposant d'aménager dans les habitations des systèmes de ventilation permettant d'éliminer le radon, gaz radioactif émis naturellement par les sols), puis interdire ou limiter l'irradiation médicale. Quant aux retombées des essais nucléaires militaires ayant eu lieu, nous ne pouvons rien faire d'autre que les subir et condamner ceux qui ont ainsi délibérément contribué à polluer la planète. Fort heureusement, la radioactivité résiduelle provenant de ces essais militaires est relativement faible et ne met aucunement notre santé en danger.

Les écologistes qui dénoncent l'industrie nucléaire comme source principale de la radioactivité se trompent : ils devraient d'abord se renseigner sur les chiffres de la radioactivité naturelle qui est très supérieure à la radioactivité artificielle. Et les centrales nucléaires civiles ne sont même pas la principale source de radioactivité artificielle : si les rayonnements étaient nocifs (ce qui n'est pas le cas à faible dose), les écologistes intelligents devraient en premier lieu faire campagne contre les radiographies, scanners et radiothérapies utilisées en médecine avant de condamner des industriels qui limitent au maximum leurs rejets toxiques [118] (et qui doivent continuer à le faire pour préserver l'environnement autant que possible). Qui sont les vrais pollueurs?

118. Actuellement, les rejets de l'industrie nucléaire civile en France sont de l'ordre de 1 % des doses autorisées et, de plus, il faut préciser que la législation est particulièrement stricte et sévèrement contrôlée (ce qui est une bonne chose) lorsqu'il s'agit du nucléaire alors que de telles précautions ne sont pas toujours prises (ce qui est scandaleux) dans d'autres domaines de l'industrie bien plus dévastateurs pour l'environnement (industrie chimique, pétrolière ou agriculture par exemple).

Pas toujours ceux auxquels on se serait attendu... Actuellement, la nature et la médecine inondent beaucoup plus le corps humain de radiations que ne le font les industries nucléaires, mais cette irradiation naturelle est inoffensive et la pollution médicale est contrôlée, en principe volontaire, utile, et, aux doses utilisées (qui ont beaucoup diminué depuis quelques années [119]), on est encore loin des zones présentant un risque pour la santé (sauf en ce qui concerne les radiothérapies destinés à des patients cancéreux auxquels de très fortes doses de rayons sont parfois administrées localement sur les tumeurs et les métastases) [120].

119. En effet, grâce à l'utilisation de nouvelles techniques d'imagerie médicale, plus perfectionnées, on obtient des images de l'intérieur du corps humain plus précises qu'autrefois avec des doses d'irradiation moindres pour les patients.

120. Une radiothérapie anticancéreuse peut délivrer localement au niveau de la tumeur jusqu'à 10 000 rems (en plusieurs séances). À titre de comparaison, une dose dix fois plus faible de 1000 rems appliquée en une seule fois à l'organisme entier est létale.

La radioactivité varie beaucoup selon les régions

Quand on montre la lune du doigt,
les imbéciles regardent le doigt.

Ancien proverbe chinois.

La radioactivité naturelle se décompose entre : les rayonnements cosmiques et solaires, qui dépendent du degré d'ensoleillement, de l'humidité de l'air et de l'altitude (environ 0,5 mSv par an au niveau de la mer, 40 mSv par an à 12 000 mètres d'altitude [121]), les rayonnements telluriques (de 0,5 à 400 mSv par an selon les régions), l'inhalation de radon par la respiration (en moyenne 1,3 mSv par an dans les pays développés), et l'ingestion de radioisotopes par l'alimentation (équivalent de dose annuel de 0,2 mSv environ, provenant en particulier du carbone 14 des aliments et du potassium 40 que l'on trouve

---

121. Il est ainsi facile de calculer qu'un aller-retour en avion Paris-New York à 12 000 mètres d'altitude représente un surcroît d'irradiation d'environ 0,05 mSv (5 mrem), soit 500 fois plus que ce qui est reçu par la population en moyenne en un an en provenance des centrales nucléaires, et cinq fois plus que la dose reçue en un an à proximité immédiate d'une centrale. Un vol transatlantique correspond cependant à une radioactivité reçue bien moindre (de l'ordre de 20 fois moins) qu'un check-up médical avec radiographie pulmonaire. Ou encore : 10 allers-retours Paris/New York en avion = 1 radiographie des poumons = vivre un siècle tout près d'une centrale nucléaire = 100 mrem = aucun danger pour la santé.

dans tout ce qui contient du potassium, notamment les fruits, les légumes, les viandes, les poissons, les fruits de mer, les eaux minérales...).

La radioactivité naturelle provenant du sol est de loin la principale source d'irradiation pour les populations civiles. Celle-ci est due en partie au radon (gaz radioactif que nous inhalons sans le savoir en respirant) et en partie aux décompositions radioactives se déroulant dans le sol, qui émettent des rayonnements dits « telluriques ». Le radon 222, gaz radioactif d'une demi-vie de 3,8 jours, provient de la décomposition radioactive très lente de l'uranium 238 (demi-vie de 4,5 milliards d'années), présent dans tous les sols dans des proportions variables. Le radon chemine en se faufilant dans les porosités et anfractuosités du sol et se retrouve dans l'atmosphère, où il est ensuite inhalé le plus naturellement du monde par la respiration. Lorsque la pression atmosphérique baisse, le radon s'échappe plus vite du sol. La radioactivité naturelle de l'atmosphère varie donc non seulement selon le lieu, mais aussi en fonction de la météo (les chiffres donnés ci-dessus sont des moyennes).

En moyenne, dans les pays développés, l'irradiation tellurique est de l'ordre de 1 mSv par an, mais ce chiffre peut varier entre 0,5 mSv (régions les moins radioactives) et 400 mSv (certaines régions d'Iran).

> La radioactivité tellurique (émise par le sol) peut varier d'un facteur 1 à 1000 selon les régions, en fonction de la teneur du sol en uranium.

La dose moyenne d'irradiation naturelle provenant du sol (à distinguer de l'irradiation naturelle cosmique qui vient du ciel et de l'irradiation interne provenant de la radioactivité contenue dans notre organisme) en Europe est de l'ordre de 100 millirems/an (= 1 mSv).

> Dans la province de **Kerala**, au sud de **l'Inde,** le taux de radioactivité naturelle est environ 10 fois plus élevé qu'ailleurs : il varie entre 3,8 et 17 mSv/an.

Dans certaines régions du **Brésil**, la radioactivité naturelle est encore dix fois plus intense : jusqu'à 175 mSv/an, et plus encore, jusqu'à 400 mSv/an dans certaines régions **d'Iran**, sans qu'il soit pour autant dangereux d'habiter ces régions : on n'a pas pu mettre en évidence une augmentation de la fréquence des cancers ou d'autres maladies dues à la radioactivité dans ces régions.

À côté de cette radioactivité naturelle, la radioactivité artificielle provenant des centrales nucléaires (de l'ordre de 0,0001 mSv/an) est négligeable (dix mille fois plus faible que la moyenne de radioactivité tellurique et 4 millions de fois plus faible que la radioactivité tellurique la plus élevée), mais nous devons cependant veiller à ce que la radioactivité artificielle, qui s'ajoute à la radioactivité naturelle, n'atteigne pas l'ordre de grandeur de celle-ci, ce qui est loin d'être le cas pour l'instant.

IRRADIATION NATURELLE PAR RÉGION

La radioactivité n'est pas seulement fabriquée dans les centrales. On trouve en effet des substances radioactives partout dans la nature, dans des proportions très variables selon les régions.

en mRem/an

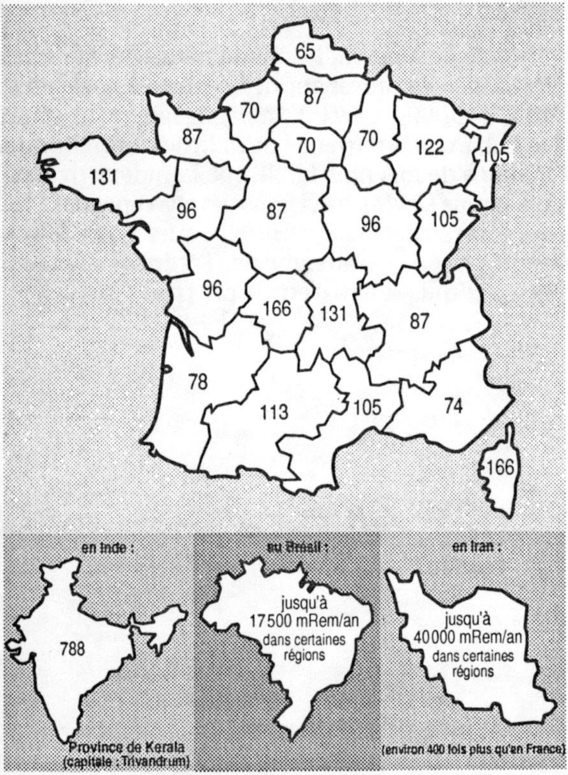

Extrait de la brochure : « Médecins et risque nucléaire », faculté de médecine, ordre des médecins, préfecture de l'Isère, avril 1989.

L'accident de Tchernobyl

Sur le site de Tchernobyl (nom de la localité), les autorités soviétiques exploitaient quatre réacteurs nucléaires de 1 000 MW chacun. Il s'agissait de réacteurs de la filière RBMK, de conception ancienne et peu sûre, dépourvus d'enceinte de confinement en béton. Dans ces réacteurs, le cœur est constitué de tubes verticaux entourés de graphite parcourus par de l'eau qui bout au contact du combustible (de l'uranium). L'accident s'y est produit le 26 avril 1986 à 1 h 23 du matin. Le 27 avril dans l'après-midi, avec plus de 24 heures de retard, a été évacuée la ville de Pripyat, mais aucune information ni consigne n'était toujours pas donnée à l'étranger par les autorités soviétiques, pas plus que dans les autres régions environnantes (par exemple en Biélorussie, région fortement contaminée dans les jours suivants, ce qui était facile à prévoir par la simple lecture de cartes météo précisant la direction des vents). Le surlendemain de l'accident, le 28 avril au matin, plusieurs centrales nucléaires suédoises signalent une augmentation anormale de la radioactivité atmosphérique et donnent l'alerte. Les autorités soviétiques reconnurent qu'un « incident » était survenu à la centrale de Tchernobyl.

Presque dix ans plus tard, le bilan officiel de l'accident fait état de 42 victimes, toutes des employés de la centrale restés sur le site après l'accident ou des pompiers et « liquidateurs » ayant participé aux interventions juste après l'accident, ayant reçu une dose comprise entre

400 et 1600 rems [122]. Le personnel étant intervenu sur le site après l'accident n'a toutefois pas fait l'objet d'un suivi systématique et on ne connaîtra sans doute jamais le nombre exact de victimes parmi ces sujets.

Environ 100 000 personnes (notamment la ville de Pripyat) ont été évacuées durant le printemps et l'été 1986. La plupart des zones évacuées sont situées dans un rayon de 30 kilomètres autour de la centrale. Toutefois certaines zones plus lointaines, plus fortement contaminées que d'autres en raison de la pluie qui a précipité au sol les substances radioactives, ont également été évacuées. Cependant, au moment de l'accident, l'alerte n'a pas été transmise à la population et aucune consigne de confinement (rester chez soi) n'a été donnée au public. Ce n'est que plus de 24 heures après l'accident que Pripyat a été évacué. Une simple consigne de confinement (« restez dans les habitations, fermez les fenêtres et limitez au maximum vos déplacements à l'extérieur ») et une évacuation plus précoce aurait considérablement limité les doses reçues par le public. Au passage du nuage radioactif, la dose reçue par irradiation externe a été de l'ordre de 3 rems à 10 km de la centrale (dose trop faible

---

122. Source AIEA (déc. 93), en tenant compte des décès survenus ultérieurement (y compris les cas de cancers de la thyroïde jusqu'en 1993 inclus). Au moment de l'accident et dans les mois qui l'ont suivi, les autorités soviétiques ont d'abord voulu minimiser la gravité de l'accident et le nombre de victimes. Depuis les années quatre-vingt-dix, les autorités russes auraient tendance au contraire à amplifier la gravité de l'événement (de nombreuses rumeurs sans fondement circulent, faisant état de milliers de victimes, alors qu'il n'y en a eu pour l'instant que 42 identifiés de manière certaine) pour faire pression sur les pays occidentaux et obtenir ainsi une aide économique plus importante, prenant en otage l'opinion publique occidentale en laissant planer la menace d'un nouvel accident possible si rien n'est fait pour les aider. Voilà comment l'écologie et la peur du nucléaire peuvent, à l'occasion, être récupérées et manipulées politiquement, alors que ceux qui brandissent cette menace feraient mieux de fermer tout simplement les centrales RBMK qu'ils savent dangereuses et qui ne sont pas indispensables (elles ne produisent que quelques pour cent de l'électricité soviétique).

pour donner des symptômes d'irradiation, les premiers symptômes survenant vers 30 rems d'irradiation en une seule fois) et de 1 rem à 30 km, pour des personnes non abritées par des bâtiments[123].

Le nuage de substances radioactives s'échappant de la centrale après l'accident, composé principalement d'iode 131 dispersé par les vents dans l'atmosphère, a, dans les jours suivants, occasionné une contamination très importante en « taches de léopard » en Ukraine et surtout en Biélorussie, là où la pluie a précipité au sol les éléments radioactifs[124] en fonction des caprices de la météo. Les populations civiles environnantes n'ayant pas reçu les instructions adéquates (rester chez soi fenêtres fermées) et n'ayant pas non plus été évacuées immédiatement, ont été contaminées par le nuage radioactif (beaucoup moins gravement cependant que le personnel de la centrale) à des doses diverses selon les régions. L'iode radioactif se fixe sur la thyroïde. Une solution pour soulager ceux qui auraient été contaminés, consiste alors à distribuer aux populations des pastilles d'iode non radioactif qui saturent la thyroïde, évitant ainsi que ne s'y fixe l'iode radioactif. Du fait du silence des autorités soviétiques et de la politique de l'autruche qui a suivi l'accident, des doses inutilement importantes d'iode radioactif ont ainsi été reçues par les populations qui n'ont pas été informées, ni évacuées et, ayant de ce fait été contaminées, n'ont pas pris de pastilles d'iode et ont continué à vaquer à leurs occupations et à sortir comme

---

123. Pour les populations habitant à proximité du lieu d'un accident nucléaire, se mettre à l'abri dans les habitations est la mesure de protection la plus simple et la plus efficace pour éviter aussi bien la contamination que l'irradiation externe.

124. Principalement de l'iode 131, qui ne pose plus aucun problème aujourd'hui, sa demi-vie n'étant que de huit jours, et du césium 137, dont une grande partie est encore radioactive aujourd'hui (demi-vie de 30 ans), mais qui présente bien moins de danger pour les populations environnantes qu'immédiatement après l'accident en raison de la dilution dans l'espace, sa concentration en un lieu donné étant beaucoup plus faible qu'initialement.

d'habitude dans la rue, alors que le simple fait de rester à l'intérieur des habitations le temps que le nuage passe aurait évité l'essentiel de la contamination. Il a été observé depuis une augmentation du nombre de cas de cancers de la thyroïde chez les enfants (la thyroïde étant plus active chez les enfants que chez les adultes, les enfants fixent davantage l'iode radioactif que les adultes), particulièrement en Biélorussie [125]. Toutefois, on remarquera que par rapport au nombre de victimes du tabagisme, de l'alcoolisme (qui fait des ravages dans les ex-pays soviétiques) et aux problèmes alimentaires, dont on ne parle pas autant, mais qui tuent pourtant quotidiennement, le nombre de victimes directes et même indirectes de Tchernobyl ne représente que peu de choses. Remarquons aussi que, sur les 75 millions de Soviétiques concernés par les retombées de Tchernobyl, 15 à 18 millions mourront d'un cancer naturel n'ayant rien à

125. Nombre de cas de cancers de la thyroïde diagnostiqués et répertoriés chez des enfants en Biélorussie par année (source AIEA, 1994) : avant 1986 : pas de statistiques; en 1986 : 2 cas; en 1987 : 4 cas; en 1988 : 5 cas; en 1989 : 6 cas; en 1990 : 29 cas; en 1991 : 55 cas; en 1992 : 30 cas. Au total, selon l'OMS (programme IPHECA : International programme on the health effects of the Chernobyl accident), 653 cas de cancer de la thyroïde ont été diagnostiqués entre 1986 et 1995 chez des enfants et des adolescents : 350 en Biélorussie, 259 en Ukraine, 44 en Russie. L'augmentation du nombre de cas observés est probablement imputable à l'accident de Tchernobyl, mais on n'en est pas totalement sûr, l'augmentation observée pouvant aussi être liée au fait que les médecins des régions concernées palpent aujourd'hui systématiquement la thyroïde des enfants, dépistant ainsi un nombre plus élevé de cas de goitres thyroïdiens qu'ils ne recherchaient pas avant l'accident; la maladie est ainsi diagnostiquée plus tôt et sur un plus grand nombre de cas, qui seraient passés inaperçus et n'auraient même pas été diagnostiqués auparavant. On remarquera par ailleurs qu'il s'agit de cas de goitres thyroïdiens diagnostiqués, à ne pas confondre avec des décès, presque tous ces enfants étant aujourd'hui encore en vie. Au moins trois cas de décès d'enfants sembleraient toutefois imputables (sans qu'on en soit totalement certain) aux doses élevées d'iode 131 reçues par ces enfants suite à l'accident de Tchernobyl (source AIEA, 1994).

voir avec l'accident. Compte tenu des doses reçues par les populations, le nombre de cas de cancers potentiellement induits à long terme par l'accident peut être calculé théoriquement, en supposant que même les doses minimes soient nocives (ce qui n'est pas certain, mais on prend ainsi en compte la pire des hypothèses). On trouve alors théoriquement un nombre de cas de cancers induits chez les Russes compris entre 0 et 15 000 décès dans les 70 ans à venir. On voit que, par rapport aux 15 à 18 millions de cas de cancers naturels, il sera très difficile de mettre en évidence l'augmentation des cas résultant de l'accident, d'autant que les cancers concernés (même le cancer de la thyroïde) peuvent avoir bien d'autres causes que l'irradiation. L'incidence de l'accident de Tchernobyl sur la mortalité par cancer des populations russes pourrait être une augmentation de l'ordre de 0 à 1 pour mille du taux de mortalité par cancer par rapport à la normale. Ce chiffre est si faible que les experts soulignent que, même avec des études épidémiologiques bien conduites et très onéreuses, il sera difficile de le mettre en évidence. Inutile de préciser qu'en ce qui concerne les pays plus éloignés ayant reçu une quantité de radioactivité de l'ordre du million de fois plus faible, le risque de cancer est quasi inexistant.

L'accident de Tchernobyl, malgré sa gravité (pour les populations russes contaminées) et l'importante médiatisation de l'événement, n'a pas affecté notablement les populations lointaines sauf par le traumatisme psychologique qu'il a créé. À juste titre (mieux vaut quand même en parler pour prévenir un nouvel accident), on a fait couler beaucoup d'encre à propos de cet accident en Europe de l'Ouest et aux États-Unis, mais, pour ces pays éloignés du lieu de l'accident, Tchernobyl a surtout touché les populations par le gigantesque choc émotionnel et médiatique qu'il a provoqué. On estime à 100 000 le nombre d'avortements supplémentaires sur l'ensemble de l'Europe. Ces interruptions de grossesse ont été pratiquées en surnombre suite à l'accident de Tchernobyl soit à la demande des femmes elles-mêmes, soit sur les conseils de médecins (qui paniquaient aussi) dans certains pays européens. Ces 100 000 victimes innocentes ont été sacrifiées pour rien, en raison du choc psychologique sur l'opinion publique alors que le risque réel en Europe de l'Ouest était nul, même pour une femme enceinte[126]. Il est vrai que les retombées radioactives de Tchernobyl ont pu être détectées à des milliers de kilomètres de distance. En France, le taux de radioactivité en provenance de Tchernobyl auquel la population a été soumise a atteint localement 0,06 millirem/h quelques jours après l'accident, au début du mois de mai 1986 (à comparer à environ 0,015 millirem/h de radioactivité naturelle). Une quinzaine de jours après l'accident, la radioactivité atmosphérique était cependant pratiquement revenue à son niveau habituel. Au total, les Français auront reçu chacun, en moyenne, environ dix millirems de radioactivité en provenance de Tchernobyl, c'est-à-dire environ le dixième de la radioactivité naturelle à laquelle nous sommes soumis chaque année. Bien sûr, il aurait mieux valu se passer de cette irradiation supplémentaire, mais l'impact de celle-ci (à supposer qu'il y en ait un) reste malgré tout très, très faible à côté de l'ampleur de la psychose engendrée par l'événement.

Le surcroît de radioactivité reçu par les Européens de l'Ouest à la suite de l'accident de Tchernobyl n'est

---

126. Dose de radioactivité supplémentaire reçue en Europe de l'Ouest suite à Tchernobyl : environ 40 millirems en Allemagne, 10 millirems en France, en Suède et au Danemark, 0,1 millirem en Espagne. Or le risque pour le fœtus est nul en dessous de 10 rems reçus en une seule fois et la question d'un éventuel avortement pour éviter une malformation du fœtus n'est justifiée qu'à partir de 0,2 Sv (20 rems). Environ 100 000 femmes se sont ainsi fait avorter inutilement en Europe de l'Ouest, par panique, alors qu'il aurait fallu qu'elles reçoivent une dose au moins 500 fois plus élevée (en Allemagne) ou 2 000 fois plus (en Suède, en France ou au Danemark), voire 200 000 fois plus forte (en Espagne) pour que la question se pose et qu'il y ait, éventuellement, un risque de malformation du fœtus.

pas nul, mais il est loin d'être alarmant et ne présente aucun danger pour la santé : il est du même ordre de grandeur que le surcroît de radioactivité obtenu en passant deux semaines de vacances sur la côte bretonne cette même année 1986, ou (au choix) quelques jours aux sports d'hiver, ou la moitié d'une radiographie dentaire, ce qui est loin d'être catastrophique!

Le nuage radioactif de Tchernobyl contenait principalement deux radioéléments : le césium 137 (demi-vie : 30 ans) et l'iode 131 (1/2 vie : 8 jours). La radioactivité due au césium se retrouve particulièrement, au niveau de la chaîne alimentaire, dans les champignons qui concentrent facilement la radioactivité. Le taux d'activité maximum de certains champignons sauvages, mesurée fin 1986 dans l'Isère, une des régions concernées par le passage de substances radioactives de Tchernobyl, a été de 1840 Bq/kg de champignon sec. Sachant que la limite annuelle d'ingestion (L.A.I.) de césium est de 300 000 becquerels par an et qu'un champignon contient environ 1 % de matières sèches et 99 % d'eau, il aurait fallu consommer environ 16 tonnes de champignons frais dans l'année (44 kilos de champignons radioactifs par jour tous les jours de l'année) pour arriver à un niveau non admissible de césium radioactif par consommation de champignons, ce qui est évidemment impossible. De plus, une partie du césium présent dans ces échantillons ne provient pas de Tchernobyl[127]. Si la radioactivité atmosphérique puis celle du sol a bien augmenté un peu dans le monde suite à l'accident de Tchernobyl, il est donc clair que cette augmentation a

127. Le « Cri du rad », publication de la CRII-rad, n° 5, automne 1987. En effet, des prélèvements d'échantillons datant d'avant 1986 montrent la présence ancienne de doses parfois importantes de césium dans des champignons français (césium d'origine naturelle et/ou provenant des retombées des essais atomiques militaires effectués dans les années 1960).

été faible et que l'on est resté en Occident largement en dessous des normes acceptables[128]. Il ne faudrait pas cependant qu'un tel accident se reproduise et toutes les précautions doivent être prises à cet effet. Cet accident a été coûteux aussi bien en vies humaines et en souffrances que sur le plan économique et psychologique[129] et, surtout, il s'agit d'un accident absurde qui aurait facilement pu être évité avec ce que l'on savait à l'époque.

Les retombées de Tchernobyl, bien que décelables à des milliers de kilomètres de distance en raison de la très grande sensibilité des appareils de mesure, ont donc été minimes et sans grandes conséquences sur notre santé en Europe de l'Ouest, au Japon ou aux États-Unis. Le risque sanitaire encouru par les populations n'était en tout cas pas à la hauteur de l'intensité de la retransmission médiatique de l'accident. Les bilans montrent d'ailleurs, à posteriori, que les victimes directes de l'accident étaient pratiquement toutes des membres du personnel de la centrale, des personnes se trouvant à proximité immédiate lors de l'accident (deux personnes), ou des militaires et des pompiers qui avaient participé aux interventions sur le lieu de l'accident dans les premières semaines (quelques cas de décès connus, notamment celui d'un pilote d'hélicoptère ayant participé aux opérations), souvent sans la moindre protection, et sans même avoir été prévenus du danger qu'ils couraient. Le nombre exact de victimes parmi les pompiers et militai-

128. En Occident, mais pas, bien sûr, dans les régions proches de la centrale.

129. Un véritable traumatisme psychologique a ébranlé les pays développés, traumatisme dont les effets persistent encore aujourd'hui en partie : la population de la planète entière s'est sentie menacée et a été tenue en haleine par les événements de Tchernobyl. Cela aura eu au moins le mérite de nous faire comprendre que nous habitons tous la même planète, que ce que font les uns affecte aussi les autres, et que, particulièrement dans le domaine de l'environnement, les frontières n'existent pas. Il n'y a donc pas d'autre moyen que de travailler tous ensemble la main dans la main. La logique des « blocs qui s'affrontent » et de la guerre froide s'est d'ailleurs effritée depuis.

res n'est pas connu exactement et ne le sera jamais, ces personnes n'ayant pas été recensées et suivies.

Nous devons tirer les enseignements de cet événement pour éviter que de tels accidents se renouvellent. Les conséquences ont été dramatiques aussi bien pour les populations locales délogées et en partie contaminées [130] que pour les Soviétiques (conséquences économiques du coût de l'accident et perte de crédibilité du pouvoir communiste). Les conséquences psychologiques sur l'opinion publique internationale ont été importantes et l'opinion publique est alors devenue plus antinucléaire que jamais après cet événement.

Aujourd'hui, les causes de l'accident sont connues : la centrale était dangereuse de par sa conception (absence d'enceinte de confinement, coefficient de vide positif, présence d'une grande quantité de graphite inflammable dans le cœur du réacteur, temps de réaction trop long des barres d'arrêt de la réaction) [131]. Elle était mal entretenue, la formation du personnel y était insuffisante et de multiples erreurs humaines ont été commises (non respect des procédures) sans qu'aucun système de sécurité ne donne l'alarme, et pour cause : la centrale en était pratiquement dépourvue, et les systèmes de sécurité existants étaient débranchés au moment de l'accident. La perte de contrôle du réacteur a été très rapide et le personnel conduisant la centrale n'a alors pas su réagir et n'en a pas eu le temps. L'ex-pouvoir communiste soviétique avait oublié d'intégrer dans son sys-

---

130. Une augmentation du nombre de goitres chez les enfants en Biélorussie aurait été observée depuis l'accident, mais on ne sait pas dans quelle mesure cette augmentation est consécutive à l'accident ou liée à d'autres facteurs (modification du mode de vie et de l'alimentation après la chute du pouvoir communiste).

131. L'arrêt d'urgence par abaissement des barres de contrôle de la réaction prenait une trentaine de secondes à Tchernobyl contre une seconde sur l'ensemble des réacteurs occidentaux. De plus, la constitution de ces barres à Tchernobyl faisait que le début d'insertion de celles-ci provoquait un accroissement de la puissance.

tème idéologique la notion de sécurité nucléaire et préférait prendre le risque d'irradier gravement des populations et de déverser les déchets nucléaires dans les rivières et les océans plutôt que de consacrer un peu de temps et d'argent à la sécurité. Attitude irresponsable qui est une preuve, parmi d'autres, de l'incompétence de ce pouvoir politique qui a tenu pendant près de trois-quart de siècle un discours populiste tout en piétinant la vie et la santé des populations. Nous devons d'ailleurs prendre garde et rester vigilant, car aucun pouvoir n'est à l'abri des manipulations politiques. Les divers scandales qui ont émaillé la vie politique internationale depuis toujours sont là pour en témoigner.

Dix-neuf réacteurs de type RBMK identiques à celui de Tchernobyl fonctionnent encore dans les pays de l'Est, dans des conditions de sécurité déplorables. Certaines améliorations ont été apportées à ces centrales depuis l'accident[132]. Mais, malgré ces efforts, les réacteurs RBMK restent de conception archaïque et on ne refait pas du neuf avec du vieux. Il est impossible de les rendre suffisamment sûrs en les modifiant, car ils sont mal conçus au départ, c'est pourquoi il n'y aurait qu'en démolissant et en reconstruisant ces réacteurs qu'on pourrait, par exemple, leur ajouter l'enceinte de confinement qui leur fait cruellement défaut.

La seule solution raisonnable consiste à arrêter purement et simplement, et le plus vite possible, les 19 tranches RBMK de type Tchernobyl, ainsi que les 10 tranches VVER 230 encore en fonctionnement.

132. En particulier, le temps nécessaire à l'arrêt du réacteur en cas d'urgence, par abaissement des barres de contrôle, a été ramené de 30 secondes à une dizaine de secondes, et la disposition interne des éléments combustibles dans le réacteur produit maintenant un coefficient de vide dit « positif », et non « négatif » comme avant l'accident, ce qui signifie qu'en cas d'accident et de vaporisation de l'eau du réacteur, la réaction nucléaire s'arrêterait spontanément, au lieu de s'amplifier comme c'était le cas auparavant.

Lorsqu'une voiture a des freins défaillants mettant en jeu la sécurité des occupants, on la répare ou on s'en débarrasse (en tout cas dans les pays civilisés). Ne devrait-on pas faire de même avec des centrales dangereuses qui menacent la vie de milliers de personnes? Cela soulève bien sûr le problème du prix. Qui paiera, sachant que les pays anciennement soviétiques ont à faire face à de graves problèmes économiques? Les réacteurs RBMK, comme toutes les installations industrielles archaïques, devraient être renouvelés ou stoppés le plus rapidement possible. Un nouvel accident pouvant avoir des conséquences internationales, l'Occident pourrait apporter une aide en proposant de leur fournir de l'électricité à bon marché (en échange d'autres services ou de matières premières abondantes en Sibérie), ou participer techniquement ou financièrement à la construction d'installations plus fiables à la place de ces réacteurs dangereux. Les Occidentaux transférant leur savoir-faire technologique à l'Est pour augmenter la sécurité internationale : voilà qui semble plus raisonnable que l'ambiance « secret militaire – guerre froide – menaces de destruction réciproque » que nous avons connue pendant des années au sujet du nucléaire.

Huit ans après l'accident de Tchernobyl, sur les quatre réacteurs nucléaires installés sur le site, seul celui qui a été accidenté (la tranche n° 4), réduit à l'état d'un amas de tôles radioactives noyées sous une chape de béton, est toujours inaccessible. Sous le béton coulé après l'accident, restent encore enfermées des ferrailles et matières radioactives. Le reste de la centrale a été en partie décontaminé (bien que le taux de radioactivité y soit encore aujourd'hui de l'ordre de 20 fois le taux de radioactivité naturelle). À quelques dizaines de mètres du réacteur accidenté, les trois autres tranches (n° 1 à 3) ont été remises en fonction en 1993. La radioactivité sur le site de la centrale de Tchernobyl a suffisamment diminué pour que le personnel puisse à nouveau travailler sur place sans grand risque, bien qu'il existe tout de même une radioactivité rémanente qui ne met pas immédiatement en jeu la vie des travailleurs, mais qui, en Occident, interdirait d'y séjourner à longueur de journée. Peu de temps après la remise en route, un incendie s'est déclaré dans la partie classique (non nucléaire) de la tranche n° 2, ce qui a obligé les autorités Soviétiques à arrêter celle-ci. Aujourd'hui, deux des quatre tranches de Tchernobyl fonctionnent. Cela montre bien que l'accident n'était pas aussi polluant pour le site et l'environnement qu'on l'avait imaginé dans un premier temps, mais ce redémarrage n'est cependant pas raisonnable car l'accident initial, cumulé avec ce nouvel incendie, montre bien le danger de ces installations. Je demande donc le remplacement aussi rapidement que possible de tous les réacteurs soviétiques de type RBMK (il y en a 19 en fonctionnement aujourd'hui), et l'arrêt immédiat des 2 réacteurs de la centrale de Tchernobyl, encore en fonctionnement, qui n'auraient jamais dû être remis en marche après l'accident[133].

---

133. Depuis que la première version de ce manuscrit a été rédigée, les principaux pays industrialisés (groupe du G7 devenu G8 avec la participation du Russe Boris Eltsine pour la première fois) ont décidé, lors de la réunion se tenant à Naples en juillet 1994, d'accorder à l'Ukraine une aide économique se chiffrant en milliards de dollars, dont 200 millions de dollars pour accélérer la fermeture de Tchernobyl. Si le principe de cette aide et de la fermeture de Tchernobyl est plutôt bon à mon avis, on peut cependant s'étonner des manipulations politiques auxquelles elle a donné lieu, les Ukrainiens exerçant une sorte de « chantage à la non-fermeture » pour obtenir une aide économique plus généreuse à laquelle d'autres régions tout aussi nécessiteuses n'ont pas accès. Dans cette histoire, le personnel travaillant encore dans la centrale partiellement décontaminée et le risque d'un nouvel accident ont d'une certaine manière fait l'objet d'un chantage international pour faire grimper les enchères et obtenir une aide aussi importante que possible de la part des Occidentaux.

IRRADIATION CONSÉCUTIVE À L'ACCIDENT DE TCHERNOBYL

Dose de radioactivité reçue en millirems sur 50 ans en moyenne

IRRADIATION NATURELLE	7 000 à 14 000
IRRADIATION MÉDICALE	2 100 à 3 500

Irradiation consécutive à l'accident de Tchernobyl reçue en :

HONGRIE	100
AUTRICHE	90
GRÈCE	61
ALLEMAGNE DE L'OUEST	41
ITALIE	40
IRLANDE	21
ALLEMAGNE DE L'EST	13
DANEMARK	10
SUÈDE	10
FRANCE	8,8
GRANDE BRETAGNE	3
ESPAGNE	0,1
U.S.A. JAPON	infime

Source : Rapport des Communautés européennes du 7 novembre 1986.

Utilisation médicale des radiations

Le nucléaire n'est pas seulement utilisé pour fabriquer de l'électricité (application utile) ou des engins militaires (application dangereuse, ou en tout cas discutable). Des rayonnements et des substances radioactives sont couramment utilisés en médecine, par exemple en imagerie médicale, pour mieux observer le corps humain (rayons X, caméra à positons, scintigraphies, scanners...), ainsi que pour irradier volontairement certaines parties de l'organisme afin, par exemple, de combattre la croissance de tumeurs cancéreuses (radiothérapies), ou encore pour suivre le cheminement dans l'organisme de substances telles que des hormones, de l'iode, etc., repérées à l'aide de marqueurs radioactifs, afin de déterminer dans quelle partie de l'organisme ces substances se fixent et de repérer d'éventuels dysfonctionnements biologiques (biologie moléculaire).

La médecine utilise les rayonnements depuis environ un siècle. C'est en effet le 8 novembre 1895 que Roentgen découvre les rayons X à Würzburg. Peu après, en janvier 1896, la très ancienne et respectable revue médicale anglaise « The Lancet » soulignait l'intérêt médical de la découverte de Roentgen. Dès la fin du mois de janvier 1896, furent effectués les premiers essais de radiothérapie. En 1902, Rollins, en Grande-Bretagne, montra par une série d'expériences qu'une forte dose de rayons X pouvait tuer des rats de laboratoires et recommanda de ne pas dépasser un seuil d'environ 10 rads par jour.

La même année, est publiée en Allemagne la première observation de cancer humain dû à une forte exposition aux rayons X. La possibilité de visualiser l'état du squelette et l'intérieur du corps humain sans opérer était évidemment une véritable révolution médicale et les rayons X ont alors connu un fort développement, à tel point que, depuis, toutes les cliniques sont équipées d'un service de radiographie. Aujourd'hui, les appareils à rayons X sont toujours utilisés en médecine, même si, connaissant mieux leurs inconvénients, on s'efforce de limiter les doses auxquelles les patients sont soumis et de mieux protéger le personnel soignant au moyen de techniques et d'écrans appropriés. Au cours d'un scanner abdominal, le patient reçoit une dose de 0,141 rad par coupe, tandis qu'une radiographie pulmonaire implique aujourd'hui une dose de 0,2 rad par cliché, dose vingt fois plus faible qu'en 1955.

Les doses utilisées en médecine nucléaire sont généralement très supérieures aux doses de la radioactivité naturelle (sans quoi les clichés seraient parasités par la radioactivité naturelle du corps humain), mais sont cependant inférieures aux doses dangereuses pour la santé, sauf dans le cas de l'irradiation de tumeurs cancéreuses où les doses de rayons délivrées peuvent être assez élevées[134], mais l'irradiation est alors limitée à une petite portion de l'organisme (à la différence des chimiothérapies qui diffusent dans le corps entier). Une radiothérapie anticancéreuse peut délivrer de 3 000 à 30 000 rads à la tumeur dans l'espoir de détruire les cellules cancéreuses ou au moins de stopper leur croissance.

---

134. On utilise assez fréquemment des doses de rayonnements de l'ordre de 10 000 rads en radiothérapie pour détruire des cellules cancéreuses. Si de telles doses étaient appliquées à l'organisme entier, elles provoqueraient des brûlures graves, des anomalies chromosomiques et mettraient en danger la vie de l'individu. Ces doses sont appliquées localement sur les seules tumeurs et cellules anormales dans le but de détruire celles-ci.

Lors d'une scintigraphie thyroïdienne, osseuse ou myocardique, le sujet reçoit une dose de l'ordre de 0,2 à 1 rad (dose 300 fois plus faible qu'en 1955)[135]. Il s'agit alors d'une contamination contrôlée et non d'une irradiation, puisque l'on injecte volontairement une certaine quantité de substances radioactives aux patients (selon les cas : iode 131, demi-vie de 8 jours; Tc 99, demi-vie de 6 heures; TI 201, demi-vie de 12,5 jours). Par exemple, pour un examen courant de la thyroïde appelé scintigraphie thyroïdienne, on injecte aux patients de l'iode 131 radioactif qui se comporte dans l'organisme exactement comme l'iode naturel (iode 127). Après injection, chaque fois qu'une des particules radioactives injectées se désintègre, elle envoie à l'extérieur de l'organisme des rayonnements repérables au moyen de plaques photographiques. Des clichés effectués à des intervalles de temps réguliers après l'injection permettent ainsi de localiser l'endroit où, dans l'organisme, se trouvent les particules d'iode injectée : s'il y en a beaucoup dans la région de la thyroïde (à la base du cou), c'est que celle-ci fonctionne encore. Mais si une quantité anormalement importante d'iode est concentrée dans cette région, on peut conclure à une hyperactivité thyroïdienne (hyperthyroïdie). Si au contraire l'iode radioactif se répartit partout dans l'organisme et pas suffisamment dans la région thyroïdienne, c'est que la thyroïde ne fonctionne plus ou pas assez (hypothyroïdie). Ceci permet d'envisager un traitement adapté et de confirmer un diagnostic lorsque l'on suspecte un dysfonctionnement thyroïdien.

La médecine nucléaire a connu ces dernières années un essor considérable par suite du développement des scintigraphies et des techniques de pointe en médecine moléculaire utilisant des marqueurs radioactifs. De nouvelles techniques radiologiques sont aussi apparues, telles que le scanner qui est très largement utilisé ou l'imagerie médicale par caméra à positons, encore coûteuse,

---

135. Brochure « Énergie-santé », source S.F.E.N.

mais qui permet d'effectuer des observations impossibles par les procédés antérieurs. Les indications préventives, diagnostiques et thérapeutiques de la médecine nucléaire sont ainsi de plus en plus nombreuses.

Il est à remarquer que la médecine est, de loin, la source principale d'irradiation artificielle des populations humaines, sans que cela ait donné lieu à la moindre protestation de la part des individus irradiés et des groupes de contestation antinucléaires tels que les écologistes.

> D'un côté, on s'indigne et on proteste lorsque le public ou les travailleurs du nucléaire reçoivent quelques millirems en provenance des centrales, et de l'autre, on irradie aux rayons X, bien plus intensément, volontairement, gratuitement (c'est même remboursé par la Sécurité sociale), et dès l'enfance (médecine scolaire), des populations entières pour le dépistage de la tuberculose, et ceci sans la moindre protestation des populations concernées et des écologistes, alors que cette maladie se fait rare [136].

Où est la logique dans de tels comportements? Il a été largement prouvé que, aux doses utilisées aujourd'hui en médecine préventive [137], les rayons X sont pratiquement inoffensifs, et c'est sans doute la raison qui fait que les radiographies sont généralement bien acceptées par le public. Mais alors pourquoi s'insurge-t-on lorsqu'il s'agit de doses de radioactivité dont la nocivité se mesure avec les mêmes unités et dont la quantité est des centaines ou des milliers de fois plus faible dans le

---

136. Même si elle fait actuellement un retour en force avec le sida, le pourcentage de la population qui meurt aujourd'hui de la tuberculose chaque année dans les pays développés demeure malgré tout très faible.

137. Grâce aux progrès technologiques effectués, les doses de rayons X délivrés pour une radiographie sont aujourd'hui de vingt à cinquante fois inférieures aux doses qui étaient encore couramment utilisées il y a quelques décennies seulement.

domaine industriel? Si l'on veut adopter une attitude logique, il faut soit admettre que les rayonnements médicaux, et à fortiori les rayonnements émis par les centrales, sont pratiquement inoffensifs aux doses considérées, soit remettre en question en premier lieu les techniques médicales de dépistage radiologique, de scintigraphie et de radiothérapie.

> Il n'est pas logique de protester contre la radioactivité des centrales nucléaires qui ne rejettent pratiquement rien dans la nature et de prescrire à des millions d'individus des dépistages radiologiques systématiques et des soins intensifs en radiothérapie!

Les arguments scientifiques autant que le bon sens élémentaire nous obligent à conclure que l'une au moins des deux attitudes est erronée. Je suis persuadé, quant à moi, que nous gagnerions à être plus raisonnables et à aborder ces questions avec davantage de bon sens. La médecine comme l'industrie peuvent développer des applications du nucléaire utiles à notre bien-être, à condition de rester vigilants (pas d'enthousiasme excessif) et de prendre les précautions qui s'imposent.

MÉDECINE NUCLÉAIRE
Dose délivrée lors de certains examens radio-isotopiques

Scintigraphie	Activité injectée ou ingérée	Corps radioactif utilisé	Dose délivrée organe cible
Thyroïdienne	37 MBq	Tc 99	200 mrad
Myocardique	74 MBq	Ti 201	700 mrad
Osseuse	550 MBq	Tc 99	400 mrad

De telles doses sont couramment injectées aux patients dans les hôpitaux du monde entier et ne présentent pas de danger pour la santé.
Ce sont les femmes enceintes, tout particulièrement dans les trois premiers mois de grossesse, qui sont les plus sensibles aux fortes doses de rayonnements.
Les doses utilisées en médecine sont de très loin supérieures aux doses reçues pendant le même laps de temps du fait de la radioactivité naturelle, elles-mêmes très supérieures aux retombées radioactives des essais d'explosions nucléaires militaires, lesquelles sont encore bien plus importantes que la radioactivité provenant des centrales électronucléaires.

Source : Rossi M., « Énergie Santé », service de médecine nucléaire, hôpital La Peyronnie (Montpellier).

Comparaison du nucléaire militaire, de la médecine nucléaire et de l'industrie électronucléaire

Objectif : **nucléaire militaire :** arme de destruction massive et/ou de dissuasion destinée à détruire ou, au mieux, à faire peur (négatif et risque important dans les deux cas); **médecine nucléaire :** soigner les malades (utile et positif); **industrie électronucléaire :** fabriquer de l'électricité (utile et positif).

Méthode : **nucléaire militaire :** menace d'irradiation intense de l'environnement et de destruction des populations (dangereux); **médecine nucléaire :** irradiation volontaire et modérée du corps humain (contrôlée et en principe relativement inoffensive aux doses utilisées); **industrie électronucléaire :** pas d'irradiation du corps humain (totalement inoffensive – confinement de la radioactivité dans le cœur du réacteur).

État d'esprit des utilisateurs : **nucléaire militaire :** esprit de combat, d'intimidation, d'écrasement de l'adversaire (négatif); **médecine nucléaire :** améliorer la santé des patients (positif); **industrie électronucléaire :** améliorer le confort des individus et la productivité des entreprises (positif).

Forme de communication et de psychologie sous-jacentes : **nucléaire militaire :** imposer sa volonté à l'autre (rapports négatifs et conflictuels); **médecine nucléaire :** servir son prochain (esprit de service); **industrie électronucléaire :** servir son prochain (esprit de service).

Par rapport à l'environnement : **nucléaire militaire :** destruction délibérée de l'environnement et de vies humaines ou menace de le faire (ce qui ne vaut guère mieux); **médecine nucléaire :** intervention mesurée limitée à l'organisme humain, qui respecte donc l'environnement; **industrie électronucléaire :** respect et protection, à la fois de l'environnement et de l'organisme humain (l'acier et le béton irradiés ne sont pas vivants – la radioactivité est confinée dans un petit volume où elle n'affecte pas les substances vivantes).

Déchets radioactifs : **nucléaire militaire :** déchets volontairement dispersés dans l'environnement par l'explosion; **médecine nucléaire :** déchets en partie dispersés dans le corps humain et la nature, mais en faible quantité; **industrie électronucléaire :** déchets volontairement confinés afin de préserver le personnel et l'environnement au maximum.

Doses d'irradiation reçues par les populations concernées : **nucléaire militaire :** radioactivité intense (mortelle) en cas d'utilisation et retombées consécutives aux essais d'explosions aériennes; **médecine nucléaire :** irradiation faible et contrôlée (doses inoffensives en imagerie médicale, et importantes dans certaines radiothérapies du cancer qui peuvent présenter des effets secondaires); **industrie électronucléaire :** dose de radioactivité extrêmement faible rejetée dans l'environnement et reçue par les populations (totalement inoffensif).

Nombre de victimes des radiations jusqu'à ce jour : **nucléaire militaire :** plusieurs dizaines de milliers de vies humaines (Hiroshima et Nagasaki); **médecine nucléaire :** plusieurs centaines de vies humaines (précautions insuffisantes prises au début du siècle par les radiologues pour la protection du personnel soignant et des patients contre les dangers des radiations); **industrie électronucléaire :** 42 décès jusqu'à présent (accident de Tchernobyl qui aurait facilement pu être évité).

Irradiation de l'environnement consécutive aux expérimentations et à l'exploitation jusqu'à ce jour : **nuclé-**

aire militaire : contamination modérée mais non négligeable de l'atmosphère et des océans, qui persiste encore aujourd'hui; **médecine nucléaire** : légère contamination de l'environnement, mais très faible; **industrie électronucléaire** : légère contamination de l'environnement, mais bien moindre que celle résultant du nucléaire militaire, et de niveau très faible, sauf aux alentours immédiats de Tchernobyl.

Risque d'explosion atomique (champignon nucléaire) tuant des milliers ou des millions de personnes : **nucléaire militaire** : risque réel en fonction des aléas historiques; **médecine nucléaire** : techniquement impossible (les traitements et appareils de radiologie médicale ne peuvent pas exploser comme une bombe); **industrie électronucléaire** : risque absolument nul (une centrale nucléaire ne peut pas exploser comme une bombe atomique).

Conséquences en cas d'accident : **nucléaire militaire** : dramatiques et immédiates (évacuation impossible en cas d'attaque-surprise; millions de victimes possibles en cas d'explosion nucléaire sur une ville comme Paris, Tokyo ou New York); **médecine nucléaire** : une seule victime à la fois en cas d'erreur dans les doses d'irradiation auxquelles le patient est soumis; **industrie électronucléaire** : fuites de substances radioactives non exclues, mais tout est fait pour les éviter et les contenir. De plus, ces fuites, dans le pire des cas, sont toujours progressives, donnant le temps d'évacuer ou de protéger les populations éventuellement menacées, et ont des conséquences nulles ou limitées, la radioactivité étant en principe presque totalement contenue par l'enceinte de confinement (ce fut le cas à Three Mile Island, mais pas à Tchernobyl qui était dépourvu d'enceinte de confinement).

Respect de l'environnement de la part des utilisateurs : **nucléaire militaire** : aucune conscience de l'environnement; **médecine nucléaire** : souci de protection de l'environnement; **industrie électronucléaire** :

souci de protection de l'environnement (sauf dans certains pays, notamment les pays de l'ex-URSS et certains pays en voie de développement).

Règlements et normes de sécurité : **nucléaire militaire :** pas de normes (la loi des militaires est la loi de la jungle : que le plus fort gagne et écrase les autres); **médecine nucléaire :** domaine très réglementé et normes d'irradiation à respecter; **industrie électronucléaire :** domaine très réglementé et normes d'irradiation très strictes à respecter.

Populations touchées : **nucléaire militaire :** une attaque militaire vise directement à décimer les zones habitées, c'est-à-dire les villes et les garnisons (coût humain, social et financier très élevé); **médecine nucléaire :** injections directement dans l'organisme mais à doses contrôlées (risque humain réel mais contrôlé); **industrie électronucléaire :** les centrales électronucléaires sont implantées dans des régions aussi peu habitées que possible, de préférence loin des villes (risque humain plus faible).

> Quel que soit le point de vue considéré, ce récapitulatif montre clairement que : tous les hommes de sagesse et de bon sens doivent reconnaître que le nucléaire militaire présente d'énormes risques humains et écologiques, que son emploi aurait des conséquences dramatiques, tandis que le nucléaire utilisé en imagerie médicale et l'industrie électronucléaire fournissent un service important aux populations en échange de risques minimes et contrôlés.

LES EFFETS D'UNE IRRADIATION INTENSE SUR LE CORPS HUMAIN

Dose en Sv (en rems)	Symptômes observés
10 (1000)	Atteinte neurologique (obnubilation, coma) suivi du décès en quelques heures à quelques jours.
8 (800)	Atteinte intestinale (diarrhée) et respiratoire suivies du décès en quelques jours à quelques semaines.
4,5 (450)	Dose létale 50 (50 % de mortalité en l'absence de traitement).
3 (300)	Premiers signes cutanés (rougeurs de la peau), perte des cheveux.
2 (200)	Hospitalisation indispensable – atteinte de la moelle osseuse (anémie, infections, hémorragies).
1 (100)	Premiers symptômes cliniques observables (nausées, vomissements).
0,3 (30)	Anomalies minimes sur les prélèvements sanguins (diminution du taux de lymphocytes).

Ces symptômes sont observés dans le cas où la dose de radioactivité est reçue en une seule fois ou à l'intérieur d'un délai de quelques jours. Si la dose est délivrée progressivement sur une période de plusieurs mois et davantage, les mêmes doses peuvent ne pas produire de symptômes ou des symptômes moindres car le corps humain répare en deux mois environ une grande partie des dégâts causés par les radiations.

Les recommandations de santé publique fixées par le CIPR stipulent que les doses de radioactivité auxquelles le public est exposé cumulées sur une année complète ne doivent pas dépasser 0,005 Sv/an (0,5 rem/an), soit environ le centième (1 %) en un an de la dose qui, reçue en une seule fois, provoquerait l'apparition des premiers symptômes.

Comment fonctionne une centrale nucléaire[138]

Le but d'une centrale électronucléaire est de fabriquer de l'électricité à partir de l'énergie libérée par les atomes au cours de réactions nucléaires. Le carburant atomique le plus fréquemment utilisé actuellement est l'uranium, à cause de son abondance relative dans l'écorce terrestre et de ses caractéristiques physiques et chimiques qui permettent de l'utiliser de manière industrielle et économiquement rentable, dans de bonnes conditions de sécurité. Au cœur de la centrale, une cuve en acier d'environ cinq mètres de diamètre et dix mètres de long (à peu près le volume d'un garage ou d'une petite maison) est remplie d'eau et contient des bâtons d'uranium. Ce combustible est obtenu en concassant d'énormes blocs de granite dont on a extrait l'uranium, qui a été ensuite enrichi en uranium 235. La réaction nucléaire de fission de l'uranium 235 dégage de la chaleur et réchauffe l'eau du circuit primaire qui circule autour des crayons de combustible dans la cuve du réacteur[139]. On fait circuler cette eau chaude dans des tuyauteries grâce à des pompes et on récupère la chaleur ainsi fournie pour la transformer en électricité. En simplifiant un peu, une

---

138. Le cas décrit est celui d'une centrale à eau (REP ou PWR) qui est le type de centrale le plus fréquemment utilisé.

139. Dans un réacteur REP à eau pressurisée, la température de l'eau dans le cœur du réacteur est de 340 °C. Pour éviter que cette eau ne se vaporise, elle est maintenue sous pression (155 fois la pression atmosphérique).

centrale est donc une sorte de casserole contenant de l'eau chauffée au contact du combustible avec, autour du réacteur, quelques tuyauteries transportant l'eau réchauffée vers une turbine à vapeur qui transforme la chaleur en mouvement de rotation. Un alternateur transforme ensuite le mouvement de rotation en électricité, de la même manière qu'une dynamo de bicyclette fournit du courant électrique pour éclairer la route. Les populations peuvent ainsi s'éclairer, chauffer leurs logements, et faire fonctionner leurs appareils domestiques électriques et électroniques (TV, hi-fi, réfrigérateur, congélateur, appareils de cuisine, ordinateur, etc.).

Le principe de fonctionnement d'une centrale électrique nucléaire est donc, à la base, extrêmement simple, plus simple, par exemple, et plus facile à comprendre que le fonctionnement du moteur à explosion à quatre temps d'une automobile. En résumé :

Réaction nucléaire → dégage de la chaleur → la chaleur réchauffe de l'eau → cette eau fait tourner une turbine à vapeur → la turbine en rotation entraîne un alternateur → l'alternateur en rotation produit de l'électricité → l'électricité est acheminée par des lignes à haute tension et mise à la disposition des particuliers et des entreprises.

SCHÉMA DES TROIS CIRCUITS DE FONCTIONNEMENT D'UNE CENTRALE REP (PWR EN ANGLAIS)

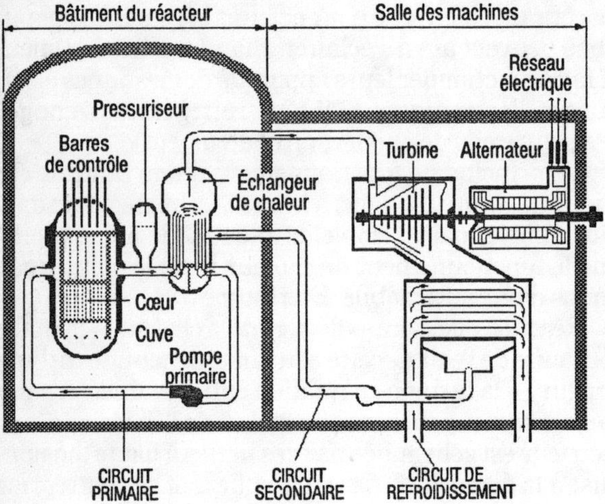

Source : EDF, éléments de sûreté et de radioprotection des centrales nucléaires de 1 300 MW (direction de l'Équipement).

Le combustible nucléaire

Le combustible utilisé par les centrales nucléaires productrices d'électricité est de l'uranium naturel enrichi en uranium 235 [140]. Ce combustible se présente sous forme de longs crayons de plusieurs mètres de long et de quelques centimètres de diamètre constitués de petites pastilles d'uranium empilées les unes sur les autres et enfermées dans une gaine en acier. L'uranium est naturellement radioactif mais très peu : on pourrait manipuler de l'uranium pur à la main, sans danger du point de vue de la radioactivité, s'il n'y avait une toxicité chimique des oxydes d'uranium similaire à celle du plomb. L'uranium 235 ne se désintègre pas ou très peu spontanément, sauf s'il est soumis à un flux important de neutrons venant bombarder les crayons de combustible, libérant alors de la chaleur et plusieurs nouveaux neutrons (2,3 exactement en moyenne). L'uranium 238, quant à lui, ne réagit pas de la même manière : il se contente d'absorber les neutrons sans libérer de chaleur. C'est pourquoi, pour pouvoir fonctionner, le combustible nucléaire doit être enrichi en uranium 235. Après quel-

---

140. L'opération d'enrichissement consiste à augmenter la proportion en uranium 235 par rapport à celle de l'uranium 238. Le minerai contient à l'état naturel 99,3 % d'uranium 238 et 0,7 % d'uranium 235. Pour être utilisé dans une centrale, il faut que la proportion d'uranium 235 soit au moins de 3 % (sauf dans les centrales dites à « eau lourde », filière choisie par le Canada, qui peuvent fonctionner avec de l'uranium naturel, enrichi ou non). Pour fabriquer une bombe atomique, il faut soit une dizaine de kilos de plutonium, soit une dizaine de kilos d'uranium très enrichi en uranium 235 (de l'ordre de 80 % d'uranium 235).

ques années (trois à cinq ans), ce combustible s'épuise et doit être en partie renouvelé[141], l'uranium 235 initialement présent étant en grande partie désintégré. Le combustible usé s'est appauvri en uranium 235 et contient en revanche différents produits de fission, dont 1 % de plutonium. Le combustible usé extrait du réacteur est alors entreposé pendant environ un an dans une piscine spécialement prévue à cet effet dans la centrale, avant toute opération de transport. Une année est le temps nécessaire pour que la radioactivité des crayons de combustible ait nettement diminué, ce qui facilite les manipulations ultérieures. Ensuite, ce combustible est, selon les pays, simplement stocké (U.S.A., C.E.I.) ou retraité (Japon, Royaume-Uni, France) de façon à récupérer l'uranium, le plutonium et d'autres éléments réutilisables (recyclage de 97 % du combustible). Il est actuellement moins onéreux d'acheter de l'uranium enrichi tout frais sorti de la mine que de recycler l'uranium déjà utilisé[142], mais dans ce cas les réserves naturelles d'uranium disponible s'épuisent plus vite. Si l'on cherche à préserver les stocks d'uranium présents dans l'écorce terrestre ou à diminuer les nuisances liées à l'exploitation minière et à la production de déchets, il y a un net avantage écologique et stratégique à retraiter le combustible irradié. Les points de vue sont cependant partagés car ce retraitement est coûteux et certains lui reprochent de mettre en œuvre des technologies qui peuvent éventuellement faciliter la réalisation de bombes atomiques. L'argument selon lequel le retraitement à l'usine de la Hague faciliterait la prolifération nucléaire n'est cependant pas fondé, car le plutonium qui sort de cette usine n'est pas de qualité militaire : pour en faire du plutonium

---

141. Tous les 3 ans pour les réacteurs REP de 1 300 MW, mais cette durée devrait être prochainement portée à 5 ans en optimisant le cycle du combustible.

142. Le prix du kilo de combustible recyclé est en effet nettement plus élevé que le prix de revient du kilo de combustible neuf fabriqué avec l'uranium provenant de l'exploitation des mines d'uranium.

utilisable militairement, sa composition isotopique devrait être enrichie en certains isotopes, ce qui est très coûteux et relève d'une autre technologie. Il existe par ailleurs des techniques plus simples et bien moins onéreuses que ce type de retraitement pour obtenir du plutonium militaire et préparer des bombes atomiques. Les armes nucléaires américaines, russes et françaises ont d'ailleurs été développées massivement dans les années soixante et soixante-dix à une époque où il n'existait pas encore d'usine de retraitement du type de celle de la Hague.

Pour ou contre le retraitement? La réponse à cette question n'est pas évidente car le retraitement du combustible nucléaire présente à la fois des avantages écologiques très importants (diminution du volume des déchets de haute activité et recyclage d'environ 97 % du combustible nucléaire usagé) et l'inconvénient d'être une opération coûteuse et, aux yeux de certains, susceptible de favoriser à long terme la dissémination nucléaire[143]. Jusqu'à présent, les Français, les Anglais et les Japonais, plus soucieux de l'environnement, ont choisi de retraiter leur combustible irradié, tandis que les Russes et les Américains, qui raisonnent davantage à court terme, ont choisi la solution la moins onéreuse et la plus facile dans l'immédiat : ils stockent le combustible irradié sans le retraiter.

143. On cite souvent le risque de prolifération du nucléaire militaire comme un argument contre le retraitement. Les Américains ont ainsi justifié aux yeux du public leur désir de ne pas retraiter leur combustible irradié, mais en réalité leur motivation était surtout économique (ce qui montre au passage comment le manque d'information du public et la peur du nucléaire ont été habilement exploités aux dépens de l'environnement, ce qui n'est pas acceptable) : le retraitement (choisi par la France) est plus propre, mais il coûte aussi beaucoup plus cher que le simple stockage des combustibles irradiés. Le prix global du kWh nucléaire français (retraitement inclus) reste néanmoins nettement moins cher que le kWh nucléaire américain (de 30 % environ, grâce à la standardisation des centrales françaises, qui permet aussi une plus grande fiabilité).

SCHÉMA DU RETRAITEMENT

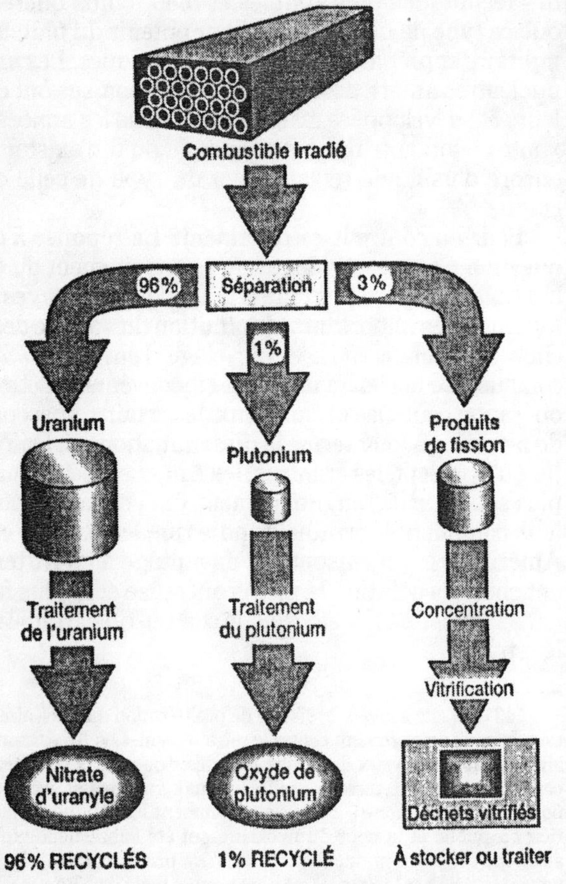

Source : ministère de l'Industrie et de l'aménagement du territoire.

Comment prévenir les accidents dans une centrale nucléaire moderne

La sécurité, c'est quand tu sais
comment éviter le danger.

E. Hemingway.

De nombreuses précautions sont prises, dans les centrales modernes, afin que les populations civiles et le personnel des centrales soient au maximum protégés contre les effets des radiations. Ces précautions sont mises en œuvre aussi bien lors de la conception des centrales (construction d'enceintes de confinement, dispositifs de sécurité, conception de réacteurs autostabilisants, etc.), que lors de leur exploitation (alarmes, procédures d'arrêt d'urgence, dispositifs de sécurité, formation du personnel, tenues de protection, dosimètres, etc.).

Parmi les précautions destinées à assurer la sécurité des centrales et des populations avoisinantes, citons :

— **Sûreté du site :** au total, plusieurs centaines de facteurs sont pris en considération pour le choix du site d'implantation d'une centrale nucléaire. Ces facteurs tiennent compte notamment : des risques sismiques (tremblements de terre), hydrologiques (inondations), météorologiques, des conséquences pour les populations avoisinantes en cas d'accident (centrales construites loin et sous le vent des villes [144]), de l'impact sur la faune, la flore et les écosystèmes locaux.

---

144. La centrale de Nogent-sur-Seine qui alimente la région pari-

— **Les trois barrières** : le carburant nucléaire est isolé de l'extérieur par trois barrières successives, emboîtées, chacune d'entre elles suffisant normalement à contenir les produits radioactifs, les deux autres n'étant présentes qu'à titre de sécurité : la première barrière est la gaine métallique qui entoure les crayons d'uranium, la deuxième est l'épaisseur d'acier de la cuve du réacteur et du circuit primaire (épaisseur : environ 20 centimètres d'acier), l'ensemble étant disposé à l'intérieur d'une troisième enceinte de confinement qui est l'enceinte en béton armé du bâtiment réacteur (épaisseur : environ un mètre de béton armé). À Tchernobyl, il n'y avait pas la troisième barrière (enceinte en béton) qui aurait pourtant évité les fuites de produits radioactifs à l'extérieur de la centrale après la fonte du réacteur.

— **Les barres de contrôle** (barres composées de matériaux qui absorbent les neutrons : bore, cadmium) peuvent à tout instant stopper la réaction en chaîne. Il suffit pour cela simplement d'abaisser ces barres de contrôle qui sont suspendues dans le réacteur au-dessus de l'uranium et qui descendent sur demande sous l'effet de leur poids. La réaction nucléaire est ainsi immédiatement interrompue. Les barres de contrôle fonctionnent même en cas de destruction de tous les circuits de commande et de panne électrique totale dans la centrale. Le temps de réaction des barres de contrôle est inférieur à une seconde sur les réacteurs occidentaux (il était d'une trentaine de secondes à Tchernobyl).

— **L'arrêt d'urgence** de la réaction nucléaire peut être déclenché à tout instant en cas d'anomalie, par exemple en cas de fuites radioactives ou d'élévation anormale de la température dans le réacteur ou pour toute autre raison nécessitant l'arrêt du réacteur. L'arrêt est déclenché soit automatiquement par les dispositifs

---

sienne en électricité est ainsi construite à plus de 100 kilomètres au sud-est de Paris. L'une des raisons de cette implantation est que les vents dominants dans cette région sont des vents de nord-ouest.

de sécurité, sans intervention humaine, soit par le conducteur de la centrale, depuis la salle de commande, en appuyant sur un simple bouton.

— **Dispositifs de sécurité dédoublés :** tous les dispositifs de sécurité, par exemple les détecteurs de pression et de température du réacteur, les pompes assurant le refroidissement du réacteur et les ordinateurs assurant la surveillance de l'ensemble sont au moins dédoublés : il suffit qu'une anomalie soit détectée sur l'un des dispositifs pour que son alter ego le remplace, que des procédures de sûreté et d'urgence soient mises en route, et que le réacteur soit arrêté si nécessaire.

— **Protection contre l'erreur humaine :** des dispositifs automatiques surveillent les paramètres importants tels que l'intensité de la réaction nucléaire (quantité de neutrons émis) ou la température et la pression dans le cœur du réacteur. Si ces paramètres dépassent une valeur limite, les barres de contrôle sont automatiquement abaissées et la réaction nucléaire est stoppée sans intervention humaine. Même si un conducteur de centrale devenu fou voulait délibérément provoquer un accident grave, il ne pourrait pas le faire : la réaction en chaîne serait automatiquement interrompue par des dispositifs de sécurité que le personnel de quart qui conduit la centrale n'a aucun moyen de court-circuiter.

— **Protection contre l'erreur des machines :** en cas de défaillance mécanique, électronique ou informatique, ou d'anomalie dans le pilotage automatique de la centrale par les ordinateurs, des mécanismes automatiques d'alarme et de sécurité préviennent le conducteur de la centrale. Même si, hypothèse très peu probable, certains des mécanismes automatiques d'alarme et de sécurité ne fonctionnaient pas correctement, le conducteur de la centrale peut à tout instant provoquer manuellement l'arrêt du réacteur en appuyant sur un bouton d'arrêt d'urgence.

— **Évacuation de la chaleur** : des circuits de refroidissement surdimensionnés et redondants évacuent la chaleur résiduelle même en cas de perte totale d'alimentation électrique de la centrale.

— **Réacteurs autostabilisants et cœfficient de vide positif** : à la différence de Tchernobyl et des réacteurs RBMK, les réacteurs occidentaux sont conçus de telle manière que toute modification de la puissance du réacteur tend à se modérer d'elle-même, afin d'éviter toute variation trop brutale de la puissance de la réaction nucléaire (réacteur « autostabilisant », ce qui rend beaucoup plus difficile la perte de contrôle du réacteur). Le « cœfficient de vide positif » signifie qu'en cas de perte accidentelle du liquide de refroidissement du réacteur (par exemple : en cas d'accident avec rupture soudaine d'une canalisation sur le circuit primaire), la réaction nucléaire s'étouffe d'elle-même, alors qu'un cœfficient de vide négatif tendrait au contraire à amplifier la réaction nucléaire. À Tchernobyl, le réacteur était mal conçu et aucune de ces deux conditions n'était remplie, résultat : l'accident s'est déroulé très vite et les dommages étaient déjà irrémédiables avant même que les ingénieurs n'aient eu le temps de comprendre ce qui se passait.

— **Dépression atmosphérique dans le bâtiment réacteur** : l'ensemble du bâtiment contenant le réacteur nucléaire est totalement étanche à l'air afin qu'aucune particule radioactive ne puisse filtrer à l'extérieur, même en cas de fuite du réacteur. De plus, tout le bâtiment réacteur est en légère dépression atmosphérique afin que tout courant d'air éventuel se fasse forcément de l'extérieur vers l'intérieur du bâtiment et non l'inverse. Ainsi rien, pas même quelques poussières, ne peut filtrer de l'intérieur de la centrale vers l'extérieur.

— **Tenues spéciales** : lorsque le réacteur est en fonctionnement, la radioactivité dans le bâtiment réacteur est normalement très faible. Cependant, pour éviter tout risque de contamination éventuelle, les tâches à accomplir à l'intérieur du bâtiment réacteur sont pour la plupart automatisées ou sont effectuées par des robots. Le personnel qui pénètre dans le bâtiment réacteur doit obligatoirement revêtir une tenue spéciale de protection et être doté de petits badges (les « dosimètres ») qui totalisent la radioactivité reçue afin de ne pas dépasser les doses autorisées pour le personnel.

— **Contrôle de sûreté en cours d'exploitation :** dans les centrales en fonctionnement, un panneau spécial synthétise en permanence toutes les données relatives à la sûreté aussi bien dans la salle de commande pour le chef de quart qui dirige la centrale, que pour l'ISR (ingénieur sûreté-radioprotection), présent en permanence sur place, dont le seul travail consiste à veiller à la sûreté du fonctionnement de la centrale. Le personnel de conduite et de maintenance des centrales est formé en permanence à la gestion de toutes les situations possibles (y compris les accidents), avec l'aide des techniques E.A.O. (enseignement assisté par ordinateur) incluant une formation sur simulateur (comme les pilotes d'avion) dans des salles qui sont des répliques exactes des salles de commande des centrales. Ils s'y entraînent notamment en simulant (sans risque) des situations accidentelles. Remarque : à Tchernobyl, en plus du côté archaïque des installations (manque d'entretien, corrosion, fuites sur les tuyauteries...), et de l'absence de nombreux dispositifs de sécurité, la centrale était dépourvue d'ISR et le personnel était très mal formé sur la conduite à tenir en cas de situation anormale (aucune formation sur simulateur des ingénieurs russes à l'époque).

— **Priorité à la sûreté, à la sécurité et à la formation du personnel :** la sécurité de la centrale, celle du personnel et la protection du public doivent toujours rester prioritaires sur la nécessité de produire. La formation du personnel doit aller dans ce sens. Cet « esprit de la sécurité » ou « culture de la sécurité » existe à des degrés divers dans les pays occidentaux mais était jusqu'à présent très insuffisant dans les pays ex-soviétiques et dans certains pays en voie de développement où, hélas, le respect de la vie humaine et de l'environnement n'ont, encore aujourd'hui, pas la même importance que chez nous (voir ce qui se passe à l'Est dans les centrales des anciens pays communistes). Les accidents survenus à Tchernobyl et Three Mile Island ont montré l'importance du facteur humain. C'est pourquoi les mesures destinées à améliorer la formation, la fiabilité des personnels, la qualité de l'interface homme-machine (ergonomie des salles de conduite) ont été encore renforcées depuis 1986.

— **Retour d'expérience :** chaque situation anormale et chaque incident, même minime, sont soigneusement étudiés et analysés afin d'en déterminer les causes et d'en tirer les conclusions qui s'imposent pour l'amélioration du matériel, la conception des futures centrales, la formation du personnel, et pour améliorer l'interface homme-machine et la sécurité des centrales. La sécurité, déjà très grande dans l'industrie nucléaire qui attache de l'importance à cette « culture de la sûreté », a ainsi tendance à augmenter avec le temps grâce au retour d'expérience. La fiabilité des centrales occidentales est bien plus grande que celle des anciennes centrales soviétiques. Celle des réacteurs d'aujourd'hui est bien meilleure que la fiabilité de Three Mile Island (dont l'accident n'a, rappelons-le, pas eu de conséquences sur l'environnement et n'a pas fait de victimes) et l'objectif de la génération suivante de réacteurs européens (l'EPR : European Pressurized Reactor, mis au point par le consortium franco-allemand NPI, Nuclear Power International) est d'être, grâce au retour d'expérience et à une conception améliorée, encore dix fois plus fiable (probabilité d'accident encore dix fois plus faible) que les REP actuels.

— **Le risque d'accident :** l'accident nucléaire, peu probable, reste malgré tout possible, comme Tchernobyl l'a tristement démontré. Il faut donc en prévoir l'éventualité afin, le cas échéant, d'en diminuer les conséquences. En Occident, le personnel de conduite des centrales est systématiquement et régulièrement entraîné sur des simulateurs (EAO : enseignement assisté par ordinateur) à la simulation d'accidents, afin de ne pas être pris de surprise et de bien connaître les procédures à appliquer.

— **Contrôles de radioactivité :** la radioactivité est – et doit être – régulièrement contrôlée aussi bien à l'intérieur de la centrale (protection du personnel de la centrale), qu'autour de celle-ci (rejets atmosphériques et liquides – protection du public et de l'environnement). Ces contrôles doivent être permanents (enregistreurs) et effectués par des organismes indépendants de l'exploitant, lorsqu'il s'agit de mesures qui concernent le public et l'environnement (à l'extérieur des centrales). Il s'agit notamment de contrôler : la température et la radioactivité de l'eau en amont et en aval de l'installation, et la radioactivité atmosphérique ambiante en plusieurs points autour des centrales.

— **Interdiction de fumer :** il est interdit de fumer dans tous les lieux de travail et cela devrait donc être le cas aussi dans les centrales nucléaires. Un simple mégot de cigarette mal éteint dans une installation nucléaire risquerait de déclencher un incendie dont les conséquences pourraient être graves [145]. Il est donc à la fois logiquement (c'est du bon sens élémentaire) et légalement interdit de fumer dans une centrale nucléaire. Or j'ai pu constater, lors des visites que j'ai effectuées dans certaines centrales, que tel n'est pas le cas : le personnel fume abondamment aussi bien dans la salle de commande que dans les vestiaires (présence de nombreux vêtements : risque d'incendie) et dans certaines zones techniques. L'interdiction de fumer dans une centrale

---

145. À Tchernobyl, l'incendie de l'énorme masse de graphite contenue dans le réacteur après l'accident a grandement contribué à la dispersion dans l'environnement des substances radioactives. Cet incendie résultait de l'accident et n'avait en l'occurrence rien à voir avec une question de tabagisme. Toutefois, autant limiter les risques au maximum, lorsqu'on le peut. Qu'on le veuille ou non, où qu'on se trouve, une cigarette représente un risque accru d'incendie.

nucléaire doit être impérativement respectée pour au moins cinq raisons : 1) La loi interdit de fumer dans les lieux de travail en général pour protéger la santé des fumeurs et des non fumeurs. 2) La loi interdit de fumer dans les lieux publics. Or, lorsque j'ai visité ces locaux, je faisais partie du public et le personnel de la centrale fumait en ma présence. 3) Certains locaux sont dotés de détecteurs de fumée, lesquels provoquent la mise en route de dispositifs d'aspersion automatique qui risquent d'être déclenchés par la fumée de cigarette. 4) Les conséquences d'un incendie qui se généraliserait dans une centrale peuvent être dramatiques. 5) Un travailleur du nucléaire se doit d'adopter une attitude exemplaire en matière de santé et prévention.

Comment faire confiance, en matière de santé publique et de protection des populations contre les risques d'accidents nucléaires, à des individus qui négligent leur propre santé, sachant que le tabac est l'un des principaux fléaux de celle-ci? Enfin, comment faire confiance, sur le plan de la sécurité nucléaire et du respect des règlements, à des hommes qui sont incapables de respecter une simple interdiction de fumer? Les compagnies qui exploitent les centrales devraient s'assurer que les interdictions de fumer sont bien affichées et respectées conformément à la loi (décret du 31 mai 1992 réglementant le tabagisme dans les lieux publics et lieux de travail, entré en application le 31 novembre 1992). Il est vrai que faire le quart pendant des heures entières en pleine nuit dans une centrale nucléaire est stressant, nerveusement fatigant et demande une attention soutenue. Mais l'intoxication par le tabac n'est pas une solution satisfaisante à ce stress professionnel. La nicotine produit une stimulation passagère dans un premier temps, mais aussi fatigue, dépression, nervosité, baisse des réflexes, des capacités de raisonnement et pertes de mémoire dans un deuxième temps. Il serait préférable soit d'embaucher des non fumeurs, soit d'aider ceux qui fument à se passer de cette habitude néfaste. Il existe pour cela des méthodes efficaces et d'excellents séminaires de sevrage tabagique et de maîtrise du stress parfaitement adaptés aux besoins des entreprises. Il est difficile de demander au public de faire confiance sur le plan de la santé à des ingénieurs, des dirigeants et même des médecins trop intoxiqués pour pouvoir s'abstenir pendant quelques heures! Si certains ne peuvent absolument pas s'empêcher de fumer, alors mieux vaudrait, conformément à la loi, fumer à l'extérieur des bâtiments, à l'occasion de pauses, ou dans des salles de repos réservées aux fumeurs et spécialement aménagées à cet effet, comme le demande la législation. En aucun cas le personnel ne devrait fumer en salle de commande et à l'intérieur de la centrale comme cela se pratique aujourd'hui. Une centrale nucléaire doit être « propre », « transparente » et le personnel qui y travaille doit avoir une attitude exemplaire en matière de prévention et de santé ce qui, me semble-t-il, implique logiquement l'abstention du tabac (et bien sûr des drogues en général).

LES TROIS BARRIÈRES DE CONFINEMENT SUCCESSIVES ISOLENT LE COMBUSTIBLE NUCLÉAIRE DE L'ENVIRONNEMENT

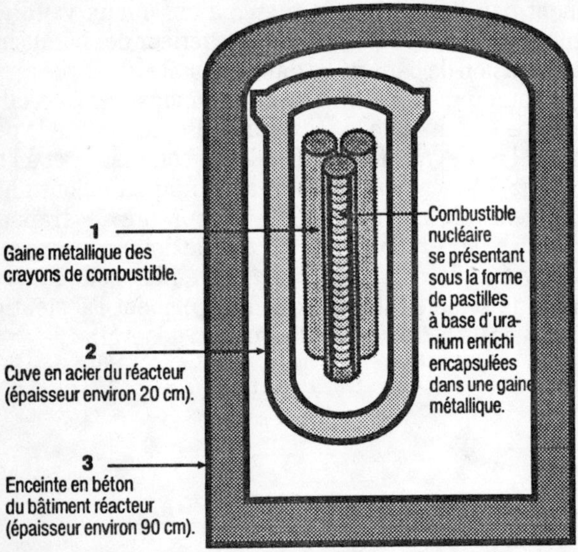

Ces trois enceintes existent sur la quasi-totalité des réacteurs occidentaux. À Tchernobyl, la troisième barrière (enceinte de confinement en béton) n'existait pas. Elle aurait pourtant suffi à éviter tout rejet de radioactivité hors de la centrale. La centrale américaine de Three Mile Island, elle, avait une enceinte de confinement en béton : grâce à celle-ci, l'accident (fonte du cœur du réacteur) n'a fait aucune victime et les rejets de radioactivité dans l'environnement ont été très limités.

Liste des pays détenant l'arme nucléaire et problème de la prolifération

Pays dotés d'armes nucléaires :

Chine
France
Grande-Bretagne
Russie[146]
U.S.A.

Liste de quelques pays signataires du Traité de Non Prolifération nucléaire (T.N.P.) signé par plus de 178 pays). Ces pays se sont engagés à ne pas développer d'armes nucléaires[147] :

Afrique du Sud (1991)
Algérie (1995)
Allemagne (1975)
Arabie Saoudite (1988)
Argentine (1995)
Australie (1973)
Autriche (1969)
Belgique (1975)
Canada (1969)

---

146. Lors de l'éclatement de l'ex-URSS en États indépendants (C.E.I.), des armes nucléaires se sont retrouvées dispersées entre trois États indépendants : la Russie (pour la plupart), mais aussi le Kazakhstan et l'Ukraine. Aujoud'hui, en plus de la Russie, certaines armes nucléaires se trouvent encore sur le territoire de l'Ukraine.

147. AIEA, mai 1995. La liste complète des pays signataires du T.N.P. est disponible auprès de l'AIEA.

Corée du Sud (1975)
Danemark (1969)
Égypte (1981)
Espagne (1987)
Finlande (1969)
Indonésie (1979)
Iran (1970)
Italie (1975)
Japon (1976)
Mexique (1969)
Norvège (1969)
Suède (1970)
Suisse (1977)
Tanzanie (1991)
Thaïlande (1972), etc.

Liste de quelques pays non signataires du Traité de Non Prolifération nucléaire et/ou ayant tenté de mettre au point des armes atomiques et/ou ayant actuellement ou ayant eu l'intention d'obtenir l'arme atomique et/ou signataires du T.N.P., mais n'ayant pas respecté leurs engagements en soumettant leurs installations nucléaires aux inspections de l'AIEA comme le prévoit le traité :

Brésil (non signataire)
Chili (non signataire)
République pop. dém. de Corée (signataire en 1985)
Irak (signataire en 1969)
Inde (non signataire)
Israël (non signataire)
Pakistan (non signataire)

L'Inde, Israël et le Pakistan sont les pays les plus avancés dans leurs efforts pour obtenir des armes nucléaires. Ces pays disposent très vraisemblablement d'armes nucléaires plus ou moins efficaces, mais n'ont pas, pour l'instant, reconnu officiellement que de telles armes soient en leur possession.

Demi-vie des substances radioactives

Par définition, les éléments radioactifs ne sont pas stables et se désintègrent au bout d'un certain temps. On peut donc dire que :

> La radioactivité est biodégradable et toujours temporaire, contrairement aux substances chimiques toxiques stables comme le DDT dont la durée de vie est infinie.

La période radioactive ou demi-vie est le temps nécessaire pour que l'activité d'une substance radioactive diminue de moitié (par ordre croissant) [148] :

— radon 222 (naturel) : 3,8 jours;
— iode 131 : 8 jours;
— césium 131 : 9,7 jours;
— cobalt 60 : 5,3 ans;
— tritium (naturel) : 12,3 ans;
— césium 137 : 30,1 ans;
— américium 241 : 432 ans;
— carbone 14 (naturel) : 5 730 ans;
— plutonium 240 : 6 550 ans;
— plutonium 239 : 24 110 ans;
— uranium 235 (naturel) : 704 millions d'années;
— uranium 238 (naturel) : 4,5 milliards d'années.

---

148. D'après le professeur Jacques Foos, Techniques de *l'Ingénieur*, vol. 12, 1987.

Quelle que soit la substance radioactive, la radioactivité initiale est divisée par deux à chaque période et par mille toutes les dix périodes [149]. Par exemple, l'intensité radioactive de l'iode injecté aux patients en milieu hospitalier pour des examens de la thyroïde diminue de moitié au bout de 8 jours. Au bout de 16 jours, il ne reste que 25 % de l'activité initiale, et après 80 jours, la radioactivité de l'iode 131 a pratiquement disparu puisqu'il reste alors moins de un pour mille (0,1 %) de la radioactivité initialement injectée.

Certains éléments radioactifs ont une demi-vie très longue qui se chiffre en milliers ou en millions d'années. Ceci signifie que dans quelques millions d'années ces corps seront toujours radioactifs et que leur radioactivité n'aura que légèrement diminué. Cela paraît inquiétant et le public, comme les écologistes, s'affolent à cette idée. Ils ont tort, car :

> Un corps radioactif dont la demi-vie est très longue est un élément qui est presque stable, dont la radioactivité est donc très faible, car chaque atome n'a qu'une très petite probabilité de se désintégrer par unité de temps. C'est d'ailleurs pour cela qu'il reste radioactif longtemps. Un élément, comme l'uranium 238 par exemple, qui reste radioactif pendant des millions d'années, n'est que très, très peu radioactif et il n'est alors pas dangereux, du point de vue de la radioactivité, de le manipuler à la main sans protection. Et heureusement! Car il y a encore de l'uranium un peu partout dans la nature, qui date de l'époque de la formation de la planète il y a cinq milliards d'années.

Un kilo d'uranium 238 pur n'est que faiblement radioactif : environ 0,000 000 27 curies, soit 10 000 becquerels seulement, et ce kilo d'uranium peut donc être tenu dans la main sans faire courir de risque sur le plan de la

---

149. Car 2 × 2 × 2 ... × 2 (10 fois) = 2^{10} = 1024

radioactivité, tellement celle-ci est faible. En effet, il s'agit là de l'ordre de grandeur de la radioactivité contenue dans un organisme humain. Autrement dit :

> Du point de vue de la radioactivité, il n'est pas plus dangereux de dormir avec un kilo d'uranium 238 sous son oreiller qu'en tenant sa petite amie dans ses bras, car la dose d'irradiation reçue est du même ordre de grandeur dans les deux cas.

Ceci répond du même coup aux craintes des populations vivant à proximité des mines d'uranium : l'uranium à l'état naturel est presque stable et très peu radioactif. C'est d'ailleurs pour cette raison qu'il en existe encore dans la nature, sinon il se serait désintégré et on n'en trouverait plus depuis longtemps. Il ne présente pas de danger d'irradiation particulier, car la quantité de radioactivité qu'il émet est très faible et naturelle. Ce n'est que lorsqu'on le concentre, qu'on l'enferme dans un réacteur de centrale nucléaire et qu'on le soumet à un intense bombardement de neutrons que l'uranium 235 peut se désintégrer plus rapidement en libérant de la chaleur. L'extraction du minerai n'augmente aucunement sa radioactivité. Au contraire, la radioactivité (naturelle) du lieu aurait même, théoriquement, plutôt tendance à diminuer très légèrement puisqu'on en extrait l'uranium qui est (très légèrement) radioactif.

La principale source d'irradiation dans la nature provient du radon 222 responsable, à lui seul, d'environ la moitié de la radioactivité naturelle. En se désintégrant, le radon émet des rayons alpha. Le radon 222 résulte de la transformation spontanée et très lente d'une très faible proportion de l'uranium naturel en thorium, puis en radium, qui lui-même se décompose spontanément en radon. Celui-ci, étant gazeux alors que ses prédécesseurs sont solides, se faufile alors dans les anfractuosités des roches jusqu'à la surface du sol et gagne généralement l'atmosphère avant d'avoir eu le temps de se décomposer (demi-vie : 3,8 jours). Les quantités de radon ainsi produites, très variables en fonction de la nature des sols, sont cependant faibles, tout à fait naturelles, et ne présentent aucun danger pour la santé publique[150].

---

150. Il n'y a donc pas lieu de s'affoler lorsqu'un écologiste, comme ce fut le cas encore récemment, qui se sert pour la première fois d'un compteur Geiger, s'aperçoit que sa maison, ou celle de ses voisins, ou l'école de ses enfants, sont radioactives : c'est vrai, mais cette radioactivité est naturelle et non dangereuse. Nombreux sont les écologistes qui n'ont pas encore compris que la radioactivité existe partout dans la nature.

L'irradiation des aliments

Une application des rayonnements qui se développe dans un nombre croissant de pays consiste à irradier des aliments, c'est-à-dire à les soumettre à un rayonnement de haute énergie constitué d'un flux de particules ou d'électrons accélérés. Cette technique est de plus en plus employée pour accroître la durée de conservation des aliments[151]. Les installations d'irradiation consistent en un local d'irradiation aux épaisses parois de béton ou de plomb, afin de protéger le milieu extérieur des effets des radiations. Au centre du local est placée une source radioactive, souvent du Cobalt 60 (demi-vie : 5,3 ans) qui génère des rayons gamma[152]. Le traitement consiste tout simplement à introduire les aliments dans le local d'irradiation et à les y laisser exposés aux rayonnements, pendant un temps suffisant pour qu'ils reçoivent exactement la dose de rayonnements voulue. Le public s'imagine souvent qu'un aliment irradié devient radioactif. Ce n'est évidemment pas le cas (voir la différence entre irradiation et contamination que nous avons précisée précédemment). Pour éviter toute confusion à cet égard, on utilise d'ailleurs parfois le terme « ionisation » à la place de « irradiation »[153].

---

151. Pernette Langley-Danysz, « L'irradiation des aliments », *La Recherche*, vol. 16, n° 165, p. 556-566, avril 1985.

152. Dans certaines installations, il s'agit d'un accélérateur de particules qui projette sur les aliments des électrons accélérés (rayonnement ß), d'une énergie de l'ordre de 10 MeV.

153. En effet, l'action des rayonnements sur un atome consiste à éjecter des électrons loin du noyau, c'est-à-dire à provoquer ce qu'on appelle scientifiquement une ionisation de l'atome. Les rayonnements

Si la dose d'irradiation est suffisante, les rayonnements détruisent toute forme de vie au sein de l'aliment, en particulier les moisissures et les bactéries, mais aussi certaines vitamines [154]. Il s'agit donc d'un moyen original pour pasteuriser sans chauffer, et d'une alternative aux traitements chimiques et thermiques. L'aliment ionisé est, en général, préalablement emballé sous plastique afin de prévenir toute recontamination par de nouvelles bactéries après irradiation. Avantages de ce procédé : la durée de conservation des aliments est nettement allongée, les oignons et les pommes de terre ne germent plus, les fruits et les légumes se gardent plus longtemps. Par exemple, des fraises paraissent encore fraîches une quinzaine de jours après l'irradiation, alors que ces mêmes fraises auraient moisi en moins d'une semaine en l'absence de traitement, d'où une réduction des pertes. Inconvénients : perte en vitamines et apparition de nouvelles molécules, les « radiolysats ».

L'irradiation des aliments est sévèrement réglementée, notamment par un comité mixte d'experts de l'AIEA, de la FAO et de l'OMS [155] et par des législations propres à chaque pays : ne peuvent être irradiés en principe que certains aliments nommément désignés, dont la liste diffère selon les pays [156], et une dose maximum de

---

utilisés pour l'irradiation des aliments ne suffisent pas pour déclencher des réactions nucléaires (modification du noyau des atomes), car il faudrait des rayonnements bien plus puissants pour casser les forces qui lient les protons et les neutrons du noyau, forces de cohésion qui sont environ un million de fois plus puissantes que celles qui lient les électrons au noyau de l'atome.

154. Les doses habituelles auxquelles on soumet les aliments irradiés sont de l'ordre du kilogray (entre 0,1 et 10 kilogray selon les aliments et les pays). Ces doses sont très supérieures à l'intensité des rayonnements naturels : en quelques minutes, l'aliment reçoit environ 10 000 fois la dose qu'il recevrait en moyenne en un an dans la nature, soit environ 100 fois la DL50 pour l'homme. De telles doses seraient mortelles à coup sûr pour l'homme, comme elles le sont pour les microbes (en supposant qu'on soumette un homme aux mêmes radiations à la place des aliments, ce qui n'est évidemment pas le cas).

10 kGy [157] ne doit en aucun cas être dépassée. De plus, des seuils d'irradiation plus faibles à ne pas dépasser sont déterminés pour chaque type d'aliment. Cette législation contrôlant l'irradiation alimentaire présente cependant une lacune importante : il n'existe aucun moyen d'analyse couramment utilisé permettant de savoir si un aliment a été irradié ou non et à quelle dose. Les lois réglementant l'ionisation existent, mais il n'y a pas de moyen d'en contrôler l'application. Tous les abus sont donc possibles, et sont largement pratiqués dans certains pays qui « oublient » de mentionner sur les emballages que tel produit destiné à l'exportation a été irradié. En Europe, la mention de l'irradiation est en principe obligatoire, mais est-elle respectée? Plusieurs usines d'ionisation existent et des milliers de tonnes de produits sont irradiés chaque année, et pourtant, on ne voit guère de produits étiquetés « irradiés » sur les marchés. L'irradiation des aliments est actuellement autorisée dans plus de 45 pays dont 23 la pratiquent de manière industrielle. Dans les pays de l'Est, le blé et les pommes

155. AIEA : Atomic International Energy Agency; FAO : Food and Agriculture Organization; OMS : Organisation mondiale de la santé.

156. Ce qui n'est pas très logique : pourquoi un traitement serait-il autorisé dans un pays et interdit à quelques centaines de mètres de là de l'autre côté de la frontière? Cette situation absurde résulte du principe de la souveraineté de chaque pays à l'intérieur de ses frontières. Les subtilités juridiques protègent ainsi la santé des uns et pas celle des autres. Ceci n'est d'ailleurs pas le propre de l'ionisation des aliments : de nombreux traitements chimiques autorisés dans certaines régions sont interdits ailleurs. La dieldrine, par exemple, est une substance toxique qu'il est interdit d'utiliser pour l'agriculture en Europe en raison de sa toxicité pour le système nerveux (elle y a pourtant été utilisée jusqu'à ce qu'on l'interdise), mais elle est encore couramment employée en Asie, pour traiter des cultures fruitières dont les fruits sont ensuite exportés et consommés... en Europe! Ce qui montre bien que, dans un monde où l'on communique de plus en plus, les normes gagnent en efficacité à être internationales.

157. Un kGy est égal à mille grays. Le gray vaut 100 rads, un rad étant la quantité d'énergie absorbée correspondant à un Joule par kilo de substance ionisée.

de terre sont très souvent irradiés pour éviter les moisissures et la germination. En Europe, une partie de la récolte de pommes de terre est irradiée depuis 1972, les épices et les herbes aromatiques depuis 1975, l'ail, l'échalote et l'oignon depuis 1977, et l'on irradie aussi certaines céréales, des légumes secs et fruits secs, les viandes séparées mécaniquement (volailles désossées), des cuisses de grenouille, des fraises depuis 1988 et certains camemberts depuis 1992. L'Afrique du Sud est, sans doute, le pays qui irradie le plus les fruits frais destinés à l'exportation, depuis 1982 (fraises, mangues et avocats, par exemple). L'Australie et le Japon, suivis par une douzaine de pays d'Asie orientale et du Pacifique, irradient les produits de la mer et les fruits tropicaux. Mais quelles sont les conséquences sur notre santé de l'ingestion de ces aliments irradiés? Les réactions chimiques qui se produisent dans un aliment sous l'effet des rayons sont très complexes. Un aliment irradié ne devient pas lui-même radioactif[158], mais sous l'effet de l'ionisation, sa structure moléculaire est transformée. Les rayons produisent en effet, en traversant l'aliment, de nombreux radicaux libres qui réagissent entre eux pour donner des molécules nouvelles appelées des radiolysats. Des rats de laboratoire ont été nourris pendant quelques années avec des aliments en partie irradiés et n'ont pas présenté de troubles visibles[159]. Les sociétés d'irradiation ont conclu à partir d'expériences de ce type que l'ionisation ne présentait aucun danger pour l'homme. Mais ces études étant demandées et subven-

158. Avec les procédés d'ionisation actuels (source au Cobalt 60 ou électrons accélérés), cela est techniquement impossible, car l'énergie utilisée est suffisante pour ioniser l'aliment, c'est-à-dire arracher des électrons périphériques aux atomes, mais pas suffisante pour casser les noyaux des atomes, ce qui rendrait l'aliment radioactif. Les installations actuelles d'irradiation des aliments ne peuvent donc pas rendre les aliments radioactifs.

159. *Observer*, « L'irradiation en question », numéro hors-série *Observer*, n° 2, p. 2-19, novembre 1991.

tionnées par les sociétés industrielles d'irradiation, dans le but d'obtenir les autorisations nécessaires, les résultats sont-ils crédibles? Que sait-on par exemple de la toxicité de ces radiolysats chez l'homme plutôt que chez le rat? Et à long terme? Et sur d'autres rats? Et sur les enfants? Et après plusieurs générations? Rien. Le principal argument des défenseurs de ce procédé est que les transformations moléculaires résultant de l'ionisation seraient moins nocives que l'utilisation de certains produits chimiques (ce qui est vrai), et que les radiolysats sont similaires, quoique en moins grandes quantités, aux molécules apparaissant lors de la cuisson d'un aliment (ce qui est vrai, en première approximation). En effet, il a été démontré qu'une soixantaine de produits de radiolyse (radiolysats) sont identiques à des produits résultant de la cuisson ou de traitements classiques[160]. L'ionisation des aliments n'est donc, vraisemblablement, pas plus dangereuse pour la santé que la cuisson des aliments. Ce raisonnement ne peut cependant pas servir à justifier l'irradiation car il repose sur l'hypothèse que l'ingestion régulière d'aliments cuisinés ou traités serait inoffensive, ce qui n'a jamais été démontré (au contraire, la cuisson et la transformation des aliments sont de plus en plus souvent suspectés comme pouvant être à l'origine de maladies de civilisation : cancers, maladies cardio-vasculaires, etc., c'est pourquoi il est, par exemple, recommandé de manger les fruits et légumes frais et crus plutôt que fanés et cuits). Comme devant toute technique nouvelle, nous devons rester très prudents face aux transformations artificielles de produits alimentaires, tels que les traitements chimiques, bien sûr, mais aussi face aux transformations thermiques (cuisson) et à l'ionisation qui, quoiqu'en disent les industriels concernés, n'a pas totalement fait la preuve de son innocuité. L'irradiation des aliments est, d'après

160. Novitch M. & M.M. Heckler, *Federal Register*, vol. 49, p. 5714, juin 1984.

les études effectuées, moins nocive que la cuisson ou que certains traitements chimiques et peut donc être une alternative industrielle intéressante pour remplacer certains traitements actuellement utilisés qui sont plus nocifs. Pour ma part, je préfère consommer des fruits, des légumes et d'autres aliments naturels de bonne qualité aussi peu dénaturés que possible, ni chimiquement (qualité biologique), ni par irradiation, ni thermiquement (méfiance vis à vis de la cuisson, qui induit une transformation très importante dans la composition chimique de l'aliment).

Pour pouvoir choisir en connaissance de cause, le consommateur qui fait son marché devrait être informé de tous les traitements subis par les aliments (par irradiation ou tous autres procédés y compris l'utilisation d'engrais chimiques et les traitements thermiques) depuis le stade de la culture jusqu'à sa commercialisation. Or, ce n'est pas le cas aujourd'hui, car même dans les pays où des lois existent à ce sujet, elles ne sont pas bien respectées. De plus, l'importation de marchandises irradiées, en provenance de pays où l'affichage n'est pas effectué (exemple : Israël ou l'Afrique du Sud, qui exportent de grandes quantités de produits frais traités chimiquement et/ou irradiés) trompe le consommateur qui achète un produit ayant toutes les apparences d'un produit fraîchement cueilli, riche en vitamines, alors qu'il s'agit d'un produit ancien, irradié plusieurs semaines auparavant, dont la teneur en vitamines est doublement diminuée, du fait de l'irradiation et du stockage prolongé.

Les doses de radiations utilisées pour l'ionisation des aliments ne sont pas négligeables, elles sont de l'ordre de grandeur de la dose létale pour l'homme (pour annihiler les bactéries...) et des milliers de fois supérieures à la dose de radioactivité naturelle à laquelle les aliments seraient normalement soumis. Cela provoque des pertes en vitamines et des transformations chimiques très complexes dont on ne connaît pas toutes les conséquences. De telles doses de radioactivité, très supérieures à la radioactivité que l'on trouve dans l'environnement autour d'une centrale nucléaire, sont inoffensives si on en est séparé par un simple écran de plomb ou de béton, mais je ne pense pas qu'il soit intelligent d'y soumettre volontairement les aliments que nous mangeons. La radioactivité ne présente aucun risque, ni pour nous, ni pour les aliments que l'on trouve dans la nature, tant qu'elle est du même ordre de grandeur que la radioactivité naturelle dans les régions naturellement les plus radioactives.

Que l'on soit à titre personnel pour ou contre l'irradiation des aliments, le point qui me paraît capital est la liberté de choix du consommateur qui devrait être informé des traitements subis par les aliments afin qu'il choisisse en connaissance de cause.

Certains choisiront alors les aliments ionisés (moins toxiques) de préférence aux aliments cuisinés ou traités chimiquement (plus toxiques) et d'autres, dont je fais partie, préfèreront des aliments aussi naturels que possible, de culture biologique, frais et ayant conservé toute leur richesse vitaminique, pour pouvoir les consommer tels quels. L'important, c'est d'être informé. Le public a le droit de savoir comment fonctionne une centrale nucléaire, quelles sont les normes qui y sont appliquées ainsi que comment l'exploitant et le gouvernement veillent sur sa sécurité. Dans un tout autre domaine, il a le droit de savoir si oui ou non les fruits qu'il achète en faisant son marché ont été cultivés, traités et éventuellement irradiés, et comment ils l'ont été.

L'irradiation des aliments détruit certaines vitamines et dénature les aliments :
Le traitement par irradiation entraîne une perte substantielle, voire importante, de certaines vitami-

nes[161]. La riboflavine, la niacine et la vitamine D sont assez peu sensibles à l'irradiation, mais il n'en va pas de même avec d'autres vitamines, facilement détruites par le traitement ionisant. De plus, comme de nombreux aliments irradiés peuvent être chauffés ou déshydratés avant leur ionisation (par exemple les céréales), il faut tenir compte de la perte cumulée de vitamines résultant à la fois du traitement thermique et du traitement ionisant. Les vitamines A, E, B1, B6, PP et K sont les plus facilement altérées, la vitamine K étant la plus fragile. Les vitamines sont d'autant plus facilement détruites que le milieu où elles se trouvent est riche en eau, ce qui est le cas de tous les fruits et légumes qui sont la principale source de vitamines pour l'homme.
Les glucides irradiés subissent d'importantes modifications de leur structure chimique. Par exemple, l'irradiation d'un kilogramme d'amidon de maïs à 10 kGray produit les effets suivants :
— degré de polymérisation diminué par deux;
— 2,5 grammes par kilo de substances chimiques nouvelles solubles apparaissent (radiolysats).

Les lipides sont particulièrement sensibles à l'irradiation à cause de leur facilité à s'oxyder. L'irradiation des produits riches en lipides (poisson, viande, etc.) provoque l'apparition d'odeurs et de goûts anormaux, que certains industriels corrigent alors par l'adjonction de substances chimiques aromatiques (exhausteurs de goût). Alors, avantages ou inconvénients à consommer des aliments « ionisés »? Ceux-ci présentent évidemment moins de risques de contamination microbienne[162], et ils sont

161. *Observer*, « L'irradiation en question », numéro hors-série *Observer*, n° 2, p. 2-19, novembre 1991.

162. Ceci peut être considéré par certains comme un avantage, mais d'autres y verront un inconvénient, car les bactéries contenues dans les aliments sont fort utiles pour le renouvellement de notre flore intestinale. Beaucoup d'entre elles sont de « bonnes » bactéries

moins transformés que des aliments cuisinés, mais ils subissent tout de même une altération moléculaire et une diminution de leur teneur en vitamines et contiennent ces fameux radiolysats dont on ne sait pas trop ce qu'ils deviennent une fois introduits dans le tube digestif. Il me paraît relativement logique d'envisager éventuellement l'utilisation de l'irradiation pour pasteuriser des gélules de médicaments ou des plats préparés, destinés de toute façon à être cuisinés, mais son utilisation pour traiter des produits frais (fraises, mangues, avocats, etc.) dont la qualité principale réside justement dans leur fraîcheur et leur teneur en vitamines me paraît critiquable. À chacun de choisir, à condition de pouvoir le faire, c'est-à-dire à condition que la mention du traitement par ionisation et les doses utilisées figurent sur les emballages des denrées irradiées. Une telle réglementation devrait être appliquée à tous les produits et à tous les pays pratiquant l'irradiation des aliments.

Il n'est pas normal que des pays exportateurs de fruits puissent continuer à exporter chez nous des milliers de tonnes de produits irradiés sans que cela soit mentionné sur les emballages, alors qu'une telle mention est obligatoire dans notre pays.

---

avec lesquelles nous vivons en symbiose. Or les rayonnements ne font malheureusement pas le tri entre les « bonnes » et les « mauvaises » bactéries.

Échelle de gravité des incidents et accidents nucléaires

Suite à l'accident de Tchernobyl, il est apparu nécessaire de faciliter la communication lors d'incidents et accidents nucléaires, aussi bien au niveau du public, que des journalistes et spécialistes du nucléaire, en proposant un classement de la gravité des incidents et accidents nucléaires facile à comprendre. Une première échelle à six niveaux a été mise au point en France par un groupe de journalistes et de spécialistes du nucléaire. Cette échelle a été utilisée à partir du 20 avril 1988 pour les événements survenant dans les réacteurs et depuis le 20 mars 1989 pour toutes les autres installations nucléaires (laboratoires et usines). L'échelle de référence française a suscité un intérêt de la part d'autres pays, car une telle échelle n'existait pas au niveau international et, en 1990, l'Agence internationale pour l'énergie atomique (AIEA) et l'Agence pour l'énergie nucléaire (AEN) de l'OCDE ont décidé d'adopter une échelle de référence internationale des incidents et accidents nucléaires. Cette échelle internationale, baptisée INES (International Nuclear Event Scale), est fortement inspirée de cette première échelle française de classification des incidents et accidents.

L'échelle internationale INES est graduée de 1 à 7. Plus l'incident (niveaux 1 à 3) ou l'accident (niveaux 4 à 7) est grave, plus le chiffre caractérisant le niveau de référence est élevé. Les incidents les plus fréquents et les moins graves occupent le niveau inférieur (niveau 1) et les plus graves (heureusement beaucoup plus rares) sont classés dans le niveau supérieur (niveau 7).

Les incidents ne concernant pas la sûreté nucléaire sont considérés comme « hors échelle » et les incidents minimes dont la gravité est inférieure au niveau 1 sont considérés comme « niveau 0 ».

Échelle internationale INES, niveau 1 : anomalie, sortie du régime de fonctionnement autorisé pour cause de défaillance de matériel, d'erreur humaine ou d'insuffisances dans les procédures.

Échelle internationale INES, niveau 2 : incident assorti de défaillance importante de dispositifs de sûreté et/ou contamination importante ou surexposition d'un travailleur.

Échelle internationale INES, niveau 3 : incident grave répondant à un ou plusieurs des critères suivants :

— accident évité de peu ou perte d'une des barrières de confinement radiologiques;

— contamination grave ou effets aigus sur la santé d'un travailleur;

— très faible rejet à l'extérieur (exposition du public représentant une fraction des limites réglementaires).

Exemples d'incidents de ce niveau : incendie en 1981 à l'usine de la Hague en France, perte de toute alimentation électrique en 1993 à la centrale de Narora en Inde, explosion d'une cuve en 1993 à Tomsk en Russie.

Échelle internationale INES, niveau 4 : accident n'entraînant pas de risque important hors du site, répondant à l'un ou plusieurs des critères suivants :

— endommagement important du cœur du réacteur ou des barrières radiologiques, ou exposition létale d'un travailleur;

— rejet mineur de substances radioactives hors du site, exposant le public à des doses de l'ordre de grandeur des limites réglementaires.

Exemples d'accidents de ce niveau : réaction exothermique dans une cuve de l'usine de retraitement de Sellafield (Grande Bretagne) en 1973, endommagement du cœur du réacteur A de la centrale de Saint-Laurent en France en 1980, décès d'un opérateur lors d'une excursion de puissance dans un assemblage critique à Buenos-Aires en 1983.

Échelle internationale INES, niveau 5 : accident entraînant un risque hors du site, relevant de l'un ou l'autre des critères suivants :

— endommagement grave du cœur du réacteur, des barrières radiologiques;

— rejet limité, susceptible d'exiger l'application partielle de contre-mesures sanitaires.

Exemples d'accidents de ce niveau : réacteur de Windscale en Grande-Bretagne en 1957, Three Mile Island aux États-Unis en 1979. Il n'y a jamais eu d'incident de niveau 5 en France.

Échelle internationale INES, niveau 6 : accident grave, avec rejet important hors du site, susceptible d'exiger l'application intégrale des contre-mesures sanitaires prévues.

Exemple d'accident de ce niveau : le seul cas connu d'accident de niveau 6 est celui de l'usine de Kyshtym en Russie en 1957[163]. Il n'y a jamais eu d'accident de niveau 6 dans les pays occidentaux.

Échelle internationale INES, niveau 7 : accident majeur, avec rejet majeur hors du site et effets étendus sur la santé et l'environnement.

Exemple d'accident de ce niveau : le seul cas d'accident de niveau 7 survenu dans le monde est celui de Tchernobyl (1986). Il n'y a jamais eu d'accident de niveau 7 dans les pays occidentaux.

---

163. Explosion d'une cuve contenant des déchets radioactifs partiellement retraités. 90 % de la radioactivité libérée (au total environ 2.10^7 Curie, soit trois fois moins qu'à Tchernobyl), principalement du strontium 90, s'est déposé aux abords immédiats de la cuve. Seulement 10 % de cette radioactivité, emportée par le vent, a pollué la région aux alentours. Les études épidémiologiques ultérieures portant sur plusieurs dizaines de milliers de personnes n'ont pas décelé d'effets sanitaires sur les populations vivant dans ces régions.

Historiquement, cette échelle est inspirée de la première échelle à six niveaux mise au point en France suite à la réflexion lancée par le Conseil supérieur de la sûreté et de l'information nucléaire (CSSIN) en concertation avec des journalistes, des exploitants et les pouvoirs publics peu après l'accident de Tchernobyl. Les niveaux 1 à 3 de l'échelle INES et de la première échelle française sont presque identiques tandis que les niveaux 4 à 6 de l'ancienne échelle française sont devenus 4 à 7 avec un niveau intermédiaire de plus dans la classification internationale. Voici, pour mémoire, la première échelle française (qui n'est plus utilisée) :

Première échelle française, niveau 1 : anomalies de fonctionnement : dépassement du domaine autorisé par les spécifications techniques et/ou une utilisation justifiée des systèmes de sécurité. On compte en moyenne environ une anomalie de niveau 1 tous les cinq ans sur chaque réacteur en France.

Première échelle française, niveau 2 : incidents susceptibles de développements ultérieurs : incidents ayant potentiellement des conséquences significatives pour la sûreté et/ou entraînant des travaux ou des réparations prolongées. Exemple d'incident de ce niveau : barillet de Creys-Malville (Isère), 1987.

Première échelle française, niveau 3 : incidents affectant la sûreté; incidents conduisant à des rejets supérieurs ou égaux au dixième des limites annuelles autorisées et/ou fuites internes significatives de radioactivité et/ou état dégradé des barrières ou des systèmes de sécurité et/ou agents de l'installation irradiés ou contaminés radioactivement à une valeur supérieure à la limite de dose annuellement autorisée. Exemple d'incident de ce niveau : centrale du Bugey, 1984.

Première échelle française, niveau 4 : accidents sur l'installation; accidents entraînant des rejets extérieurs de l'ordre de grandeur des limites annuelles autorisées, n'entraînant pas de conséquences radiologiques significatives et/ou endommagement partiel du cœur de l'installation et/ou agents de l'installation irradiés ou contaminés radioactivement, d'une gravité justiciable de soins médicaux spécialisés. Exemple d'accident de ce niveau : centrale de Saint-Laurent, 1980.

Première échelle française, niveau 5 : accidents présentant des risques à l'extérieur du site; accidents conduisant à prendre des dispositions de protection extérieures au site en cas de rejets ou de menace de rejets (équivalence en iode 131 : de quelques milliers à quelques dizaines de milliers de curies). Exemple d'accident de ce niveau : Three Mile Island, 1979.

Première échelle française, niveau 6 : accidents majeurs; rejet à l'extérieur d'une fraction significative de l'inventaire du cœur en produits de fission (équivalence en iode 131 : de quelques centaines de milliers à quelques millions de curies). Exemple d'incident de ce niveau : Tchernobyl, 1986.

L'exemple donné par la France avec, avant les autres pays, la mise au point d'une échelle de référence en matière de gravité des incidents, illustre le dynamisme et le leadership mondial de la France en matière de sécurité nucléaire. On remarquera au passage que, parmi les trois pays les plus nucléarisés (USA, France, URSS), la France est le seul à ne pas avoir connu d'accident grave jusqu'à présent. Nous pouvons en être fiers, mais il faut veiller à entretenir et améliorer sans cesse notre « culture de sécurité ». Nul n'est jamais totalement à l'abri et notre attention ne doit pas se relâcher.

Pictogramme préconisé par la CEE pour l'étiquetage des produits alimentaires traités par irradiation (on dit aussi « ionisés »). L'étiquetage obligatoire est le seul moyen pour le consommateur de savoir qu'un produit a été irradié. En effet, il n'est pas possible de reconnaître à l'œil nu un produit irradié d'un autre qui ne l'est pas. Les moyens d'analyse chimique les plus courants ne distinguent pas non plus qu'un produit a été irradié. Certains pays (notamment Israël, l'Afrique du Sud et de plus en plus de pays asiatiques) exportent des produits alimentaires irradiés et n'en informent pas toujours les importateurs, ni à fortiori les consommateurs.

Un produit irradié n'est absolument pas radioactif, mais, malgré l'apparence écologique de ce pictogramme, il s'agit néanmoins d'un produit transformé : l'irradiation détruit une partie des vitamines, modifie le goût des aliments (parfois, mais pas toujours), et fait apparaître des molécules nouvelles, les « radiolysats » ou produits de radiolyse, dont on ne connaît pas bien les effets qu'ils produisent dans l'organisme humain, par accumulation à long terme.

TABLEAU DES AUTORISATIONS D'IRRADIATION DES ALIMENTS
(pays dans le monde ayant légiféré l'irradiation des aliments)

EX : Expérimentale Durée ou quantité limitée
SR : Sans condition particulière

	Afrique du Sud	Argentine	Bangladesh	Belgique	Brésil	Bulgarie	Canada	Chili	Chine	Danemark	Espagne	États-Unis	France	Hongrie
Pommes de terre	SR	SR	SR	EX	SR	EX	SR	SR	SR		SR	SR	SR	EX
Ail, oignons	SR	SR	SR	EX	SR	EX	SR	SR	SR		SR	SR	SR	
Fraises	SR	SR		EX										
Avocats	SR													
Papayes	SR		SR		SR			SR						
Mangues	SR		SR					SR						
Bananes	SR													
Litchis	SR													
Haricots verts	SR				SR									
Tomates	SR					EX								
Champignons									SR					
Légumes déshydratés	SR			EX								SR	SR	
Fruits déshydratés	SR					EX						SR	SR	
Aubergines	SR													
Blé, céréales			SR		SR	EX	SR	SR				SR	SR	
Riz			SR		SR			SR						
Farines			SR		SR		SR	SR				SR	SR	
Légumineuses			SR					SR						
Dattes								SR						
Cacao								SR						
Cacahuettes									SR					
Épices, condiments	SR		SR	EX	SR		SR	SR		SR		SR	SR	SR
Poissons			SR		SR		SR	SR						
Crevettes													EX	
Poulets	SR		SR		SR		SR	SR					SR	
Grenouilles			EX										SR	
Tisanes	SR												SR	
Gomme arabique													SR	
Saucisses								SR				SR		
Raisins						EX								EX
Cerises						EX								EX
Amandes	SR													
Framboises						EX								EX
Abricots						EX								
Viande hachée														
Chataîgnes														
Jus de fruits congelé	SR													
Fruits frais														
Légumes frais														

Liste au 31 décembre 1989

Inde	Indonésie	Israël	Italie	Japon	Norvège	Nouvelle-Zélande	Pays-Bas	Pakistan	Philippine	Pologne	Corée du Sud	RDA (ex-)	Syrie	Taïwan	Tchécoslovaquie	Thaïlande	URSS (ex-)	Uruguay
SR	SR	SR	SR	SR			SR	SR	EX	EX	SR	SR	SR	SR	EX	SR	SR	SR
SR	SR	SR	SR				SR	SR	EX	EX	SR	SR	SR	SR	EX	SR	SR	
		SR					EX						SR					
		SR																
		SR											SR	SR		SR		
		SR											SR	SR		SR		
		SR																
		SR																
		SR																
		SR																
		SR					SR								EX			
		SR					EX											
																	EX	
		SR																
	SR	SR														SR	SR	
							EX						SR	SR		SR		
							EX											
		SR														SR		
													SR			SR		
		SR					EX						SR			SR		
EX	SR	SR			SR	EX	SR	SR			SR	EX	SR	SR	SR			
						EX								SR		SR		
EX						EX										SR		
		SR				SR								SR		SR	EX	
EX						SR												
																SR	EX	
		SR																
		SR																
		SR																
		SR																
		SR																
						EX											EX	
												SR						
																	EX	
														SR			EX	

Observer, hors-série n° 2, novembre 1991.

CONCLUSION

Vers un monde meilleur

Le futur vient de lui-même.
Mais c'est à nous de créer le progrès.

Poul Henningsen, *philosophe danois.*

L'énergie nucléaire est, de beaucoup, la source d'énergie massivement disponible la plus écologique, à condition que nous le voulions et que nous y accordions toute l'attention nécessaire pour garantir au maximum la sécurité de tous et l'avenir de nos enfants.

À l'aube du XXe siècle, la réconciliation de l'écologie et de la technologie est devenu indispensable pour construire un monde meilleur, plus beau, plus agréable à vivre et plus respectueux de l'environnement. Pour cela nous devons changer notre style de vie, rester ouverts sur le plan des idées et, dans le domaine de l'énergie, améliorer autant la fabrication que les utilisations de l'énergie. Il nous faut optimiser autant que possible la sécurité des installations nucléaires et industrielles en général, et favoriser les recherches sur les économies d'énergie, les énergies alternatives et la fusion qui produira peut-être dans l'avenir une énergie encore plus propre et cette fois en quantité (presque) illimitée. Nous devons avant tout adopter un mode de vie plus écologique, en utilisant au mieux les moyens modernes de transport et de communication, en isolant mieux et en chauffant moins nos habitations, en cessant de fumer et en vivant de manière exemplaire, souriante et positive. Nous devons aussi, dans un contexte mondial tendu, tout faire pour favoriser la paix en inventant d'autres manières de vivre et de cohabiter. Il nous faut cesser immédiatement tous les essais nucléaires militaires dans le monde et réduire rapidement et massivement les stocks d'armes nucléaires. Je propose aussi le passage sous contrôle international des armes atomiques de manière à ce qu'aucun pays ne puisse déclencher seul une explosion nucléaire militaire, afin que la paix et le bénéfice de la dissuasion s'étendent à toute la planète, pour faire cesser les guerres sanglantes qui continuent de déshonorer l'humanité.

Bien sûr, les stocks d'uranium ne sont pas inépuisables et aucune industrie n'est parfaite : c'est pourquoi nous devons économiser l'énergie, optimiser l'exploitation des centrales et la gestion des déchets radioactifs, en recyclant ceux-ci au maximum (ce qui est le cas en France, mais pas aux États-Unis). De tous les procédés de fabrication d'énergie utilisables à grande échelle, l'usage raisonné de l'électricité nucléaire est certainement la meilleure possibilité dont nous disposons aujourd'hui pour concilier les inévitables impératifs économiques et ce qui doit rester la priorité des priorités : le respect de l'environnement et la préservation de la planète. Ceci nous permettra de patienter et de poursuivre le progrès économique et scientifique en attendant la fusion nucléaire qui devrait être maîtrisée au siècle prochain. Le nucléaire actuel (fission de l'uranium) est la meilleure forme d'énergie dont nous disposons, en attendant de pouvoir un jour faire encore mieux pour la qualité de la vie sur terre, mieux pour le bien-être et le développement harmonieux de l'espèce humaine et mieux pour le respect de l'environnement. L'électricité nucléaire a encore un bel avenir devant elle, si les ingénieurs et techniciens ont la volonté de toujours progresser et d'améliorer la sûreté des installations. Il s'agit, comme l'écrit Michel Barnier, ancien ministre de l'Environnement, de « concilier écologie et vie moderne dans une perspective positive »[164].

> Construisons ensemble un monde meilleur, où il fait bon vivre heureux et en bonne santé. La protection de l'environnement doit être au centre de nos préoccupations pour assurer à nos enfants que, après eux, la planète sera encore habitable et agréable. Au-delà de la simple question du nucléaire, cet ouvrage voudrait **réconcilier l'écologie et la technologie**, et vous montrer le chemin du changement vers un monde meilleur, un monde qui, grâce à la recherche scientifique, progresse, pour nous permettre, à l'avenir, de vivre en harmonie avec nous-mêmes, la nature et les autres. L'écologie bien ordonnée commence par soi-même. Efforçons-nous donc d'économiser l'énergie au maximum, de ne pas polluer notre propre organisme, de protéger notre environnement, d'aider ceux qui en ont besoin et de changer nos comportements. Si nous n'agissons pas chacun dans notre propre vie et autour de nous, qui le fera?

---

164. Barnier M., *Le développement de l'écocitoyenneté*, « La Jaune et la Rouge », p. 3, février 1994.

Adresses utiles

A.E.N. : Agence pour l'Énergie Nucléaire, c/o OCDE, 12 bd des Îles, 92130 Issy-les-Moulineaux. Tél. : (33-1) 45 24 82 00.

A.I.E.A. : Agence Internationale de l'Énergie Atomique, Wagramerstraße 5, P.O. Box 100, A-1400 Wien (Autriche). Tél. : (43) 1 20 600.

C.E.A. : Commissariat à l'Énergie Atomique, 31 à 33 rue de la Fédération, 75015 Paris. Tél. : (33-1) 40 56 10 00.

C.I.P.R. : International Commission on Radiological Protection, Clifton Avenue, Sutton-Surrey, SM2 5PU (Grande-Bretagne). Tél. : (44) 1 642 46 80.

C.I.S.N. : Comité Interministériel de la Sécurité Nucléaire, 54 rue de Varenne, 75007 Paris. Tél. : (33-1) 45 48 84 24.

COGEMA : Compagnie Générale des Matières Nucléaires, 2 rue Paul-Dautier, 78141 Vélizy-Villacoublay Cedex. Tél. : (33-1) 39 26 30 00.

C.R.I.I. RAD. : Commission de Recherche et d'Information Indépendantes sur la Radioactivité, Immeuble « Le Cime », 471 avenue Victor-Hugo, 26000 Valence. Tél. : (33-1) 75 40 95 05; Fax : (33-1) 75 81 26 48.

D.S.I.N. : Direction de la Sûreté des Installations Nucléaires, 99 rue de Grenelle, 75007 Paris. Tél. : (33-1) 43 19 36 36.

E.D.F. : Électricité de France, constructeur et exploitant du plus vaste parc de centrales nucléaires au monde. Pour tout renseignement ou pour visiter une centrale : Électricité de France, direction de la Communication, 2 rue Louis-Murat, 75384 Paris Cedex 08. Tél. : (33-1) 40 42 28 20.

EURATOM : European Atomic Energy Community, 200 rue de la Loi, B 1049 Bruxelles (Belgique). Tél. : (32) 2 735 00 40.

EURODIF : 116 avenue Aristide-Briand, 92220 Bagneux. Tél. : (33-1) 45 36 50 00.

FRAMATOME : constructeur de réacteurs nucléaires et de combustibles nucléaires, Tour Fiat, 1 Place de la Coupole, 92084 Paris-La Défense Cedex 16. Tél : (33-1) 47 96 14 14.

I.P.S.N. : Institut de Protection et de Sûreté Nucléaire du C.E.A., 60 avenue du Général-Leclerc, 92265 Fontenay aux Roses Cedex. Tél : (33-1) 46 54 73 07.

O.C.D.E. : Organization for Economic Development and Cooperation[165], Château de la Muette, 2 rue André-Pascal, 75775 Paris Cedex 16. Tél : (33-1) 45 24 82 00.

O.P.R.I. : Office de Protection Contre les Rayonnements Ionisants, 31 rue de l'Écluse, 78110 Le Vésinet. Tél. : (33-1) 39 76 04 32. Service téléphonique d'information du public sur la radioprotection (24h/24) : (33-1) 39 76 78 18.

S.F.E.N. : Société Française d'Énergie Nucléaire, 69-73 rue Dutot, 75015 Paris, France. Tél. : (33-1) 44 19 62 20; Fax : (33-1) 44 19 62 22.

Service minitel de l'institut Bruno Comby : donne des informations sur la santé, l'institut BC, les autres livres de l'auteur, ses recherches, etc. Pour obtenir le numéro d'appel du service, écrire à : Institut Bruno Comby, 8 rue de la Croix-Blanche, 78240 Chambourcy.

3614 MAGNUC : Service minitel mis au point conjointement par le ministère de la Santé et le ministère de l'Industrie pour l'information du public, qui donne des informations sur le nucléaire, les centrales en fonctionnement, la sécurité nucléaire et les valeurs chiffrées de la radioactivité à proximité des centrales nucléaires.

3614 EDF : Service minitel d'EDF, met à la disposition du public des informations sur l'électricité nucléaire, les brochures à demander, comment visiter une centrale nucléaire.

Il est indispensable, pour garantir la défense de la santé publique, que les instances de contrôle du nucléaire› soient totalement indépendantes des exploitants et des industriels du nucléaire, ce qui n'est absolument pas le cas, par exemple, dans les pays de l'ex-URSS, dans lesquels l'État est à la fois le propriétaire des installations nucléaires, l'exploitant et l'organisme de contrôle. Même lorsqu'on a, au départ, les meilleures intentions du monde, il est difficile de suivre deux logiques différentes et parfois contradictoires en même temps (produire le mieux possible au moindre coût et assurer la sécurité maximum des installations et des populations). Dans une entreprise, le responsable de la production et le chef de la sécurité sont en général deux personnes différentes. Il devrait en

---

165. Les pays membres de l'O.C.D.E. depuis sa création sont : l'Allemagne, l'Autriche, la Belgique, le Canada, le Danemark, l'Espagne, les États-Unis, la France, la Grèce, l'Irlande, l'Islande, l'Italie, le Luxembourg, la Norvège, les Pays-Bas, le Portugal, le Royaume-Uni, la Suède, la Suisse et la Turquie. Sont venus s'y ajouter par la suite : le Japon (1964), la Finlande (1969), l'Australie (1971), la Nouvelle-Zélande (1973). Coïncidence amusante : l'O.C.D.E. et l'auteur de ce livre sont nés le même jour, le 14 décembre 1960.

aller de même dans le domaine du nucléaire au niveau de chaque pays : les exploitants, le pouvoir politique et les instances de sécurité nucléaires doivent autant que possible être indépendants les uns des autres afin qu'ils se contrôlent mutuellement et que chacun agisse dans son domaine de compétence, pour le bien collectif. Ceci n'est possible en pratique que si les instances de contrôle disposent d'une réelle indépendance financière. Le risque existe toujours de voir la logique industrielle pousser à la productivité et les intérêts commerciaux prendre le dessus sur la sécurité. On ne peut être à la fois juge et partie. Par ailleurs, pour que le système puisse fonctionner, les instances de contrôle doivent être réellement objectives et non « antinucléaires ». Le but n'est pas de fermer les installations, mais de veiller à ce que leur exploitation se fasse dans les meilleures conditions de sûreté. Il manque dans un certain nombre de pays une instance de sûreté sérieuse et objective, qui disposerait de compétences nucléaires poussées (ingénieurs bien formés aux techniques de sûreté), totalement indépendante des exploitants et industries nucléaires, et qui disposerait de financements publics à la hauteur de sa mission [166].

Nous avons trop tendance à être « complètement pour » ou « complètement contre » le nucléaire. La question n'est pas de savoir si l'on est pour ou contre : les centrales nucléaires existent et rendent de grands services ! La question est de savoir de quelle manière on continue ce qui a été entrepris et qui donne pour l'instant de bons résultats. Une attitude du type : « JE SUIS POUR, À CONDITION QUE... » semble plus mesurée et plus raisonnable que les deux extrêmes consistant à être « COMPLÈTEMENT POUR » ou « RADICALEMENT CONTRE » le nucléaire. Les raisonnements simplistes et les jugements à l'emporte-pièce sont généralement dangereux. Je ne pense pas, dans quelque domaine que ce soit, que l'intégrisme, le fanatisme, et le fait de juger, de cataloguer une fois pour toutes, donnent de bons résultats. Notre société n'a rien à gagner si le débat sur le nucléaire se résume à une bataille entre les « POUR » et les « CONTRE ». Ce qu'il nous faut, c'est un véritable dialogue cordial, une information aussi complète, objective et scientifique que possible du public et des décisionnaires, et que chacun

---

166. Un tel organisme existe en France : c'est la D.S.I.N., qui dépend du ministère de l'Industrie et du ministère de l'Environnement.

comprenne les avantages et les risques, afin que les bonnes décisions soient prises» dans la sérénité, et non dans une ambiance de bagarre rangée au milieu des éclaboussements d'un débat trop passionné. Comme me le disait récemment un ami écologiste après avoir lu la première version du manuscrit de ce livre : « La technique a énormément progressé au XXe siècle. Pour la rendre vraiment fiable, il nous reste à faire progresser la sagesse. »

Abréviations

ADN : acide désoxyribonucléique. L'ADN est le support de l'information génétique des organismes vivants. La molécule d'ADN peut être endommagée par une dose trop forte de rayonnements qui provoque des mutations au sein des cellules irradiées, source éventuelle de leucémies, de cancers, d'anomalies chromosomiques ou même de la mort des cellules concernées.

AEC : Atomic Energy Commission, commission d'énergie atomique fédérale des U.S.A.

AEG : Allgemeine Electrizität Gesellschaft (compagnie allemande d'électricité).

AEN : Agence pour l'Énergie Nucléaire (NEA en anglais), créée par l'OCDE en 1957 pour faciliter la collaboration entre les états de l'OCDE dans le domaine nucléaire. L'AEN n'est pas un organisme de contrôle mais de coopération.

AIEA : Agence Internationale pour l'Énergie Atomique, *voir* IAEA.

ANDRA : Agence Nationale des Déchets Radioactifs, est chargée de la gestion et du stockage des déchets radioactifs solides en France.

CEA : Commissariat à l'Énergie Atomique, placé sous l'autorité du Premier ministre, il est chargé de promouvoir l'utilisation de l'énergie nucléaire dans l'industrie, les sciences et la défense nationale.

CIPR : Commission Internationale de Protection Radiologique (International Commission on Radiological Protection), organisme constitué de personnalités scientifiques qui étudient les effets des rayonnements ionisants et émettent des recommandations en matière de protection radiologique. Le CIPR propose en particulier des normes pour les doses maximales admissibles de rayonnements, et détermine les normes applicables au public et aux travailleurs du nucléaire.

CISN : Comité Interministériel de la Sécurité Nucléaire. Créé en 1975 et présidé par le Premier ministre, il coordonne les actions de protection des biens et des personnes contre les risques, les nuisances ou les gênes résultant du fonctionnement ou de l'arrêt des installations nucléaires, ainsi que de la conservation, du transport, de l'utilisation des substances radioactives naturelles ou artificielles.

CMA : concentration maximale admissible.

CMIR : Cellules Mobiles d'Intervention Radiologique. Organisme placé sous l'autorité de la Protection civile dont le rôle est d'intervenir en cas d'accident avec contamination de l'environnement. Il existe 23 CMIR en France.

COGEMA : Compagnie Générale des Matières Nucléaires, compagnie d'extraction du minerai, d'enrichissement et de retraitement du combustible nucléaire. La COGEMA, filiale du CEA, est notamment responsable de l'exploitation des mines d'uranium et de l'usine de retraitement de la Hague.

CRII RAD : Commission de Recherche et d'Information Indépendantes sur la Radioactivité. Créée suite à l'accident de Tchernobyl, cette association à but non lucratif a notamment pour objet la recherche et le contrôle de la radioactivité. Cette association, qui se veut indépendante, est cependant de tendance plutôt antinucléaire. Ses ressources sont constituées notamment des dons et cotisations de ses adhérents et proviennent aussi des facturations d'analyses de son laboratoire.

CSSIN : Conseil Supérieur de la Sûreté et de l'Information Nucléaire. Placé sous l'autorité du ministre de l'Industrie, il a compétence sur tous les sujets relatifs à la sûreté des installations nucléaires au stade de la conception, de la construction et de l'exploitation et concernant les questions d'information nucléaire.

DRIRE : Direction Régionale de l'Industrie, de la Recherche et de l'Environnement (organisme qui dépend du ministère de l'Équipement).

DSIN : Direction de la Sûreté des Installations Nucléaires (organisme qui dépend du ministère de l'Industrie et du ministère de l'Environnement).

EDF : Électricité de France, compagnie d'électricité qui construit et exploite les centrales nucléaires françaises.

EPR : European Pressurized Reactor. Réacteur nucléaire à eau pressurisée de la prochaine génération, qui fait l'objet d'une collaboration franco-allemande.

EURATOM : European Atomic Energy Community. Créé en 1957, EURATOM a pour but de contribuer à la formation et à la croissance des industries nucléaires et au développement des échanges dans ce domaine entre les pays de l'Europe. EURATOM intervient en particulier pour le contrôle des matières nucléaires dans les centrales.

EURODIF : usine européenne d'enrichissement de l'uranium par diffusion gazeuse, fournissant le combustible nucléaire aux industries nucléaires civiles. Les pays associés à EURODIF sont notamment la France (majoritaire), l'Espagne, l'Italie et la Belgique.

GW : gigawatt, un milliard de watts.

IAEA : International Atomic Energy Agency (en anglais), ou AIEA : Agence Internationale d'Énergie Atomique (en français). Créée en 1957 et basée à Vienne, elle réunit les experts internationaux du nucléaire et a pour but de favoriser et d'encourager l'utilisation pacifique de l'énergie atomique dans le monde.

INES : International Nuclear Event Scale. Échelle de référence internationale à 7 niveaux (de 1 à 7) pour situer la gravité d'un incident (niveaux 1 à 3) ou d'un accident nucléaire (niveaux 4 à 7).

IPSN : Institut de Protection et de Sûreté Nucléaire, réalise des études, recherches et travaux de protection et de sûreté nucléaire sur demande de la D.S.I.N. ou pour d'autres organismes.

ISR : ingénieur de sûreté et radioprotection, il s'agit d'un ingénieur présent dans chaque centrale nucléaire qui a pour unique fonction de veiller à la sûreté des installations et de vérifier que tout va bien. Il peut demander l'arrêt de la centrale et le déclenchement de procédures de sécurité à tout instant en cas d'anomalie.

kWh : kilowattheure, quantité d'énergie consommée par 10 ampoules de 100 watts fonctionnant pendant une heure ou une ampoule de 25 watts pendant 40 heures.

LAI : limite annuelle d'ingestion, il s'agit, pour chaque élément radioactif (iode 131, césium 137, etc.), de l'activité maximale considérée comme pouvant être ingérée sans danger par le public.

MOX : (Mix-Oxyde) combustible nucléaire à base d'uranium enrichi contenant aussi une part de plutonium qui peut ainsi être en partie recyclé dans les centrales nucléaires civiles plutôt que d'être stocké comme déchet.

MW : mégawatt (un million de watts). Un réacteur nucléaire de type REP produit une puissance électrique de l'ordre de 1000 MW.

NEA : Nuclear Energy Agency (AEN en français).

NERSA : Nucléaire Européenne de Réacteurs à Neutrons Rapides, société qui exploite la centrale de Superphénix.

OCDE : Organisation de Coopération et de Développement Économique (Organization for Economic Development and Cooperation). Créée en 1960, elle réunit 24 pays industriels pour promouvoir le bien-être économique et contribuer au bon fonctionnement de l'économie mondiale, notamment en stimulant les efforts de ses membres en faveur des pays en voie de développement.

OMS : Organisation Mondiale de la Santé (WHO : World Health Organization en anglais).

ONU : Organisation des Nations unies.

OPEP : Organisation des Pays Exportateurs de Pétrole.

OPRI : Office de Protection Contre les Rayonnements Ionisants. Cet organisme français créé en 1956 dépend du ministère de la Santé et du ministère du Travail. Il exerce une action indépendante de contrôle de la radioactivité autour des installations nucléaires (les contrôles à l'intérieur des installations sont assurés par l'exploitant EDF).

ORSEC-RAD : annexe du plan ORSEC qui définit les dispositions à prendre en cas d'accident radiologique.

PPI : Plan Particulier d'Intervention, propre à chaque centrale nucléaire, il décrit les dispositions à prendre sous l'autorité du Préfet en cas d'accident pour l'organisation des secours et la protection des populations.

PUI : Plan d'Urgence Interne, mis en œuvre par la direction de chaque centrale en cas d'accident, il détermine l'organisation des premiers secours et des interventions à l'intérieur d'une centrale.

RBMK : Reactor Bolchoie Molchnastie Kipiachié, réacteur soviétique de type Tchernobyl. Ces réacteurs, ainsi que tous ceux de conception archaïque et dangereuse, devraient être stoppés le plus rapidement possible. Il en existe encore une quinzaine en fonctionnement.

REM : Rad Equivalent in Man, unité qui sert à mesurer la nocivité radioactive pour un organisme vivant.

REP : réacteur à eau pressurisée, il s'agit du type de réacteur nucléaire actuellement le plus utilisé sur l'ensemble de la planète pour produire de l'électricité en raison de ses avantages sur le plan de la sûreté, de son prix et de sa facilité d'exploitation (PWR : Pressurized Water Reactor, en anglais).

RNR : réacteur à neutrons rapides. Ce type de réacteur (exemple : Superphénix à Creys-Malville) peut, selon la façon dont il est utilisé, produire ou consommer du plutonium (surgénérateur ou sous-générateur)[167], tout en consommant 50 fois moins d'uranium qu'un réacteur nucléaire classique. Les Américains ont abandonné cette filière pour l'instant, mais Français et Japonais envisagent de développer celle-ci et poursuivent des recherches en ce sens.

SFEN : Société Française d'Énergie Nucléaire.

TMI : Three Mile Island, centrale nucléaire de Pennsylvanie (États-Unis), où a eu lieu un accident nucléaire le 28 mars 1979 (réchauffement et fonte partielle du cœur du réacteur à la suite d'un arrêt intempestif de l'alimentation en eau secondaire ayant entraîné la perte du réfrigérant primaire). Cet accident assez grave, dont on a beaucoup parlé, n'a pas eu de conséquences notables sur l'environnement et n'a fait aucune victime (l'enceinte de confinement ayant joué son rôle).

TNP : Traité de Non Prolifération nucléaire, signé par plus de 124 pays, propose de faciliter le transfert du savoir-faire nucléaire civil vers les pays qui s'engagent à ne pas développer d'armes nucléaires et à laisser contrôler leurs installations nucléaires par les experts internationaux de l'AIEA.

TOKAMAK : Tok (courant) Kamera (chambre) Mak (magnétique). Système expérimental à très fort champ magnétique installé en Grande Bretagne destiné à la recherche sur la fusion nucléaire contrôlée.

U235 : uranium 235, combustible de base des centrales nucléaires actuelles. Le minerai d'uranium contient à l'état naturel 99,3 % d'U238 et 0,7 % d'U235. Pour être utilisable dans les centrales électronucléaires à eau sous pression, l'uranium doit être « enrichi » dans des usines d'enrichissement pour contenir jusqu'à 3 à 4 % d'U235 (il en faudrait environ 80 % pour fabriquer une bombe atomique).

U238 : isotope d'uranium le plus fréquent dans la nature puisqu'il compose plus de 99 % du minerai naturel d'ura-

---

167. D'où un risque accru de prolifération de l'arme atomique, mais aussi la possibilité d'utiliser ce type de réacteur pour incinérer une partie du plutonium produit dans les centrales à uranium classiques ou provenant du démantèlement d'armes nucléaires. Cette suggestion d'utiliser la filière des RNR pour incinérer du plutonium a été proposée par des députés dans certains pays, ce qui aurait provoqué une vive polémique à ce sujet chez les écologistes.

nium. Cet isotope n'est cependant pas le plus intéressant car il absorbe les neutrons sans fournir d'énergie. C'est donc l'U235 qui est le combustible de base d'une centrale nucléaire. L'U238 soumis à un intense bombardement de neutrons produit toutefois du plutonium qui participe aux réactions de fission dans le réacteur.

UF6 : hexafluorure d'uranium, molécule composée d'un atome d'uranium et de six atomes de fluor. L'uranium extrait des mines est transformé en UF6 gazeux pour pouvoir séparer l'U235 et l'U238 et enrichir la proportion en U235 (opération de séparation isotopique par centrifugation de l'UF6).

VVER : réacteurs à eau sous pression de conception soviétique. La première génération de ce type de réacteurs, les VVER 230 (dont 10 exemplaires sont en fonctionnement), sont dépourvus d'enceinte de confinement, obsolètes et très peu sûrs. La génération intermédiaire les VVER 213 (dont 16 exemplaires sont en fonctionnement) sont un peu plus sûrs, bien que dépourvus aussi d'enceinte de confinement. La nouvelle génération, les VVER 1000 (dont 18 exemplaires sont en fonctionnement) ont une conception voisine de ceux construits en Occident.

WANO : World Association of Nuclear Operators, association d'exploitants nucléaires ayant pour but le retour d'expérience (mise en commun de savoir-faire).

Présentation de l'auteur

Bruno Comby, né en 1960, est ingénieur de l'École polytechnique (X 80) et ingénieur en physique nucléaire de l'École nationale supérieure de techniques avancées (ENSTA 85).

Après avoir travaillé comme ingénieur à E.D.F., il s'est consacré à la recherche scientifique et à l'enseignement dans le domaine de la prévention, de la santé et de l'environnement. Il dirige depuis 1988 un laboratoire scientifique de renommée internationale qui effectue des travaux de recherche en collaboration avec une équipe de médecins et de chercheurs hospitaliers.

Chargé de cours à la faculté de Médecine de Paris, l'auteur enseigne par des cours, stages et conférences s'adressant aussi bien au public qu'aux spécialistes de l'environnement, aux médecins, aux étudiants, aux chercheurs, aux universitaires et aux entreprises dans le cadre de la formation professionnelle.

Il est l'auteur de dix livres mondialement connus sur la santé et le bien-être. Ces livres ont été traduits en anglais, allemand, italien, espagnol, portugais et ont fait l'objet de milliers d'émissions TV, radio, reportages, articles et conférences de presse dans le monde entier.

Bibliographie

AIEA, brochure « Coup d'œil sur l'AIEA », division de l'information AIEA, février 1993.

Allardin C. & al, « Médecins et risque nucléaire », faculté de médecine de Grenoble, 45 p., mai 1988.

Angiboust A., « Les traitements ionisants pour les fruits et légumes dans l'agroalimentaire », P.H.M. – *Revue Horticole*, n° 270, p. 16-18, octobre 1986.

Artus Pr J.C., « Tchernobyl : le risque nucléaire et la santé », *URIS L.R.-Infos*, p. 12-13, mai 1993.

Artus Pr J.C., Rossi M. & Robbe Y., « Énergie - santé », *S.F.E.N. & Euro-médecine*, 22 p., 10-14 novembre 1987.

Artus Pr J.C., Granier R., Lallemand J., Riolfo R., Robbe M.F. & Robbe Y., « Environnement, énergie, santé », S.F.E.N., 28 p., octobre 1993.

Association pour l'Appel de Genève, « Livre jaune sur la société du plutonium », éditions de la Baconnière, 1981.

Barnier Michel, « Le développement de l'écocitoyenneté », *La Jaune et la Rouge*, p. 3, fév. 1994.

Birkhofer A., « Design provisions for safety », International Conference on Nuclear Power Experience of Vienna, 13-17 septembre 1982.

Boulinier, « Réacteur à neutrons rapides », éditions E.N.S.T.A., 28 p., 9 novembre 1984.

Bourdelle Jean, « Déchets nucléaires, comment s'en débarrasser », *Écologia*, n° 2, p. 58-62, janvier-février 1993.

Bourdial Isabelle, « Vos aliments irradiés en cachette », *Reporterre*, n° 2, p. 6-8, février 1989.

Bozonnet Jean-Jacques, « La conservation par irradiation », *Que Choisir?*, p. 35-37, septembre 1988.

British Medical Association, « Report of the Board of Science and Education inquiry into the medical effects of nuclear war », London : British Medical Association, 1983.

British Medical Journal, « Doctors and the bomb », *British Medical Journal*, vol. 286, n° 6368, p. 823, 1983.

Constanty Hélène, « Nucléaire, le grand trouble », *L'Expansion*, p. 66-73, 4/17 février 1993.

Copel Étienne, « Le nécessaire et l'inacceptable », éditions Balland, 236 p., 1991.

Daniel Yves, « Nucléaire : nous sommes tous en danger de mort », éditions Le Rocher, 305 p., 1987.

Dautray Robert, « Quelle problématique pour les déchets nucléaires? », communication du 20 juin 1995.

De Choudens H., « Introduction à la radioprotection », Gedim – Société française de radioprotection.

De Pange M.F., « Radon et cancer : une étude épidémiologique lancée dans plusieurs régions françaises », *Le Quotidien du Médecin*, n° 5335, 24 janv 1994.

Direction de l'Équipement, « Éléments de sûreté et de radioprotection des centrales nucléaires de 1 300 mégawatts », E.D.F., 125 p., octobre 1992.

Dubrana Didier, « Le Tchernobyl bulgare » et « Nucléaire et cancer, l'enquête qui dérange », *Science et Vie*, n° 939, p. 86-94, décembre 1995.

Ducrocq Albert, « Le nucléaire va redevenir à la mode », *Le Revenu Français*, n° 265, p. 76, novembre 1992.

Dunoyer de Segonzac Alain, « Alerte aux sous-marins naufragés », *Sciences & Avenir*, p. 44-45, février 1993.

Durr Michel, « Le cycle du combustible nucléaire de la mine à l'usine de retraitement », E.D.F.-direction de l'Équipement, 18 p., octobre 1980.

E.D.F., « Tout ce que vous avez toujours voulu savoir sur le nucléaire », 23 p., mai 1992.

E.D.F., « Les déchets radioactifs », brochure, 4 p., 1992.

E.D.F., « Tchernobyl, le vrai, le faux et l'incertain », direction de la Communication, 16 p., mars 1992.

E.D.F., « Livre blanc de la radioprotection », juin 1993.

Ephimenco Sylvain, « Sur la piste du trafic européen des déchets nucléaires », *Libération*, mercredi 15 janvier 1988.

Ephimenco Sylvain, « La balade sans visa des déchets radioactifs », *Libération*, lundi 11 janvier 1988.

Ertaud A., « La chaudière Superphénix de la centrale de Crevs-Malville », *Dossiers Framatome* n° 3, octobre 1978.

Europe Today, « Les "Camps de la mort" radioactifs de Sibérie » *Europe Today*, n° 172, p 12, juin 1993.

Europe Today, « Alerte européenne au trafic des déchets nucléaires », *Europe Today*, n° 156, 15 février 1993.

Europe Today, « Une gigantesque coupole robotisée pour Tchernobyl », *Europe Today*, n° 172, p 12, juin 1993.

Europe Today, « La Russie gravement contaminée par la radioactivité », *Europe Today*, n° 156, 15 février 1993.

Europe Today, « Certaines villes sont plus dangereuses que Tchernobyl », *Europe Today*, n° 172, p 12, juin 1993.

Europe Today, « Des scientifiques demandent de rouvrir les centrales atomiques », *Europe Today*, n° 148, p. 16, 14 décembre 1992.

Ferrarri A, R. Delayre, R. Guillet, J.C. Mougniot, « L'utilisation du plutonium », conférence de Salzburg (Extrait des notes du CEA n° 6), 5 p., 1977.

Fleutry L., « Une technologie d'avenir, l'ionisation des viandes séparées mécaniquement », *Filière Viande*, n° 93, p. 117-119, octobre 1986.

Foos J., « Manuel de radioactivité à l'usage des utilisateurs - Tome 1 : l'atome et le noyau atomique », éditions Formascience, Orsay, 1993.

Foos J., « Manuel de radioactivité à l'usage des utilisateurs - Tome 2 : les désintégrations radioactives, les interactions rayonnements-matière, les applications de la radioactivité », éditions Formascience, Orsay, 1994.

Fralon José-Alain, « Le Centre nucléaire de Mol en Belgique mis en accusation », *Le Monde*, 9 janvier 1988.

Gauvenet André, « L'énergie nucléaire et le public : les mouvements européens; agitations et prises de position politiques », *Revue Générale Nucléaire*, n° 6, décembre 1977.

Gauvenet André, « Responsabilité du scientifique et de l'ingénieur dans le monde moderne », conférence au Collège universitaire fontenaisien, 29 janvier 1982.

Greanpeace, « Atomic Park », Magazine Greenpeace, n° 4, janv./fév./mars 1993.

Hall P., Boice J.D., Berg G. & al, « Risque leucémogène après exposition à l'iode 131 », Lancet, 340, 1-4, 1992.

Harrois-Monin F., « Des fuites dans le couvercle », *L'Express*, 24 déc. 1992.

Horeau L.M., « EDF découvre le danger nucléaire », *Le Canard Enchaîné*, 14 fév. 1990.

Hulot N., « Brigitte aime le nucléaire », *VSD Nature*, n 3, p. 7, juillet 93.

Kerber R., Till J.E., Simon S.L., Lyon J.L., Thomas D.C., Preston-Martin S., Rallison M.L., Lloyd R.D. & W. Stevens, « A cohort study of thyroid disease in relation to fallout from nuclear weapons testing », JAMA, 270, p. 2 076-2 082, 1993.

L'Impatient, « Aliments irradiés : on veut savoir », *L'Impatient*, n° 154, p. 14-15, septembre 1990.

Laizier J., « L'ionisation : le saut dans l'inconnu ou l'une des techniques sûres de demain? », *Industries Alimentaires et Agricoles*, vol. 103, n° 10, p. 1005-1008, octobre 1986.

Lalonde Brice, « Plan National pour l'Environnement », supplément spécial de la revue *Environnement-Actualité*, n° 122, septembre 1990.

Langley-Danysz P., « L'irradiation des aliments », *La Recherche*, vol. 16, n° 165, p. 556-566, avril 1985.

Leclercq F., « Les mystères de la décharge radioactive », *L'Express*, 24 août 1990.

Le Concours Médical, « Accident d'irradiation – conduite à tenir », *Le Concours Médical*, supplément au n° 27, 7 juillet 1993.

Le Fait du Mois, « Les différentes destinations du plutonium », *Le Mois de l'Environnement*, n° 14, septembre 1977.

Levillain M., « Les traitements ionisants des aliments – application aux fruits – cas de la fraise et du pruneau », E.N.G.R.E.F. Paris, octobre 1986.

Leuba Pierre, « Notions de physique nucléaire », éditions E.N.S.T.A., 285 p., 1977.

Loaharanu P., « Practical utilization of food irradiation in developping countries », AIEA, 1994.

Medvedev Grigor, « La vérité sur Tchernobyl », éditions Albin Michel, traduit du russe par Laetitia Lys, Nadine Diatlovic, préface d'Andrei Sakharov, 319 p., 1990.

Moinet Marie-Laure, « Aliments irradiés : la fraîcheur qui dure », *Science & Vie*, n° 795, p. 78-86, décembre 1983.

Ministère de l'Industrie et de l'aménagement du territoire, « L'énergie nucléaire en questions », éditions Le Cherche-Midi, 175 p., avril 1991.

Nassib Selim, « Cinq ouvriers irradiés à l'usine de la Hague », *Libération*, 22 mai 1986.

Observer, « L'irradiation en question », numéro hors-série *Observer*, n° 2, p. 2-19, novembre 1991.

Poirier Jacques, « Description des principales caractéristiques des systèmes de réacteurs à neutrons rapides », éd. E.N.S.T.A., 20 p., 1985.

Rachline Michel, « La saga nucléaire », éditions Albin Michel Communication, 80 p., 1991.

Ramonet M., Monfray P. & G. Lambert, « Effets de serre additionnels du méthane et du gaz carbonique », laboratoire mixte CEA/CNRS de Gif-sur-Yvette, décembre 1990.

Rapport du Comité mixte d'experts AIEA/FAO/OMS, « Salubrité des aliments irradiés », Organisation des Nations unies pour l'alimentation & l'agriculture, Rome, 1977.

Revue Générale Nucléaire, « Les déchets nucléaires en question », numéro spécial de la R.G.N., février 1980.

Robbe Yves, « Pacte des hommes avec leur planète », Euromédecine – faculté de Montpellier, S.F.E.N./URIS-LR, poème extrait d'un recueil de poésie, 6 p., 7-11 novembre 1990.

Roquelle Sophie, « Rio, les illusions perdues », *Figaro Économique*, jeudi 17 juin 1993.

Rostagnat M., « Quelle sécurité pour les centrales nucléaires à l'Est? », *La Jaune & la Rouge*, mars 1994.

Schlumberger M., de Vathaire F., Challenton C. & C. Parmentier, « Carcinogenetic and genetic effects of radioiodine 131 », *La Lettre du Cancérologue*, vol. 1, n° 2, juin 1992.

Schwartz Laurent, « À l'Est, quinze Tchernobyl en puissance », *Sciences & Avenir*, p. 42-43, février 1993.

Strazzulla J., « Les mauvais souvenirs du plutonium », *Le Figaro*, 25 oct. 1990.

Syrota J, « La CEI, l'énergie et les idées reçues », *Le Monde*, 28 mars 1993.

Tazieff Haroun, « La terre va-t-elle cesser de tourner? Pollutions réelles, pollutions imaginaires – Essai sur les nuisances, les unes graves à l'extrême, les autres fictives, qui pèsent sur la nature et, de ce fait, sur l'homme », éditions Seghers, 1989.

Tazieff Haroun, « Club de la Presse », émission radiophonique sur France Culture le 28 novembre 1989.

Tonnac Alain de -, « Le nucléaire, faits, enjeux et arguments », document Framatome, direction de la Communication, 1994.

Trédaniel J. & C. Guéniot, « Les maisons irradieuses », JIM, n° 302, 2 fév. 1994.

Tsyb A.F., V.M. Ponomarenko & G. Ozolins, « The fall-out from Chernobyl », *World Health*, n° 2, mars/avril 1995.

Tubiana M. & al., « Les rayonnements ionisants », E.M.C. *Intoxications Maladies par Agents Physiques*, septembre 1985.

Tubiana M. & al., « Radiobiologie », éditions Hermann, 1986.

Wahlström Björn, « Radiation in everyday life », *Medical Physics Publishing* (U.S.A.), 1995.

Zebroski E.L., M.E. Maddox & P.E. Dietz, « Establishing priorities in control room design review », *Nuclear Engineering International*, p. 30-34, juillet 1982.

Remerciements

Un travail de recherche scientifique et un livre ne sont jamais l'œuvre d'un individu isolé, mais le fruit d'un travail d'équipe. Que tous ceux qui m'ont aidé par leur soutien, leur travail, leurs encouragements ou leurs pensées trouvent ici l'expression de mes remerciements. Je remercie tout particulièrement :

— Le docteur Christian Caussé et le professeur Henri Joyeux pour leur introduction et leur amitié.

— Le professeur Jacques Foos pour sa préface et son soutien moral.

— Denis Peyrat et Benoît Caillard pour les recherches bibliographiques.

— Jacques Mizrahi et Jean-Philippe Brette pour leurs conseils et leur aide sur les systèmes informatiques.

— Simone Weiss pour les corrections grammaticales et orthographiques.

— Pour leurs relectures et suggestions sur le manuscrit : Annick Chayne, Jean-Philippe Brette, Benoît Caillard, Hubert Chopin, Jacques et Janine Faucher, Jean-Pierre, Laurent Messager, le docteur Mickaël Ramain, le docteur Hervé Robert, le docteur Christian Caussé, ainsi que mon père Olivier.

— Mes parents, frères et sœurs : Anne-Marie, Olivier, Pierre-François, Antoine, Claire et Hélène.

— Laurent Messager, qui a eu la gentillesse de m'accueillir chez lui à plusieurs reprises, le temps de rédiger ce manuscrit à l'abri des journalistes et des multiples sollicitations de la vie quotidienne.

— L'éditeur, François-Xavier de Guibert, et le diffuseur, qui ont imprimé ce livre et l'ont amené jusqu'à vous.

— Arlette Moreau et Pierre-Yves Merly (éditeurs de la première édition du livre, parue en 1994).

— Les membres de l'institut Bruno Comby, notamment les membres du Conseil d'administration, Denis, Benoît, Christian, ainsi que les membres du Comité d'honneur et du Comité scientifique.

— Yves de Saint Agnès, pour son aide amicale.

— La sympathique équipe du laboratoire, ainsi que tous ceux qui ont participé à mes recherches, ou qui les ont soutenues ou orientées d'une manière ou d'une autre.

— Et à tous ceux qui nous soutiennent ou qui pensent à nous, merci beaucoup à tous, vous êtes formidables!

L'institut Bruno Comby

L'institut Bruno Comby regroupe des lecteurs, amis et médecins qui apprécient les recherches et ouvrages de B. Comby. L'objectif de l'institut est : « de favoriser la recherche scientifique et la promotion de la santé publique, du bien-être des citoyens, de la prévention et d'un meilleur mode de vie pour améliorer la santé, la prospérité et les performances des individus, des entreprises et des institutions, pour la préservation de l'environnement et l'amélioration des conditions de vie, pour rétablir la paix, l'harmonie et la fraternité dans les relations humaines à l'intérieur des groupes humains et entre les groupes humains, en vue de contribuer à la préparation d'un avenir meilleur ».

L'institut regroupe actuellement des membres dans de nombreux pays : France, Allemagne, USA, Canada, Belgique, Pays-Bas, Suisse, Finlande, etc. Ceux-ci reçoivent la lettre d'information de l'institut qui les renseigne sur les activités, stages, conférences, nouveaux livres de B. Comby et sur les dernières découvertes dans le domaine de la santé. L'institut est doté d'un laboratoire de recherche scientifique qui organise des travaux portant sur la prévention, l'amélioration des performances, en particulier la maîtrise du stress, l'arrêt du tabac, la nutrition, le sommeil. L'institut développe une nouvelle pédagogie de la santé, de l'efficacité et du bien-être, organise des conférences et stages en français ou en anglais ainsi que des expéditions scientifiques, et effectue des actions de recherche et de prévention en faveur du tiers-monde.

Nous sommes persuadés que c'est en aidant chacun à mieux vivre, en adoptant une attitude exemplaire, en développant une meilleure hygiène de vie et une véritable éthique de vie que la société tout entière pourra évoluer favorablement.

L'institut est doté d'un Comité d'honneur et d'un Comité scientifique et médical. Ces deux comités, composés d'éminentes personnalités, apportent leur soutien moral à l'institut.

Pour devenir membre de l'institut Bruno Comby, il suffit

d'en faire la demande en remplissant un bulletin d'adhésion et de choisir entre les différentes catégories de membres :

— Les membres sympathisants reçoivent la lettre d'information de l'institut et ont accès aux activités proposées par l'institut. Une cotisation réduite est prévue afin de permettre aux plus démunis de devenir membres de l'institut.

— Les membres bienfaiteurs reçoivent la lettre d'information et ont accès aux activités proposées par l'institut. De plus, ils contribuent par leur soutien aux recherches scientifiques de l'institut.

— Les membres actifs reçoivent la lettre d'information de l'institut et ont accès aux activités proposées par l'institut. Ils s'engagent en outre à donner l'exemple en respectant une hygiène de vie consistant :

1) à être non-fumeur et à s'abstenir de toute consommation de drogues ou stupéfiants;

2) à limiter leur consommation d'alcool et de café;

3) à surveiller leur alimentation;

4) à optimiser leur sommeil en recherchant un sommeil de qualité;

5) à penser et agir aussi positivement que possible en toutes circonstances, tout en s'efforçant de participer de leur mieux à la construction d'un monde meilleur.

Les membres de l'institut bénéficient personnellement des bienfaits de la prévention, d'une santé accrue et de meilleures performances grâce aux conseils préventifs diffusés par l'institut dans les domaines de l'hygiène de vie, de la gestion du stress, de la nutrition, de l'arrêt du tabac, d'un meilleur sommeil, de la prévention de l'alcoolisme et des toxicomanies. Chacun contribue ainsi a son propre épanouissement, ainsi qu'à l'amélioration de la santé publique et à la réduction des dépenses de santé.

Les membres de l'institut reçoivent gratuitement la lettre d'information de l'institut Bruno Comby (*Newsletter*) et sont ainsi régulièrement informés des activités en cours (recherches, nouveautés scientifiques, dates des prochaines conférences, nouveaux livres, émissions de radio, TV, etc.).

Les membres sont tenus au courant de l'avancement des travaux du laboratoire de recherche de l'institut, qui effectue des recherches scientifiques dans le domaine de la prévention et de la nutrition.

Les membres de l'institut peuvent bénéficier d'avantages sur certaines activités (par exemple tarifs réduits ou priorité d'inscription à des stages de formation).

Les membres de l'institut ont l'honneur et la fierté de partager nos objectifs. Les membres bienfaiteurs participent, en outre, à notre effort de recherche scientifique et de développement, tandis que les membres actifs jouent un rôle d'exemple pour leur entourage en s'engageant à respecter un mode de vie sain.

Tous les membres de l'institut peuvent assister à l'assemblée générale de l'institut Bruno Comby, qui a lieu chaque année, fait le bilan du travail effectué et prend les décisions pour l'avenir de l'institut.

Enfin, vous avez la satisfaction d'être membre d'un institut prestigieux qui œuvre à l'échelle internationale pour le bien public et le progrès scientifique et technologique dans le respect de l'environnement (écologie planétaire) et de la personne humaine (écologie humaine).

Tous ensemble, nous pouvons contribuer à améliorer un peu la condition humaine : apprenons pour cela à diriger notre vie et nos comportements quotidiens de manière exemplaire. C'est en se transformant soi-même et en nous unissant que nous deviendrons plus performants dans nos activités et que nous pourrons participer à la préparation d'un avenir meilleur. Votre présence, votre avis et votre participation, fût-ce par de simples encouragements, est utile et nous vous en remercions d'avance.

Pour tous renseignements, écrire en français ou en anglais à :

Institut Bruno Comby,
8 rue de la Croix-Blanche 78240 Chambourcy (France).

Vous recevrez une documentation sur l'institut avec des indications précisant la marche à suivre pour devenir membre de l'institut Bruno Comby et un bulletin d'adhésion. Joindre une enveloppe format A5 (15 x 21 cm) à votre adresse, et 15 FF en timbres pour la réponse.

IMP. : BUSSIÈRE CAMEDAN IMPRIMERIES À SAINT-AMAND (CHER)
DÉPÔT LÉGAL JANVIER 1996. N° D'IMPRESSION : 1/41

Pour en savoir plus

Pour en savoir plus sur les activités de l'auteur, si vous souhaitez lire ses autres livres, être informé de ses stages et conférences, devenir membre de l'institut Bruno Comby, recevoir la lettre d'information de l'institut ou commander un exemplaire du stressomètre C., n'hésitez pas à découper et envoyer cette page à :

Institut Bruno Comby, 8 rue de la Croix-Blanche
78240 Chambourcy (France)

Nom : ________________ Prénom : ______________
Adresse : ____________________________________
____
Code postal : ______ Ville : ____________________
Profession : ________________ Tél. : ___________
Âge : ____ Entreprise : ________ Fax : ___________

Veuillez me faire parvenir la documentation disponible sur vos activités dans les domaines suivants (cochez les cases qui vous intéressent) :

☐ **L'institut Bruno Comby** : comment devenir membre de l'institut et recevoir sa lettre d'information.

☐ **Conférences et stages :** destinés au public, aux médecins et aux entreprises, sur le nucléaire, la santé, l'environnement, la prévention, la gestion du stress, le tabagisme, l'alimentation, le sommeil, la relaxation.

☐ **Centre de séjour et d'enseignement** : pour rencontrer l'auteur et se reposer dans un cadre agréable, non fumeur, avec alimentation naturelle et biologique.

☐ **Le stressomètre Comby :** appareil de mesure du tremblement nerveux microscopique pour mieux gérer son stress et contrôler l'efficacité de son mode de vie.

☐ **Autres livres du même auteur** (souligner les sujets qui vous intéressent) : *Éloge de la sieste, Stress-control, Mangez mieux (la méthode Comby), Comment vous libérer du tabac, Comment réussir ses examens en travaillant deux fois moins (pour les étudiants et leurs parents), Délicieux insectes, Renforcez votre immunité, Méthode pratique de gestion du stress par la mesure du tremblement nerveux.*

TEXTES SCIENTIFIQUES : *New method for the measurement of tremor at rest*; *Note technique concernant la définition d'une échelle de mesure du tremblement nerveux*; *Processus de validation scientifique d'un instrument de mesure du tremblement nerveux*; *Méthode optimale et contrôlée de production industrielle d'insectes*; *Influence du facteur alimentaire sur l'évolution de l'état de santé de sujets séropositifs*; *Label de qualité pour la production et la distribution de fruits, légumes et produits alimentaires de qualité supérieure*; *Évaluation des habitudes alimentaires, du mode de vie et de la santé d'un groupe de crudivores français.*

Date : __________ Signature : ____________________

Joindre une enveloppe A5 (21 × 15 cm) à votre adresse, et 15 FF en timbres pour la réponse.